Fundamentals of
Density Functional Theory

Takao Tsuneda
常田貴夫[著]

密度汎関数法の基礎

講談社

はじめに

　本書は，シュレーディンガー方程式から最新の密度汎関数法まで説明することにより，密度汎関数法にもとづく量子化学の体系的な理解に役立てることを目的としている．本書では，量子化学の主要理論となっている密度汎関数法の基礎を量子化学的視点から概観し，密度汎関数法が化学の分野で何を目指しているのかを，量子化学計算を行なう際に密度汎関数法に求められる要件を説明することで明らかにする．それによって，量子化学における密度汎関数法の到達点を理解していただくとともに，化学を演繹的に説明するためには密度汎関数法にもとづく量子化学的アプローチがきわめて有効であることを納得していただくことを期待している．

　科学においては，理論にもとづく演繹的な推論の重要性が強調され続けてきた．特に欧州の科学においては，理論による演繹が実験結果からの帰納より圧倒的に信頼を置かれてきた．たとえば，ドイツの哲学者のヘーゲルは，「実験結果のみからの推論は論理的な演繹なしに科学的事実と認め得ない」とした．その結果，実験結果からの帰納的推論によって見出されたオームの法則が，この思想のもとにあったドイツの科学界で数十年間にわたり科学的事実として認められなかった．また，アインシュタインは，『物理学における帰納と演繹 (Induction and Deduction in Physics)』というエッセーにおいて，「経験科学の創造についてもっとも簡単な描像は一連の帰納的手法である．個々の事実が選ばれ，まとめられ，それらをつなぐ法則が明らかになる．…しかし，このような方法で得られる大きな科学的知識の進歩は少ない．…自然の理解における真に偉大な進歩は帰納的手法とほとんど正反対のところにある．事実

の複雑な集大成から直感的に本質をつかみ出すことで科学者は仮説的な法則を導き出す。これらの法則から科学者は結論を引き出す」と述べている。このように，アインシュタインをはじめ欧州の多くの科学者は，理論からの演繹的な推論が実験結果からの帰納的推論よりも科学に「偉大な進歩」をもたらす可能性が高いことを強調してきた。

　では，日本の科学においてはどうであろうか。日本では，欧州と比べて理論からの演繹的な推論が軽視される傾向があり，実験結果からの帰納的な推論によって科学が進歩するという考えが深く根づいている。その理由の 1 つとして，もともと日本では帰納的な推論が重視される傾向にあることが挙げられる。たとえば，具体的な問題を解くことを重視する日本の和算と，「1 + 1 = 2」からはじめて構築的に学ぶことを重視する欧米の洋算とを比較すればわかりやすい。すなわち，日本においては，ある興味深い結果が得られるとそれに密接に関係した事柄をしらみつぶしに明らかにしようとする傾向がある。それに対し，欧米においては，まずその興味深い結果を演繹的に考えて理論体系を構築し，それを応用してさらに興味深い結果を得ようとする傾向がある。結果として，和算において関孝和がニュートンやラプラスに先んじて微分・積分を考案したように，日本では個人レベルできわめて興味深い学術的業績を上げることが多い反面，欧米のように構築的な理論体系が組み上げられておらず，なかなか飛躍的な発展には結びつかない。

　とはいえ，理論自体が現代の複雑な科学を取り扱えるレベルに達していなかったことも，理論による演繹的な推論が軽視されてきた理由として挙げなければ公平ではないだろう。すなわち，興味深い実験結果を理論計算によって演繹的に解き明かそうとしても，簡便に利用できる適用性の広い理論がなかったうえ，計算性能の低いコンピュータによる理論計算を可能にするために物理モデルがあまりにも荒く近似されすぎ，実験結果の解釈を変えられるほど信頼できる結果を与えてこなかった。このことは，日本のみならず世界全体の科学において，理論による演繹的な推論の重要性を低下させてきた。しかし，今世紀に入り状況は一変した。「コンピュータの処理速度は 18 か月ごとに倍になる」というムーアの法則にしたがってコンピュータの計算性能が向上した結果，さまざまな学問分野においてきわめて現実に近い物理モデル

にもとづく理論計算が可能になった．さらに，理論計算からのフィードバックとして，これまでの理論の問題点が次々と明らかになり，理論の適用性も著しく向上している．結果として，理論計算の結果にもとづいて実験結果を演繹的に推論することがきわめて実用的なアプローチとなりつつある．

　本書で説明する密度汎関数法にもとづく量子化学は，まさにコンピュータの計算性能の向上の恩恵を最も受け，今世紀に入って理論の適用性が飛躍的に向上した分野である．もともと固体物性分野の理論であった密度汎関数法は，90年代までは量子化学分野において亜流であった．しかし，短い計算時間で高精度な化学物性を与えることから利用数を右肩上がりに増やし，現在では量子化学計算の8割以上で利用される主要理論となっている．その間に密度汎関数法以外の理論が利用されなくなったわけではない．むしろ少しずつ増えている．密度汎関数法が量子化学計算の利用数自体を飛躍的に高めているのである．実際，密度汎関数法は量子化学の歴史で考えても突出して利用される理論となっている．量子化学計算からのフィードバックとして，これまでの密度汎関数法の問題点が明らかになり，それを解決することで密度汎関数法の化学の課題への適用性が向上し続けている．すなわち，現在の密度汎関数法は化学を量子論にもとづいて演繹的に考えぬいた結果としての理論といっても過言ではなく，理論体系のなかに化学を演繹的に考える上で必要な情報がつまっている．本書によって，読者がその情報を少しでも手に入れていただければ幸いである．

　最後に，本書を綿密に査読していただき的確な助言をいただいた九州大学大学院理学研究院の中野晴之教授，北海道大学大学院理学研究院の武次徹也教授，大阪大学大学院理学研究科の山中秀介助教，および大阪大学大学院基礎工学研究科の重田育照准教授に深く感謝いたします．また，本書の執筆を依頼し，忍耐強く執筆を待っていただいた講談社の大塚記央さんに深く感謝いたします．

目次

第1章 量子化学   1
- 1.1 量子化学の歴史 3
- 1.2 量子化学以前の理論化学の歴史 9
- 1.3 シュレーディンガー方程式の基礎となる解析力学 15
- 1.4 シュレーディンガー方程式 20
- 1.5 波動関数の解釈 22
- 1.6 分子の並進運動の量子化 25
- 1.7 分子の振動運動の量子化 28
- 1.8 分子の回転運動の量子化 31
- 1.9 電子運動の量子化：水素原子 35

第2章 ハートリー・フォック法   39
- 2.1 ハートリー法：複数電子をもつ系の電子状態計算法 41
- 2.2 分子軌道法：分子の電子状態の計算法 44
- 2.3 スレーター行列式：電子の交換を考慮した波動関数 48
- 2.4 ハートリー・フォック法：スレーター行列式にもとづく電子状態計算法 50
- 2.5 ローターン法：行列形式のSCF法 54
- 2.6 基底関数 57
- 2.7 クーロン・交換相互作用と積分計算の高速化 61
- 2.8 非制限ハートリー・フォック法：開殻系の電子状態計算 . 64
- 2.9 原子の電子状態 67

第3章	電子相関	73
3.1	電子相関：ハートリー・フォック法に足りない効果	75
3.2	動的電子相関と静的電子相関	77
3.3	電子配置間の相互作用	81
3.4	ブリュアン定理：1電子励起の定理	84
3.5	より効率的に高度電子相関を取りこむ理論	85
第4章	コーン・シャム法	89
4.1	トーマス・フェルミ理論：DFT の基本コンセプト	91
4.2	ホーエンベルグ・コーン定理：DFT の基本定理	93
4.3	コーン・シャム法：DFT の計算理論	95
4.4	一般化コーン・シャム法：コーン・シャム法の拡張	99
4.5	電子密度によるポテンシャルの直接決定	100
4.6	時間依存コーン・シャム法：励起スペクトルの計算法	104
4.7	Coupled perturbed コーン・シャム法：応答物性の計算法	109
第5章	交換・相関汎関数	115
5.1	交換・相関汎関数の分類	117
5.2	LDA・GGA 交換汎関数	120
5.3	LDA・GGA 相関汎関数	124
5.4	メタ GGA 汎関数	131
5.5	混成汎関数	136
5.6	半経験的汎関数	138
5.7	交換・相関汎関数の妥当性	141
第6章	汎関数に対する補正	143
6.1	長距離補正	145
6.2	自己相互作用補正	150
6.3	ファンデルワールス (分散力) 補正	155
6.4	相対論的補正	165
6.5	ベクトルポテンシャル補正と電流密度	174

第 7 章　軌道エネルギー　183

- 7.1　クープマンの定理：軌道エネルギーの意味 185
- 7.2　ヤナクの定理 187
- 7.3　軌道エネルギーが再現できない理由 191
- 7.4　軌道エネルギーにおける電子相関の効果 193
- 7.5　最適化有効ポテンシャル法 195
- 7.6　高精度な相関ポテンシャルの開発 197
- 7.7　厳密運動・交換・相関ポテンシャルの直接決定 200
- 7.8　固体バンド計算における補正 202
- 7.9　長距離補正 DFT による軌道エネルギーの再現 206

付録 A　基礎物理条件　215

索引　240

Fundamentals of
Density Functional Theory

第 1 章

量子化学

1.1 量子化学の歴史

量子化学とは，原子・分子から生体高分子・固体表面など大規模系までの物質の構造・物性・反応といった**化学のさまざまな問題を，量子力学にもとづいて演繹的に解明するための学問分野**である。物質の電子状態を取り扱う化学は量子力学に支配されている。したがって，相対論的な効果を除けば，シュレーディンガー方程式を解くことによって，物質の電子状態をきわめて正確に再現することができる。このように書くと，量子化学とは単なる化学を研究の対象とした量子力学にすぎない印象を与えるかもしれないが，それは一面的な見方である。見落とされがちな側面として，**量子化学は化学への応用を主眼に置いた研究分野であること，したがって主な研究対象は実験化学をはじめとする科学・技術の進展とともに変遷することがある**。実際，量子化学は科学・技術の進展と歩を合わせるように発展してきた。このことを示すために，これまでの量子化学の歴史を密度汎関数法 (DFT) を中心に主に電子状態計算についてまとめてみた。客観的でもなく網羅的でもないが，大まかな流れをつかむことが目的なのでお許し願いたい。量子力学の誕生以降，量子化学の主要テーマは大きく 6 段階で変遷してきた (表 1.1)。それぞれの研究期において，背景となる科学・技術の主要なテーマは何か，それにともなって量子化学はどのように進展してきたかを具体的に考えてみよう。

表 1.1 量子化学の研究期と主要テーマ

研究期	期間 (年)	量子化学分野の主要テーマ
第 1 期	1926～1937	量子化学の基礎理論
第 2 期	1950～1960	コンピュータに適合した理論
第 3 期	1961～1969	具体的な研究対象のための理論
第 4 期	1970～1984	汎用計算プログラムと密度汎関数法
第 5 期	1985～1995	ポテンシャル汎関数と励起状態理論
第 6 期	1996～現在	多用途性を重視した新世代理論

第 1 期：量子化学の基礎理論 (1926〜1937)

シュレーディンガー方程式 [Schrödinger, 1926a] が提案されて以降，量子力学の基礎理論が驚異的なスピードで次々と生み出された。不確定性原理 [Heisenberg, 1927] や波動と粒子のボーアの相補性原理 (イタリアのコモでの講義, 1927) を経て，2 年後にはもう**相対論的シュレーディンガー方程式 (ディラック方程式)** [Dirac, 1928] が提案された。その後は，これらの基礎理論の裏づけとなる検証実験や概念づくりが進められた。量子化学も量子力学の基礎理論にもとづく化学の解明のための手法として生み出され，この時期に急速に基礎理論が構築された。

まず最初に取り組まれた量子化学の課題は，「**実際の分子のなかの電子運動のシュレーディンガー方程式をどう解けばいいのか**」である。この課題については，ハートリー法 [Hartree, 1928] とその**変分法** [Slater, 1928]，**分子軌道法** [Hund, 1926; Mulliken, 1927]，スレーター行列式 [Slater, 1929] が提案されたのを受け，量子化学のはじまりともいえる**ハートリー・フォック法** [Fock, 1930; Slater, 1930] が開発された。その後すぐに，ハートリー・フォック法で取りこめない (その後，電子相関とよばれる) 効果を取りこむための**配置間相互作用 (CI) 法** [Condon, 1930]，**メラー・プレセット摂動法** [Møller and Plesset, 1934]，および**多配置 SCF 法** [Frenkel, 1934]，化学物性計算のための**時間依存ハートリー・フォック法** [Dirac, 1930] のような物性理論，有機分子の電子状態計算のための**ヒュッケル法** [Hückel, 1930] のような経験的計算法が続々生み出された。また，固体物性の分野では，膨大な数の電子を含む固体のシュレーディンガー方程式を解くため，**トーマス・フェルミ理論** [Thomas, 1927; Fermi, 1928] が開発された。この理論は，のちに**密度汎関数法 (DFT)** の基本コンセプトとなった。このとき，はじめての**局所密度近似 (LDA)** が提案され，**LDA 交換汎関数** [Dirac, 1930] や運動エネルギー汎関数の**一般化勾配近似 (GGA)** の汎関数 [Weizsäcker, 1935] の開発につながった。

少ないながらも電子の運動状態を与えられる例が出てくるようになり，続いて取り組まれるようになった量子化学の課題が「**分子のなかの電子運動の波動関数をどう解釈すればよいのか**」である。これについては，分子のなかの

原子軌道を理解するための**混成軌道モデル** [Pauling, 1928]，軌道エネルギーの意味を与える**クープマンの定理** [Koopmans, 1934]，反応性を議論するための**遷移状態理論** [Eyring, 1935]，分子軌道のエネルギー準位を原子軌道の準位の重ね合わせで考える **LCAO-MO** 近似 [Lennard-Jones, 1929; Coulson, 1938]，そして化学反応を理解するための**化学反応原理** [Bell, 1936; Evans and Polanyi, 1938] が挙げられる．このようにして，分子のなかの電子運動を議論するための量子化学の基礎理論は整備された．

　その後，多くの量子力学創始者たちの興味は原子核に移っていく．しかし，1938 年のウラン核分裂発見および 1939 年から 1945 年までの第 2 次世界大戦を受け，原子爆弾の製造に貴重な人材が奪われることになる．戦争は軍事関係以外の研究職や研究資金を激減させ，科学界全体を長い停滞期に導いた．もちろん，量子化学もその例外ではなく，1950 年に大きな転換が起こるまで，溶液反応など一部の原子爆弾に関連した研究以外に目立った進展は見られなくなった．

第 2 期：コンピュータに適合した理論 (1950〜1960)

　戦後復興が進んだ 1950 年代に入ると，科学・技術分野に一大変革が起こる．**コンピュータの登場**である．この時期，コンピュータのハードウェア開発が大きく進展し，1950 年に世界初の商用コンピュータ UNIVAC が誕生し，1952 年には初の科学計算用大型計算機 IBM701 が登場する．それにともない，多くの科学分野はコンピュータを利用した新しい分野を志向しはじめる．最もその影響を受けた研究分野の 1 つが量子化学である．

　この時期まで，シュレーディンガー方程式を実際に解くのは，その膨大な計算量のために，少ない例外を除いて現実的ではなかった．コンピュータはそれを現実的な作業に変える可能性をもつため，コンピュータ上での計算のための理論開発が急速に進められた．特に，2012 年現在も主流であるフォンノイマン型コンピュータは行列演算に適していることから，それを利用した理論やアルゴリズムが開発されはじめた．1950 年に行列計算化のための**基底関数** [Boys, 1950] が開発されたのを皮切りに，基底関数にもとづくハートリー・

フォック法である**ローターン法** [Roothaan, 1951; Hall, 1951] および開殻分子計算のための**非制限ハートリー・フォック (UHF) 法** [Pople and Nesbet, 1954] が開発された。**電子相関** [Löwdin, 1955] の概念も，その文脈で提案された。また，ハートリー・フォック法に対する近似理論である**半経験的計算法** [Pariser and Parr, 1953; Pople, 1953]，基底関数計算で得られた分子軌道の解析法である**ポピュレーション解析法** [Mulliken, 1955]，分子軌道を混成軌道と結びつける**分子軌道局在化法** [Foster and Boys, 1960] など，解析の主な手法が続々と提案された。また，計算の高速化のために原子間相互作用を分子力場で取り扱う**分子動力学法** [Alder and Wainwright, 1959] が開発されたのもこの時期である。

第3期：具体的な研究対象のための理論 (1961〜1969)

1960年代に入ると，科学のさまざまな研究分野において測定装置の機能向上にともなう発見が相次ぎ，それにともなって技術と理論の再構成が進んでいった。

量子化学では，精密な実験結果と照らし合わせるため，具体的な対象を計算するための理論が開発された。とはいえ，当時のコンピュータでは化学的に興味深い分子の高精度計算は難しかったため，思い切った近似にもとづく理論が開発された。まず，量子化学創成期のヒュッケル法を30年ぶりに改善して化学物性計算の精度を高めた**拡張ヒュッケル法** [Hoffmann, 1963] が開発された。また，**フロンティア軌道理論** [Fukui et al., 1952] の軌道にもとづく反応解析モデルが拡張ヒュッケル法に適用され，1964年にそれまで謎とされていたディールス・アルダー反応機構が解明された。翌年，**ウッドワード・ホフマン則** [Woodward and Hoffmann, 1965] が提案され，その正しさが確証された。また，外圏型の酸化還元反応における電子移動の機構を説明する**マーカス理論** [Marcus, 1956] が整備されたのもこのころである。重要なのは，ヒュッケル法と同様に30年ぶりに，固体物性分野においてもトーマス・フェルミ理論 が見直され，DFT の基礎定理である**ホーエンベルグ・コーン定理** [Hohenberg and Kohn, 1964] や，この定理にもとづく**コーン・シャム法**

[Kohn and Sham, 1965] が生み出されたことである．すなわち，DFT は具体的な研究対象のための理論として開発された．

　この時期のもう 1 つの潮流として，小分子のさらに厳密な計算を行なうための理論構築が進んだことにも触れておくべきだろう．まず，多原子系のためのさまざまなガウス型基底関数が開発された．さらに，電子相関の概念をさらにクリアにした**動的・静的電子相関解釈** [Sinanoğlu, 1964] が提案されたのも契機となり，**クラスター展開法** [Čížek, 1966] や**運動方程式 (EOM) 法** [Rowe, 1968] が開発された．また，多配置 SCF 法が広まりはじめたのもこのころであり，得られた波動関数を参照とする**多参照 CI(MRCI) 法** [Whitten and Hackmeyer, 1969] がこの時期に提案された．

第 4 期：汎用計算プログラムと密度汎関数法 (1970〜1984)

　70 年代に入ると，世界最初のパソコンである MITS 社の Altair8800(1974) が誕生するなどコンピュータの汎用化が進み，ようやく科学技術に本格的に貢献しはじめた．

　量子化学においてはこの時期，その後最も利用されることになる **Gaussian** プログラム (1970) や **GAMESS** プログラム (1982) をはじめ，さまざまな汎用量子化学計算プログラムが開発された．それを受け，この時期の量子化学では計算を高速化するためのアルゴリズムも多く開発された．たとえば，大規模 CI 行列計算のための**デビッドソン行列対角化法** [Davidson, 1975] などである．また，計算の効率化のため，基底関数の数を減らす方法も多く提案された．直接関与しない軌道をポテンシャルで近似する**擬 (pseudo) ポテンシャル** [Heine, 1970] にはじまり，内殻軌道に対する近似である**有効内殻ポテンシャル (ECP)** [Kahn and Goddard, 1972]，直接関与しない部分を古典的に取り扱う **QM/MM 法** [Warshell and Levitt, 1976] などである．それにより，量子化学計算が分子構造や反応解析などの実用に耐えうるものとなってきた．

　さらにこの時期について特筆すべきなのは，固体物性分野で DFT が大きく力を伸ばし，順調に整備されたことである．**ヤナクの定理** [Janak, 1978]，

制限付き探索法 [Levy, 1979]，ルンゲ・グロス定理 [Runge and Gross, 1984] などで DFT の理論的な枠組みが強化され，**自己相互作用補正** [Perdew and Zunger, 1981] など，ポテンシャル汎関数に求められる条件が整備された。このことは，その後の爆発的なポテンシャル汎関数開発ブームにつながった。実際，この時期の終盤に**局所密度近似 (LDA) 相関汎関数** [Vosko et al., 1980] が開発された。

第 5 期：ポテンシャル汎関数と励起状態理論 (1985～1995)

この時期の科学は，1985 年の C_{60} フラーレン発見に端を発したナノ材料の設計，および 1987 年のフェムト秒光化学反応実時間観測法開発に端を発した光化学反応の観測・制御が先導した。この時期の後半の量子化学分野において，高速計算が可能な DFT が急速に利用されはじめ，また光化学反応計算に向けて多くの励起状態理論が生み出されたことは，この時期の科学の潮流と無縁ではないであろう。

DFT の利用拡大については，1985 年に第一原理分子動力学法の中心理論となっている DFT にもとづく**カー・パリネロ分子動力学法** [Car and Parrinello, 1985] が提案されたこと，および 1988 年に高精度な結果を与える**一般化勾配近似 (GGA) 汎関数**の B88 交換汎関数 [Becke, 1988] や LYP 相関汎関数 [Lee et al., 1988] が開発されたことが直接的な契機となった。これにより，ナノレベルの量子化学計算が現実味を帯びたことから，さらに計算精度を上げるべく爆発的に多くのポテンシャル汎関数が提案された。最も利用される**混成 (Hybrid) 汎関数**の B3LYP 汎関数 [Becke, 1993] が開発されたのもこの時期である。また，大規模分子計算のために QM/MM 法が DFT に適用され，分割統治 (divide-and-conquer) 法 [Yang, 1991] などの**線形スケーリング化法**が提案されている。

この時期の量子化学のもう 1 つの潮流として，多くの励起状態理論の開発がある。この時期，**多参照理論**の多くが提案された。それまでの励起状態計算では SAC-CI 法 [Nakatsuji and Hirao, 1978] に代表される単参照理論が主流だったが，フェムト秒光化学で対象となるような小分子の励起状態の定量的再

現には動的・静的電子相関の両方をあらわに取りこんだ多参照理論による高精度計算が求められること，またコンピュータ性能の向上でそれが可能になったことが原因である．たとえば，多参照摂動法の CASPT2 法 [Andersson et al., 1990], MRMP 法 [Hirao, 1992], MCQDPT 法 [Nakano, 1993] がこの時期提案された．

第 6 期：多用途性を重視した新世代理論 (1996 年〜現在)

1990 年代も半ばを過ぎると，異分野で利用されていた技術や理論の統合が起こり，実験装置も高度化した．それにともない，あらゆる臓器を作り出せるヒト胚性幹 (ES) 細胞 (1998) や光の位相や周波数を自由に制御する光周波コム (1999) など，多用途な技術や理論が生み出されはじめた．量子化学においても，それまでの理論では計算の高速さか高精度さかの両極で追求されてきたが，この時期に入り，その両方をあわせもつ多用途な理論が求められるようになった．

DFT については，1996 年に高速かつ高精度な励起状態計算を可能にする**時間依存応答コーン・シャム法** [Casida, 1996] やベクトルポテンシャルを導入する**時間依存電流密度汎関数法** [Vignale and Kohn, 1996] などが開発された．その後も，交換汎関数の長距離相互作用補正である**長距離補正 (LC)** [Iikura et al., 2001] や大量のパラメータを使って物性値を合わせる**半経験的汎関数** [Becke, 1997] などにもとづく多くの汎関数が生み出されている．これらの方法に共通するのは多用途性であり，あらゆる物性・反応計算において等しく高精度な結果を与えることが開発における必須条件となっている．

1.2 量子化学以前の理論化学の歴史

前節では，シュレーディンガー方程式が開発されて以降の量子化学の歴史について概観したが，それ以前の化学 [Asimov, 1979] も量子化学の歴史的な位置づけを考えるうえで重要であろう．シュレーディンガー方程式が開発されるまでの化学はおおむね，化学の創生期，熱力学・統計力学期，そして初期

量子論期の 3 期に分けられる．本節では，量子論以前の化学の歴史をきわめて簡単ではあるが概観してみよう．

第 1 期：化学の創生 (〜1850 年代ごろ)

16 世紀まで化学とは錬金術であった．錬金術はギリシア哲学を起源とした神秘主義にもとづき，キリスト教が科学を排した 650 年以降はアラビアで発展した．その状況は 16 世紀末にリバビウス (A. Libavius) が神秘主義を排除した化学教科書『錬金術』(1597) を出版するまで続く．その後，ボイル (R. Boyle) が錬金術 (alchemy) を「化学 (chemistry)」と改名し (1661)，「圧力 × 体積は一定」とする**ボイルの法則** (1662) を提案するに至り，化学という学問が生まれた．

化学の基礎を作り上げたのは，「化学の父」ラヴォアジェ (A. de Lavoisier) である．ラヴォアジェは『化学原論』(1789) において，「化学反応に関わるすべての物質と生成物を考慮すれば質量は変化しない」とする**質量保存の法則**などの理論を開発し，それまであった化学の知識をまとめた．その後，プルースト (J. L. Proust) の「すべての化合物は元素をある一定の割合で同じ割合を示すように含む」とする**定比例の法則** (1799) をもとに，ドルトン (J. Dolton) は『化学哲学の新体系』(1808) において「2 種の元素が結合するとき，その結合比が異なる化合物が存在する」とする**倍数比例の法則**を提案し，その構成元素を**原子**とよんだ．また，はじめての**原子量表**を提案した．ゲイ・リュサック (J.-L. Gay-Lussac) は，ニコルソン・カーライル (W. Nicholson, A. Carlisle) の**電気分解** (1800) の結果をもとに「いくつかの気体が混合するとき，それらの体積は簡単な整数比である」とする**気体反応の法則** (1808) を発表し，倍数比例の法則を一般化した．また，アヴォガドロ (A. Avogadro) による「気体において等しい数の粒子は等しい体積を占める」とする**アヴォガドロの法則** (1811) もこのころ提案された．この法則は**分子**を原子と区別することを可能にした．ベルセーリウス (J. J. Berzelius) は，気体反応の法則を非整数比に拡張し，現在でも利用される**元素記号**や**化学反応式**を提案 (1807 - 1823)，それをもとに**異性体** (1830) を発見した．さらに，ファラデー (M.

Faraday) は，電気分解をさらに精緻化してのちの電子の発見につながる**電気分解の法則** (1832) を提案した．のちに，この考え方をもとに，フランクランド (E. Frankland) が価電子の概念を提案 (1852)，ケクレ (F. A. Kekule von Stradonitz) やクーパー (A. S. Couper) がベンゼン環 (1865) を含む原子間の結合 (1861) を使った分子構造式を提案するに至った．こうして，化学の基礎が整備された．

第 2 期：熱力学・統計力学 (1840 年代〜1880 年代)

1840 年代になると，化学者の興味は熱力学に移った．「熱力学の父」ヘス (G. H. Hess) は，「化学変化における熱量変化は何段階であっても一定である」とする**ヘスの法則** (1840) を証明し，続いてマイヤー (J. R. von Mayer) により「すべてのエネルギー過程においてエネルギーは保存される」とする**熱力学第 1 法則** (1842)，およびクラウジウス (R. Clausius) により「すべての自発的エネルギー変化でエントロピーは増大する」とする**熱力学第 2 法則** (1850) が提案された．ウィリアムソン (A. W. Williamson) はエーテルの研究において，**可逆反応**および**化学平衡**の存在を確かめ (1850)，**化学反応速度論**につなげた．それを受け，グルベルグとヴォーゲ (C. M. Guldberg, P. Waage) は，「反応速度は反応する分子の周囲の物質の濃度に比例する」とする**質量作用の法則**と**化学平衡式**を提案した (1863)．マクロな熱化学研究が一段落すると，気体の熱力学を構成分子の運動で解き明かす試みもはじまった．マクスウェル (J. C. Maxwell) が**気体分子の速度分布式** (1860) を提案し，気体の分子運動論を創始した．この速度分布式をボルツマン (L. Boltzmann) が気体の熱力学と関連づけ，**エントロピーと確率との関係式** (1877) を提案した．ギブズ (J. W. Gibbs) は一連の熱力学諸法則を化学式にあてはめ，**自由エネルギー**，**化学ポテンシャル**，**相律**の概念を導入し，化学熱力学理論を構築した．この理論をもとに，オストワルト (F. W. Ostwald) は触媒作用を解明 (1887)，ファントホッフ (J. H. van 't Hoff) は溶液の浸透圧の法則を提案 (1886)，アレニウス (S. A. Arrhenius) は電解質溶液のイオン解離 (1884) を解明し，反応の**活性化エネルギー**を提案した (1889)．またこのころ，史上初

の国際化学会議がカールスルーエで開かれ (1860),それを契機に元素の体系化が進み,メンデレーエフ (D. I. Mendelejev) が**周期律表**を提案するに至った (1869)。その後,希土類や希ガスなど,周期律表を埋める元素が続々発見された。量子論以前の近代化学はこうして完成した。

第 3 期:初期量子論 (1890 年代〜1920 年代)

1890 年代以降,原子の構造解明が化学の最前線となる。分子の中の原子の組成や原子の種類の周期的関係性については見通しが立ったが,どのような仕組みでそうなっているのかはほとんど理解できていなかったからである。特に解明に向けた端緒となったのは,19 世紀末にあった**電子の発見** (1897) と**量子仮説の提案** (1900) である。

量子仮説は,プランク (M. K. E. L. Planck) により黒体放射の解明から導き出された。黒体とは,外部から入射する熱放射など (光・電磁波による) をあらゆる波長に渡って完全に吸収・放出できる物体のことであり,ある温度の黒体から放射される電磁波のスペクトルは一定である。黒体放射のスペクトルについては,高振動数についてはウィーン (W. C. W. O. F. F. Wien) の法則 (1886),低振動数についてはレイリー・ジーンズ (J. W. Strutt, 3rd Baron Rayleigh, J. H. Jeans) の法則 (1900) が提案されていた。しかし,前者は古典物理と矛盾し,後者は全エネルギー密度が無限大となる問題があった。プランクは,両法則を補完することによってきわめて正確な全エネルギー密度を与える公式を提案し,この公式は電磁波の各モードのエネルギーが $h\nu$ の整数倍であれば説明できるとする量子仮説を提唱した。比例定数 h はその後,**プランク定数**とよばれることになる。ここではじめて**量子 (quantum)** という概念が誕生した。

トムソン (J. J. Thomson) による陰極線の粒子としての電子の発見も科学に大きな衝撃を与えた。電子の発見を受け,レナルト (P. E. A. von Lenard) は師のヘルツ (H. R. Hertz) によって発見されていた,電極の陰極への紫外線照射で電極間に放電が起こって電圧が下がる現象,つまり**光電効果**が金属からの電子の放出に起因することを示した (1902)。しかし,光電効果にも古典電

磁気学と矛盾する側面があった．光電効果では，あるしきい値以上の振動数の光を金属に照射すると，光の強度に比例する電流 (光電流) と光の強度によらない電子 (光電子) が生じる．これは古典電磁気学で説明できる．説明できないのは，電子のエネルギーが入射光の振動数 ν とともに線形に増加することである．プランクの量子仮説を知っていたアインシュタインは，光はエネルギー $h\nu$ をもつ粒子の集まりであるとし，次の**光量子説**を提唱した [Einstein, 1905a]．

- 光はエネルギー量子 $h\nu$，つまり光子 (photon) の集まりである．
- 電子による光吸収は電子のエネルギーを $h\nu$ 増加する．
- 電子の金属からの脱離に仕事エネルギーが必要である．
- 残りは電子の運動エネルギーに転化する．

この仮説は，のちに**コンプトン効果** [Compton, 1923] を示すことで証明されることになる．

また，原子のなかでどのように電子は運動するのかも議論の対象となった．トムソンは，レナルトによる「電子が (陽電子のような) 正電荷の粒子と組み合わさって混在する原子モデル」を光電効果が説明できないとして否定し，「均一な正電荷体のなかを負電荷の電子が自由回転する原子モデル」を考案した．これに対し，ラザフォード (E. Rutherford) は，α 粒子を金属箔に打ち込むと大角度散乱する実験事実を考え，「中心に局在した正電荷のまわりを電子が円運動する原子モデル」である**ラザフォードモデル** (1908) を立てた．同様の原子モデルは，長岡半太郎により 1904 年に提案されていた．ラザフォードはさらに，陽極線で知られていた電子の 1837 倍の質量をもつ物質 (つまり，陽子) を，この正電荷の基本単位とすることを提唱した (1914)．この原子モデルにはしかし，問題があった．**水素原子の発光スペクトル**を明確に与える**リュードベリ** (J. Rydberg) **式** (1888) を，この原子モデルでは全く説明できなかった．また，円運動する電子は加速度運動であるから，古典電磁気学によるとこのモデルでは電子は光放射して正電荷に落ち込むはずである．

ラザフォードモデルの問題を解決する電子運動モデルをはじめて提案したのがボーアである．ボーアは，水素原子の電子に対して，電子の周期的軌道は

量子化されている原子モデルを立て，次の仮説 (ボーア仮説) を立てた [Bohr, 1913]。

- 電子は，角運動量 $h/2\pi$ の自然数倍の軌道上を運動し，かつ放射せずに定常状態にある。
- 電子は 1 つの許された軌道から他の軌道へ不連続遷移し，そのエネルギー変化 $E - E'$ を放射・吸収する。

この仮説によって導かれた水素原子のエネルギーは，発光スペクトルに対するリュードベリ式を与える。また，電子はこの軌道にしか存在できないとすると，正電荷に落ち込まない理由も説明できる。こうして，水素原子の構造が初めて明らかになった。しかし，この原子モデルでもさまざまな問題が残された。まず，このモデルは電子がいつ跳躍するのか説明できていないうえ，周期系にしか適用できない。さらに重要なことに，**複数電子をもつ原子の電子状態を全く説明できない**。問題の原因は，「量子論の要請とは本質的に無関係な古典的概念や表象を原子構造の問題に持ちこんだこと，直感的内容が実際は見通せなかったのに，物理的法則の解明に簡単な直感的モデルや抽象をもちこんだことにある」とのちに説明されている [Heisenberg, 1925]。これは，初期量子論の行き詰まりを意味していた。このことは，初期量子論が実験で検証できる関係性のみを含む現代量子論へとパラダイム転換する契機となった。

この問題を解く鍵は約 10 年後の 1924 年にド・ブロイ (L.-V. P. R. de Broglie) の博士論文で提案された。ド・ブロイは，周期的軌道になくても粒子は波とみなせるとし，すべての物質は粒子－波動の二重性をもつ**物質波**であると提案した。すなわち，すべての物質は p を物質の運動量として

$$\lambda = \frac{h}{p} \tag{1.1}$$

の波長をもつ。これを**ド・ブロイ波長**という。物質波が存在すれば，なぜ水素原子内の電子の角運動量が量子化されるのかが説明できる。この物質波説は，のちにデヴィッソン・ガーマーの電子線散乱実験 [Davisson and Germer, 1927] や電子線の二重スリット実験 [Jönsson, 1961] で確かめられた。この物質波の研究はアインシュタインによって 1925 年，ドイツで紹介された。その

ことがシュレーディンガー方程式の提案につながることになった。

1.3 シュレーディンガー方程式の基礎となる解析力学

シュレーディンガー方程式に話題を移す前に，関連する解析力学の知識をおさらいしておこう。解析力学において最も重要なのは，最小作用の原理とそれにもとづく保存則である。1753 年，オイラー (L. Euler) は『最小作用の原理について』でモーペルテュイ (P.-L. M. de Maupertuis) のそれまでの考え方をまとめ，力学系の運動は**最小作用の原理**に従うことを示し，一般的な問題へ適用した [Ekeland, 2009]。ラグランジュ (J.-L. Lagrange) は，この原理にもとづいて独自の一般的解法を提案し，これを**変分法** (1754) と命名した。オイラーは『変分法の原理』(1766) でこれを紹介した [Ekeland, 2009]。

まず，時刻 $t = t_1$ および $t = t_2$ にある異なる座標 q_1, q_2 にある力学系を考えると，系はこの間を作用

$$S = \int_{t_1}^{t_2} L(q, \dot{q}, t) dt \tag{1.2}$$

(q は一般座標，$\dot{q}$ は一般速度) が停留値をとるように運動する。すなわち，

$$\delta S = \delta \int_{t_1}^{t_2} L(q, \dot{q}, t) dt \tag{1.3}$$

$$= \left. \frac{\partial L}{\partial \dot{q}} \delta q \right|_{t_1}^{t_2} + \int_{t_1}^{t_2} \left(\frac{\partial L}{\partial q} - \frac{d}{dt} \frac{\partial L}{\partial \dot{q}} \right) \delta q \, dt = 0 \tag{1.4}$$

であり，$\delta q(t_1) = \delta q(t_2) = 0$ より，**オイラー・ラグランジュ方程式** (1766)

$$\frac{\partial L}{\partial q} - \frac{d}{dt} \frac{\partial L}{\partial \dot{q}} = 0 \tag{1.5}$$

が成立する。ここで，L はラグランジアンとよばれ，質点間に相互作用のない独立質点系については

$$L = \sum_i \frac{m_i v_i^2}{2} - V(\mathbf{r}_1, \mathbf{r}_2, \cdots) \tag{1.6}$$

と定義される．質点 i について，m_i は質量，v_i は速度，$\mathbf{r}_i$ は位置ベクトルである．右辺第 1 項を**運動エネルギー**という．V は質点の位置だけで決まる関数であり，**ポテンシャルエネルギー**という．

このオイラー・ラグランジュ方程式を使い，ネーターは時間と空間の一様性により，エネルギーと運動量の保存則をそれぞれ導いた [Noether, 1918]．まず，時間の一様性により，独立系のラグランジアンは時間にあらわに依存しないので，時間に関する全微分は

$$\frac{dL}{dt} = \sum_i \frac{\partial L}{\partial q_i}\dot{q}_i + \sum_i \frac{\partial L}{\partial \dot{q}_i}\ddot{q}_i \tag{1.7}$$

となる．したがって，オイラー・ラグランジュ方程式を使うと，

$$\begin{aligned}\frac{dL}{dt} &= \sum_i \frac{d}{dt}\left(\frac{\partial L}{\partial \dot{q}_i}\right)\dot{q}_i + \sum_i \frac{\partial L}{\partial \dot{q}_i}\ddot{q}_i \\ &= \sum_i \frac{d}{dt}\left(\frac{\partial L}{\partial \dot{q}_i}\dot{q}_i\right)\end{aligned} \tag{1.8}$$

これにより，

$$\frac{d}{dt}\left(\sum_i \frac{\partial L}{\partial \dot{q}_i}\dot{q}_i - L\right) = 0 \tag{1.9}$$

となり，

$$E = \sum_i \frac{\partial L}{\partial \dot{q}_i}\dot{q}_i - L \tag{1.10}$$

は独立系の運動で保存される．この E は独立系の**エネルギー**とよばれる．また，空間の一様性により，独立系のラグランジアンは空間内の平行移動に関して不変である．したがって，デカルト座標に関する平行移動 $\mathbf{r}_i \to \mathbf{r}_i + \Delta \mathbf{r}$ について

$$\delta L = \sum_i \frac{\partial L}{\partial \mathbf{r}_i}\Delta \mathbf{r} = \Delta \mathbf{r} \sum_i \frac{\partial L}{\partial \mathbf{r}_i} = 0 \tag{1.11}$$

となり，平行移動 $\Delta \mathbf{r}$ は任意であるから，

$$\sum_i \frac{\partial L}{\partial \mathbf{r}_i} = 0 \tag{1.12}$$

が導かれる．したがって，式 (1.5) のオイラー・ラグランジュ方程式より，

$$\sum_i \frac{d}{dt}\frac{\partial L}{\partial \dot{\mathbf{r}}_i} = \frac{d}{dt}\sum_i \frac{\partial L}{\partial \dot{\mathbf{r}}_i} = 0 \tag{1.13}$$

であるから，

$$\mathbf{p} = \sum_i \frac{\partial L}{\partial \dot{\mathbf{r}}_i} \tag{1.14}$$

は保存される．この $\mathbf{p}$ は，独立系の**運動量**とよばれる．運動量は一般座標 $\mathbf{q}_i$ に関して記述することもでき，その場合の一般速度に関する導関数

$$\mathbf{p}_i = \frac{\partial L}{\partial \dot{\mathbf{q}}_i} \tag{1.15}$$

は**一般運動量**とよばれる．

ここまでラグランジアンにもとづく定式を説明してきたが，力学系の問題を考える際には保存量であるエネルギーにもとづく定式を使うほうが優れていることが多い．ハミルトン (W. R. Hamilton) は，一般運動量を使った定式化を行ない，一般的な力学系への適用性の高い運動方程式を導いた．一般運動量を使うと，時間にあらわに依存しないラグランジアンの全微分は，

$$\begin{aligned} dL &= \sum_i \frac{\partial L}{\partial q_i}dq_i + \sum_i \frac{\partial L}{\partial \dot{q}_i}d\dot{q}_i \\ &= \sum_i \dot{p}_i dq_i + \sum_i p_i d\dot{q}_i \end{aligned} \tag{1.16}$$

であるが，

$$\sum_i p_i d\dot{q}_i = d(\sum_i p_i \dot{q}_i) - \sum_i \dot{q}_i dp_i \tag{1.17}$$

を使うと，

$$d(\sum_i p_i \dot{q}_i - L) = -\sum_i \dot{p}_i dq_i + \sum_i \dot{q}_i dp_i \tag{1.18}$$

と書ける．左辺の括弧内は系のエネルギーに相当する保存量であり，系のハミルトニアンとよばれる．この式から，**正準方程式**とよばれる次の方程式が与えられる．

$$\dot{q}_i = \frac{\partial H}{\partial p_i}, \quad \dot{p}_i = -\frac{\partial H}{\partial q_i} \tag{1.19}$$

ここまで，式 (1.4) の「作用」は，運動方程式を表わすための補助的な量として使われてきた。ここで，作用を最小作用の原理を満たす本来の運動を特徴づける物理量として再定義する。すなわち，$\delta q(t_1) = 0$，$\delta q(t_2) = \delta q$ とすると，式 (1.4) の作用の変分は，オイラー・ラグランジュ方程式と $p_i = \partial L/\partial \dot{q}_i$ を使って

$$\delta S = \sum_i p_i \delta q_i \tag{1.20}$$

と書ける。したがって，

$$\frac{\partial S}{\partial q_i} = p_i \tag{1.21}$$

である。また，時間に関する作用の全微分は，作用の定義より

$$\frac{dS}{dt} = L \tag{1.22}$$

である。したがって，作用を座標と時間の関数とすると，

$$L = \frac{dS}{dt} = \frac{\partial S}{\partial t} + \sum_i \frac{\partial S}{\partial q_i} \dot{q}_i = \frac{\partial S}{\partial t} + \sum_i p_i \dot{q}_i \tag{1.23}$$

という関係性があるが，式 (1.18) のハミルトニアンの定義より，

$$\frac{\partial S}{\partial t} = L - \sum_i p_i \dot{q}_i = -H \tag{1.24}$$

が成り立つ。ハミルトニアンが座標，運動量，時間の関数であること，および式 (1.14) を考慮すると，

$$\frac{\partial S}{\partial t} = -H(q, p, t) = -H\left(q, \frac{\partial S}{\partial q}, t\right) \tag{1.25}$$

である。これを (時間依存の) **ハミルトン・ヤコビ方程式** という。また，ハミルトニアンが時間にあらわに依存しないとき，式 (1.10) より

$$L = \sum_i p_i \dot{q}_i - E \tag{1.26}$$

であるから，作用は座標のみに依存する項と時間にあらわに依存する項に変数分離でき，

$$S = S_0(q) - Et \qquad (1.27)$$

となるので，これをハミルトン・ヤコビ方程式に代入すると，

$$H\left(q, \frac{\partial S}{\partial q}\right) = E \qquad (1.28)$$

が成り立つ。これが**時間非依存のハミルトン・ヤコビ方程式**あるいは**エネルギー保存式**とよばれる式である。これらのハミルトン・ヤコビ方程式が，直接的にシュレーディンガー方程式につながる古典的運動方程式となった。

　以上のようにして，力学系の運動を決定するさまざまなタイプの運動方程式が導かれた。これを総じて**解析力学**という。この「解析」とは，ニュートン (I. Newton) の『プリンキピア』で見られるような幾何学的図形を使った特殊な解法と区別するために付記されたようである。ここで注意すべきなのは，運動方程式を導くことと運動方程式を解くことは別問題だということである。運動方程式を解くとは，初期状態をもとに未来の任意の時間の状態を予測することであるが，ほとんどの力学モデル系について運動方程式は解析的には解けない。ポアンカレ (J.-H. Poincaré) は，**運動方程式を解析的に解けるような古典力学問題**はほとんどないことを示した [Ekeland, 2009]。現代でも，ほとんどの場合はシミュレーション計算によって解かれる。ポアンカレの時代にはもちろんコンピュータがなかったので，問題を非可積分系の閉じた軌道，つまり周期解に限定した。ちなみに，運動方程式を「解く (solve)」と書かずに「積分する (integrate)」と書くことがしばしばあるのは，この当時の慣習にしたがっているわけである。また，運動方程式のもとになる最小作用の原理は正しいのだろうか。作用は「最小」ではなく「停留」であることは明らかである。「停留」作用の原理については，のちにファインマンが量子論にもとづく**経路積分**の考えで解き明かした [Feynman, 1948]。つまり，**停留作用の古典的な経路は他の経路より確率が高いにすぎない**。経路積分の考えに基づく理論値は実験値ときわめて高精度に一致する。さらに，運動方程式は解をもつのかという問題もある。これは「ヒルベルト (D. Hilbert) の最重

要問題」の1つであるが，現代では与えられた問題に対して解が存在するかどうかは判定できるようになっている。

1.4 シュレーディンガー方程式

1926年，シュレーディンガーは「固有値問題としての量子化」の第1報を発表した [Schrödinger, 1926a]。その論文でシュレーディンガーは，ド・ブロイの物質波の考え方を古典的な運動方程式であるハミルトン・ヤコビ方程式に取り入れた新しい方程式を提案した。**シュレーディンガー方程式**である。この方程式は，1925年にハイゼンベルクが提案していた行列方程式 [Heisenberg, 1925] と等価であることがディラック (博士論文，1926) とヨルダン [Born et al., 1926] によってのちに別々に示された。

シュレーディンガーは，「通常だがすこし謎めいている量子化の規則が，空間関数 Ψ の有限性と一価性の仮定によって自然に出てくる」ことを示した [Schrödinger, 1926a]。すなわち，Ψ は関数の和である作用 S を積として表わせる対数関数であるとし，

$$S = i\hbar \ln \Psi \tag{1.29}$$

と定義した。このとき，Ψ は

$$\Psi = \exp\left(-\frac{iS}{\hbar}\right) \tag{1.30}$$

と書き下せるので (物質波の) 波動振幅と考えることができ，

$$\int |\Psi|^2 d\tau = 1 \tag{1.31}$$

という**規格化条件**により，有限性と一価性を仮定することができる。この Ψ を**波動関数**という。式 (1.27) の作用をもつエネルギー保存系については，この Ψ は

$$\Psi = \Psi_0 \exp\left(-\frac{iEt}{\hbar}\right), \quad \Psi_0 = \exp\left(-\frac{iS_0}{\hbar}\right) \tag{1.32}$$

と変数分離できる。この波動関数 Ψ をもつ式 (1.29) の作用 S を式 (1.25)，

(1.28) で与えられる時間依存，時間非依存のハミルトン・ヤコビ方程式に代入すると，

$$\hat{H}\Psi = i\hbar \frac{\partial \Psi}{\partial t} \tag{1.33}$$

$$\hat{H}\Psi = E\Psi \tag{1.34}$$

が得られる。これらはそれぞれ，**時間依存，時間非依存のシュレーディンガー方程式**とよばれる。また，ハミルトニアンは空間関数を演算する**ハミルトニアン演算子** $\hat{H}$ に置き換わっていることにも注意すべきである。

一例として，時間に依存しない独立質点系を考えてみよう。式 (1.29) を使うと，ハミルトニアンは

$$\begin{aligned}\hat{H} &= \sum_i \frac{p_i^2}{2m_i} + V = \sum_i \frac{1}{2m_i}\left(\frac{\partial S}{\partial q_i}\right)^2 + V \\ &= -\sum_i \frac{\hbar^2}{2m_i} \frac{1}{|\Psi|^2}\left(\frac{\partial \Psi}{\partial q_i}\right)^2 + V = E \end{aligned} \tag{1.35}$$

であるので，エネルギー保存式

$$-\sum_i \frac{\hbar^2}{2m_i}\left(\frac{\partial \Psi}{\partial q_i}\right)^2 + (V-E)|\Psi|^2 = 0 \tag{1.36}$$

が得られる。この式の Ψ の規格化条件下での停留条件は，変分法により

$$-\sum_i \frac{\hbar^2}{2m_i}\left(\frac{\partial^2 \Psi}{\partial q_i^2}\right) + (V-E)\Psi = 0 \tag{1.37}$$

と導かれる。この式は 3 次元系では，

$$-\sum_i \frac{\hbar^2}{2m_i}\boldsymbol{\nabla}_i^2 \Psi + (V-E)\Psi = 0 \tag{1.38}$$

と，よく見られるシュレーディンガー方程式になる。注意すべきは，運動量 $\mathbf{p}_i$ が

$$\mathbf{p}_i = -i\hbar \boldsymbol{\nabla}_i \tag{1.39}$$

という量子論的な演算子に変換されていることである。この**運動量演算子**があるために，ポテンシャル V によってある種の境界条件が課せられたときに，

波動関数 Ψ が有限値をとるためにエネルギー E がとびとびの値をとることになるわけである。このとびとびの値を**固有値**といい，各固有値に対応した波動関数を**固有関数**という。

1.5 波動関数の解釈

波動関数の解釈については，シュレーディンガー方程式が提案されてから現在に至るまで活発な議論が行なわれてきた。シュレーディンガー本人は，波動関数について**波動解釈**を提示した [Jammer, 1974]。すなわち，物体の物理的実在は波動のみで構成され，とびとびの固有値はそのエネルギーではなく波動の固有振動数であるという解釈である。そして，行列力学のようにとびとびのエネルギー準位や量子的な遷移を独立に仮定するのは無意味であるとした。しかし，波動的解釈には問題点が多々ある。まず，粒子は**波束**であると考えていたが，波束は基準振動の整数倍の級数展開でなければならなくなる。しかし，実際には調和振動子 (1.7 節参照) 以外ではそうはならない。また，n 粒子系では $3n$ 次元で考える必要があるが，この解釈では 3 次元しか取り扱えない。さらに，波動が実在であるとしているが，波動関数が複素数であることと矛盾する (ただし，ハミルトニアンにベクトルポテンシャル (6.5 節参照) を導入しなければ実用上は問題ない) 。他にも，波動関数が測定を通じて非連続的に変化することを説明できないことなど，さまざまな問題があった。

波動解釈にかわって提案されたのが，ボルンによる**確率解釈** [Jammer, 1974] である。衝突過程の量子力学的取り扱いの議論から誕生したこの解釈によると，波動関数にもとづく力学は，

$$P(\tau)d\tau = |\Psi|^2 d\tau \tag{1.40}$$

で与えられる体積素片 $d\tau$ 内の粒子の存在確率 P のみ取り扱うものであり，この確率は古典的ふるまいをすると考えることができる。ある関数 f の期待値は

$$<f> = \int d\tau f(\tau) P(\tau) = \int d\tau \Psi^*(\tau) f(\tau) \Psi(\tau) \tag{1.41}$$

と計算できる．波動関数 Ψ は物理系もその物理的属性も表わしておらず，ただ後者に関する知識を表わしている．よくある誤解に，この解釈が「波動関数は存在確率である」ことを示しているとするものである．もしそうであれば，二重スリット実験において 1 粒子の黒点が得られる理由が説明できない．実際，確率解釈ではそれは否定されており，波動関数は存在確率以外の何かである．波動と粒子との関係の議論で存在確率に着目しているだけなのである．このボルンの確率解釈はボーア，ハイゼンベルクらのコペンハーゲン学派に支持され，現在でも主流の波動関数解釈となっている．

しかし，波動関数の解釈はこの確率解釈で一件落着とはいかなかった．原因は，コペンハーゲン学派によって確率解釈に追加された「**現象は確率のみで議論可能であり，波束は観測すると収縮する**」という解釈である．アインシュタインは，「量子論が確率論でしか論じられないのは隠れた変数が存在しているからである」という**隠れた変数解釈**を提示し，確率解釈に対する反論を行なった．有名な「神はサイコロをふらない」もこの文脈で述べられたものである．アインシュタインの反論に対してボーアが反駁する形をとったソルベー会議での議論と往復書簡により，いわゆるボーア・アインシュタイン論争 [Jammer, 1974] が繰り広げられた．アインシュタインの思考実験にもとづく反論とそれに対するボーアの反駁は主に次のような議論であった．

- 収縮した波束は統計的分布関数であり，実在していると解釈できる．⇒ 波束が収縮した時点で観測が系を変えているので，議論自体無意味である．
- **二重スリット実験**で，粒子が二重スリットの一方を通過するときのスリットに与えられる運動量のキックを測定すれば，粒子そのものを測定せずとも粒子の経路を決定できる．⇒ そのような実験のセットアップは粒子の量子状態を変える．
- **光子箱の実験**で，光子を放出したあとに光子箱のエネルギーを測定するだけで，光子のエネルギーは決定できる．⇒ エネルギーと時間との不確定性に抵触する．
- スピン 0 の粒子が崩壊して 2 つの電子になる場合，片方の電子スピンを

観測すればもう片方の電子スピンもわかるので，情報が光より速く伝わるため，相対論を破る (アインシュタイン・ポドルスキー・ローゼンのパラドックス) [Einstein et al., 1935]。⇒ ボーアは反駁しきれなかった。のちに局所的な隠れた変数理論が満たすべき相関の上限をきめる**ベルの不等式** [Bell, 1964] とその破れを示した**アスペの実験** [Aspect et al., 1982] で否定される。

以上のような論争の大勢を決したといわれているのが，フォンノイマンの**ノーゴー (no-go) 定理** (1932) である。『量子力学の数学的基礎』[von Neumann, 1957] にあるこの定理は，**シュレーディンガー方程式には隠れた変数がないことを数学的に証明した**ものである。このようにして，論争は終止符を打たれたとされた。しかし，それに納得しないシュレーディンガーは，いわゆる**シュレーディンガーの猫**の思考実験 [Schrödinger, 1935] によってその反駁を試みた。すなわち，放射性同位元素から出る α 波を感知して青酸ガスの発生装置を起動させるガイガーカウンターと猫一匹を入れた箱を考えたとき，確率解釈では箱を除くまでは猫の生死がわからないため，実際にはそのどちらかなのに重ね合わせの状態にあるという奇妙な状態にあるとしたものである。だからおかしいというわけである。これは思考実験であるため定理に対する反証にはならないが，その後「観測すると波束が収縮するのではなく世界が分岐する」という**エヴェレットの多世界解釈** [Everett, 1957] につながった。さらに 20 年後，かつてアインシュタインの助手であったボームは，ノーゴー定理の証明の前提が厳しすぎることを指摘し，隠れた変数として「量子力学的力」を導入して，シュレーディンガー方程式から古典力学を導いた [Bohm, 1952]。しかし，この解釈もアスペの実験 [Aspect et al., 1982] で否定され，**コッヘン・シュペッカーの定理** [Kochen and Specker, 1967] で反証された。しかし，論争は続いており，反証されたのは局所的な隠れた変数に限られることから，非局所的な隠れた変数にもとづく量子論の可能性を探る研究がいまだなされている。

1.6 分子の並進運動の量子化

さて，シュレーディンガー方程式を使うと，分子の運動はどのような固有状態をとるだろうか。**分子の運動は分子のなかの原子核の並進運動，回転運動，振動運動** (図 1.1)，**および電子の運動の 4 通りに分けられる**。分子の並進運動は分子を構成するすべての原子核が同じ速度で動く運動で自由度は 3，回転運動は重心を中心として回る運動で自由度は 3 (直線の場合は 2)，振動運動は分子の平衡構造を中心とする周期運動のことで自由度は $3N-6$ (直線の場合は $3N-5$) である。この章ではこれ以降，これらの運動について，量子論的な固有状態を考えてみよう。

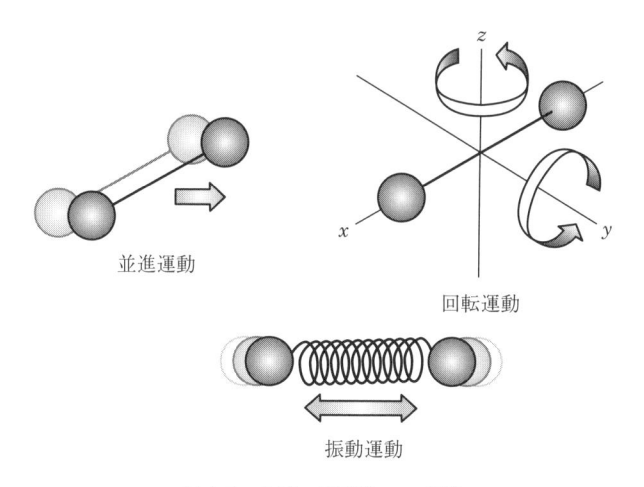

図 1.1　分子の原子核の 3 運動

まず，分子の並進運動については，重心の質点運動と考えることができるため，最も簡単な問題として量子力学の初等問題として取り上げられることが多い。いわゆる**箱型ポテンシャル問題**である。箱型ポテンシャルのシュレーディンガー方程式の解法については初等量子力学の参考書を読んでいただくとして，ここでは並進運動の固有状態を考えてみよう。並進運動のモデルとして最も簡単な一辺の長さが a の 1 次元箱型ポテンシャル (図 1.2) のエネル

ギー固有値は，

$$E_n = \frac{\hbar^2 k^2}{2m} = \frac{\hbar^2 \pi^2 n^2}{2ma^2} \quad (n = 1, 2, 3, \cdots) \tag{1.42}$$

(m は分子の質量) であり，対応する規格化された固有関数は，

$$\Psi_n(x) = \left(\frac{2}{a}\right)^{1/2} \sin(kx) \tag{1.43}$$

と求められる．この固有値と固有関数には次の特徴がある [Gasiorowicz, 1996]．

- 最低エネルギー状態 (**基底状態**という) のエネルギーはゼロではない．

$$E_1 = \frac{\hbar^2 \pi^2}{2ma^2} \tag{1.44}$$

これは，穴のなかで静止している粒子という古典的状態では運動エネルギーとポテンシャルエネルギーの和がゼロであるのと対照的である．こ

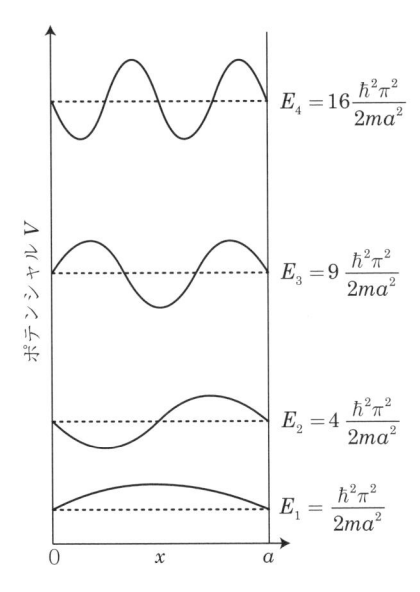

図 1.2　1 次元箱型ポテンシャルとそれに対するエネルギー固有値と固有関数

のエネルギーを**ゼロ点エネルギー**という。

- 分子の運動量を考えてみると，固有関数が実数の場合は運動量の期待値 $<p>$ は常にゼロである。なぜならば，任意の実関数 $R(x)$ について，

$$\int dx R(x)(-i\hbar)\frac{dR}{dx}(x) \tag{1.45}$$

は虚数であるから，$<p>=0$ 以外では $<p>=<p>^*$ にならないからである。

- 固有関数の**節 (node)** が多いほど，エネルギーが高い。これは，運動エネルギーは関数の曲率が大きいほど大きいからである。

$$<T>= -\frac{\hbar^2}{2m}\int dx \Psi^*(x)\frac{d^2\Psi}{dx^2}(x) \tag{1.46}$$

- 固有関数は**単位ベクトル**であり，任意の関数は固有関数展開で表わせる。なぜならば，フーリエの定理「任意の関数は三角関数の級数で展開できる」により，並進運動の固有関数である三角関数で展開できるからである。

ここまで箱型ポテンシャルについて考えたが，分子の並進運動のイメージに近いのはポテンシャルがない $(V=0)$ 場合だろう。この状態にある粒子を**自由粒子**という。自由粒子の固有関数は，1次元の場合は

$$\Psi(x) = \exp(\pm ikx) \quad \text{あるいは} \quad \Psi(x) = \{\sin(kx), \cos(kx)\} \tag{1.47}$$

とその線形結合であることが簡単にわかる。この固有関数は次のような特徴をもつ [Gasiorowicz, 1996]。

- 式 (1.47) の固有関数は，運動量演算子 $\hat{p} = -i\hbar(d/dx)$ について，運動量固有値 k を与える。したがって，対応するエネルギー固有値は $k^2/2m$ であるが，運動量 k は実数であるため，エネルギー固有値は連続的である。これを**連続状態**という。連続状態の固有関数は常に有限であり，異なる運動量 k' をもつ固有関数との重なり積分は $k=k'$ にきわめて大きな値を与える。

$$\int_{-\infty}^{\infty} dx \left(\exp(\pm ikx)\right)^* \exp(\pm ik'x) = 2\pi\delta(k-k') \tag{1.48}$$

この $k=k'$ で大きな値を与える $\delta(k-k')$ は**デルタ関数**とよばれる。

- 式 (1.47) の固有関数は，等しいエネルギー固有値を与える 2 つの形をもっていることがわかる。このように，同じ固有値に対応する 2 個以上の独立な固有関数が存在することを**縮退**という。このような固有関数どうしは直交するため，その線形結合も固有関数となる。縮退が生じる原因は，固有解を与える演算子 (今の場合はハミルトニアン) と交換可能 (「可換」) な別の演算子が存在するからである。この場合は運動量演算子 $\hat{p}$ がその演算子であり，それぞれの固有関数に対して

$$\hat{p}\exp(\pm ikx) = -i\hbar\frac{d}{dx}\exp(\pm ikx) = \pm k\hbar\exp(\pm ikx) \tag{1.49}$$

と異なる固有値を与える。

- 一般的に，**時間にあらわに依存する演算子はハミルトニアンと可換ではなく，エネルギーは保存しない**。たとえば，時間にあらわに依存するポテンシャル $V(x,t)$ の場合，エネルギーは一般的に保存しない。これは，エネルギー保存則は時間の一様性にもとづく法則であるからである (1.3 節参照)。したがって，その場合はエネルギー的に縮退する固有値を与えない。時間にあらわに依存せず，ハミルトニアンと交換する演算子に**パリティ演算子**がある。この演算子は，座標ベクトルの方向を逆にする演算子であり，式 (1.47) の固有関数のうち，$\Psi(x) = \{\sin(kx), \cos(kx)\}$ は，パリティ演算子についてそれぞれ -1 と $+1$ という異なる固有値を与える縮退状態にある。

1.7　分子の振動運動の量子化

次に，順番が前後するが，分子の振動運動を考えてみよう。振動運動の最も簡単なモデルとして**調和振動子**がある。調和振動子とは理想的なばね運動であり，そのポテンシャルは $V = k\mathbf{q}^2/2$ (k はばね定数，$\mathbf{q}$ は平衡構造を中心とした座標ベクトル) で表わせる。x 座標上の 1 次元ばね運動で考えると，調和振動子ポテンシャルのシュレーディンガー方程式のエネルギー固有値は

$$E_v = \left(v + \frac{1}{2}\right)\hbar\left(\frac{k}{\mu}\right)^{1/2} = \left(v + \frac{1}{2}\right)\hbar\omega \quad (v = 0, 1, 2, \cdots) \tag{1.50}$$

と与えられる。μ は換算質量であり，たとえば m_1 と m_2 の質量の物体のばね運動においては $\mu = m_1 m_2/(m_1 + m_2)$ と計算される。また，ω は角振動数である。振動が 1 次元なのに「角」振動数なのは，振動運動が時間について周期的な運動であり，$\exp(i\omega t)$ で表わせるからである。面白いのは，このエネルギー固有値の差が $\hbar\omega = h\nu$ の整数倍であり，黒体放射に関するプランクの仮説を裏づけることである。さて，この固有値に対応する固有関数は，

$$\Psi^{\text{vib}}(y) = h(y)\exp(-y^2/2) \tag{1.51}$$

$$y = \left(\frac{\mu\omega}{\hbar}\right)^{1/2} x \tag{1.52}$$

と与えられる。h は

$$\frac{d^2 h}{dy^2}(y) - 2y\frac{dh}{dy}(y) + (\epsilon - 1)h(y) = 0 \tag{1.53}$$

を満たす関数であり，規格化定数を除けばエルミート多項式 H_n

$$H_n(y) = (-1)^n \exp(y^2)\frac{d^n}{dy^n}\exp(-y^2) \tag{1.54}$$

である (図 1.3)。振動運動のエネルギー固有値や固有関数についても，並進運動で挙げたものと同じ特徴をもつ。すなわち，式 (1.50) からわかるように，最低エネルギー ($n = 0$) はゼロではない。これを**ゼロ点振動エネルギー**という。また，節の数が多いほどエネルギーが高い。さらに，式 (1.45) と同様に運動量の期待値はゼロであることが容易に確かめられ，固有関数は単位ベクトルとして考えることができる。ここでは最も簡単な 1 次元調和振動モデルで考えた。

調和振動子モデルは単純なわりには分子の振動のモデルとしてよい近似であるが，実際の分子の振動のポテンシャルは調和振動子からずれていることは心にとめておかなければならない。2 原子分子の結合ですら，核間距離が大きくなるにつれて非調和性の影響を受けて調和振動子からのずれが大きくなる**モースポテンシャル** (図 1.4) の形のポテンシャルをもつ。この場合，エネルギー固有値は

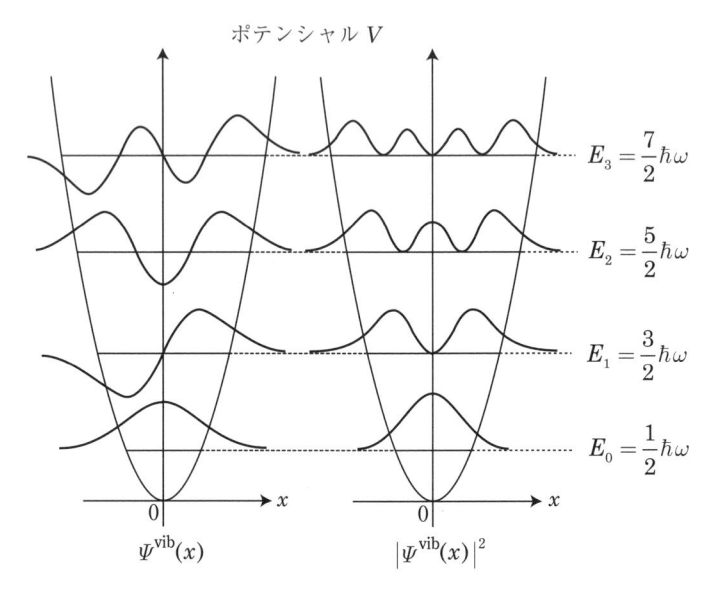

図 1.3 調和振動子とそれに対するエネルギー固有値, 固有関数 (左図), 存在確率 (右図)

$$E_v = \left(v + \frac{1}{2}\right)\hbar\omega - x_{\text{anhrmnc}}\left(v + \frac{1}{2}\right)^2 \hbar\omega \quad (v = 0, 1, 2, \cdots) \quad (1.55)$$

と与えられる。x_{anhmnc} は非調和定数である。

最後に, 分子の振動運動と**赤外 (IR) 吸収**スペクトルとの関連性を述べておく必要があるだろう。IR スペクトルは振動固有状態間の遷移であり, そのエネルギー差が振動数として現れる。振動状態間の遷移には選択律とよばれる決まったルールがあり, 調和振動子の場合は $\Delta n = \pm 1$ の間でのみ遷移が起こる。これは, 遷移双極子モーメント

$$\mu_{ij} = \int d^3 \mathbf{r} \Psi_i^{\text{vib}} \mathbf{p}_{\text{ed}} \Psi_j^{\text{vib}} \quad (1.56)$$

に比例する遷移確率 (スペクトル強度に相当) が $j = i \pm 1$ の場合以外はゼロ (偶数違う場合) かほぼゼロ (3 以上の奇数違う場合) だからである。ただし, $\mathbf{p}_{\text{ed}}$ は分子の電気双極子モーメントであり, 分子のなかの電子の (原子核の重

調和振動子

ポテンシャル V

モースポテンシャル

$$E_2 = \frac{5}{2}\hbar\omega - x_{\text{anhrmnc}}\left(\frac{5}{2}\right)^2\hbar\omega$$

$$E_1 = \frac{3}{2}\hbar\omega - x_{\text{anhrmnc}}\left(\frac{3}{2}\right)^2\hbar\omega$$

$$E_0 = \frac{1}{2}\hbar\omega - x_{\text{anhrmnc}}\left(\frac{1}{2}\right)^2\hbar\omega$$

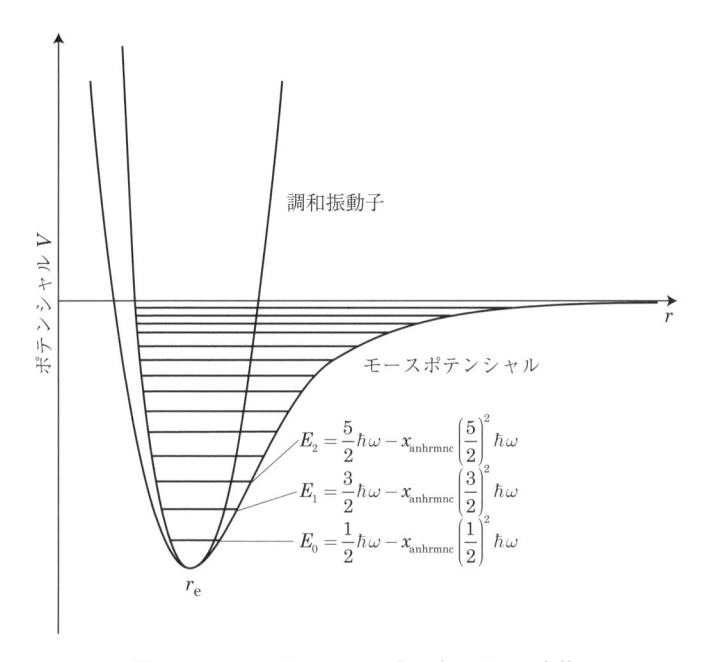

r_e

図 1.4　モースポテンシャルとエネルギー固有値

心からの) 位置ベクトルの期待値に比例する。たいていの分子は室温で振動基底状態にあるので，ほぼ常に $v = 0 \to 1$ の遷移 (基本バンド) である。温度が上昇すると増加する $v = 1 \to 2$ の遷移をホットバンドというが，調和振動子の場合は区別がつかない。振動の非調和性が大きい場合は，ホットバンドが区別でき，選択律も破れて $v = 0 \to 2$ などの倍音準位への遷移が可能になる。

1.8　分子の回転運動の量子化

　続いて，分子の回転運動である。回転運動については本書の内容と深くかかわるため，少し詳しく説明しよう。分子の回転運動を考えるうえでまず重要なのは，回転運動のエネルギーは運動エネルギーの一部であり，そのままでは分子の並進運動とカップリングしていることである。すなわち，全系の運動である並進運動と内部運動である回転運動とを変数分離しなければならな

い [Gasiorowicz, 1996]。たとえば 2 原子分子の場合，2 粒子のハミルトニアン演算子は

$$\hat{H} = \frac{\hat{\mathbf{p}}_1^2}{2m_1} + \frac{\hat{\mathbf{p}}_2^2}{2m_2} + V(r) \tag{1.57}$$

である。m_1，m_2 はそれぞれの原子の質量，$\hat{\mathbf{p}}_1$，$\hat{\mathbf{p}}_2$ はそれぞれの原子の運動量ベクトル，r は原子間距離である。このハミルトニアン演算子は，全運動量 $\hat{\mathbf{P}}$ と相対運動量 $\hat{\mathbf{p}}$，

$$\hat{\mathbf{P}} = \hat{\mathbf{p}}_1 + \hat{\mathbf{p}}_2, \quad \hat{\mathbf{p}} = \frac{m_2 \hat{\mathbf{p}}_1 - m_1 \hat{\mathbf{p}}_2}{m_1 + m_2} \tag{1.58}$$

を使って，

$$\hat{H} = \frac{\hat{\mathbf{P}}^2}{2M} + \frac{\hat{\mathbf{p}}^2}{2\mu} + V(r) \tag{1.59}$$

と変数変換できる。$M = m_1 + m_2$ は全質量，$\mu = m_1 m_2 / M$ は換算質量である。この変数変換により，分子の回転運動は，換算質量 μ の質量をもつ物体の中心力運動とみなすことができる。全運動量演算子 $\hat{\mathbf{P}}$ は $\hat{H}$ と可換であるため，波動関数は

$$\Psi(\mathbf{R}, \mathbf{r}) = \Psi_{\mathbf{P}}(\mathbf{R}) \Psi_{\mathbf{p}}(\mathbf{r}) \tag{1.60}$$

$$\Psi_{\mathbf{P}}(\mathbf{R}) = (2\pi\hbar)^{-3/2} \exp(i\hat{\mathbf{P}} \cdot \mathbf{R}/\hbar) \tag{1.61}$$

のように並進運動項と回転運動項に変数分離できるので，回転運動のみのシュレーディンガー方程式

$$\hat{H}\Psi_{\mathbf{p}}(\mathbf{r}) = \left(\frac{\hat{\mathbf{p}}^2}{2\mu} + V(r) \right) \Psi_{\mathbf{p}}(\mathbf{r}) = E \Psi_{\mathbf{p}}(\mathbf{r}) \tag{1.62}$$

が与えられる。回転運動はエネルギーを保存するため，ハミルトニアン演算子 は回転に対して不変である。すなわち，回転の演算子とハミルトニアン演算子 は可換である。z 軸まわりの無限小回転

$$\begin{pmatrix} x' \\ y' \end{pmatrix} = \begin{pmatrix} \cos\theta & -\sin\theta \\ \sin\theta & \cos\theta \end{pmatrix} \begin{pmatrix} x \\ y \end{pmatrix} \simeq \begin{pmatrix} 1 & -\theta \\ \theta & 1 \end{pmatrix} \begin{pmatrix} x \\ y \end{pmatrix} \tag{1.63}$$

によって式 (1.62) のシュレーディンガー方程式を回転すると，

$$\hat{H}\Psi_{\mathbf{p}}(x - \theta y, y + \theta x, z) = E \Psi_{\mathbf{p}}(x - \theta y, y + \theta x, z) \tag{1.64}$$

であるので，これを θ について展開すると，1 次の項は

$$\hat{H}\left(x\frac{\partial}{\partial y} - y\frac{\partial}{\partial x}\right)\Psi_\mathbf{p}(x,y,z) = E\left(x\frac{\partial}{\partial y} - y\frac{\partial}{\partial x}\right)\Psi_\mathbf{p}(x,y,z)$$
$$= \left(x\frac{\partial}{\partial y} - y\frac{\partial}{\partial x}\right)\hat{H}\Psi_\mathbf{p}(x,y,z) \quad (1.65)$$

となる。したがって，z 軸まわりの回転演算子として

$$\hat{L}_z = \frac{\hbar}{i}\left(x\frac{\partial}{\partial y} - y\frac{\partial}{\partial x}\right) = xp_y - yp_x \quad (1.66)$$

と定義すると，

$$\left(\hat{H}\hat{L}_z - \hat{L}_z\hat{H}\right)\Psi_\mathbf{p}(x,y,z) = 0 \quad (1.67)$$

となる。すなわち，$\hat{H}$ と $\hat{L}_z$ は可換である。同様に，$\hat{H}$ と $\hat{L}_x$, $\hat{H}$ と $\hat{L}_y$ も可換である。また，$\hat{L}_x$, $\hat{L}_y$, $\hat{L}_z$ は互いに非可換であるが，これらは $\hat{\mathbf{L}}^2 = \hat{L}_x^2 + \hat{L}_y^2 + \hat{L}_z^2$ とは可換である。したがって，$\hat{H}$, $\hat{L}_z$, $\hat{\mathbf{L}}^2$ は互いに可換で同時固有関数をもつ。これが回転運動の特徴である。$\mathbf{r} = (x,y,z)$ と $\mathbf{p} = -i\hbar(\partial/\partial x, \partial/\partial y, \partial/\partial z)$ を使うと，角運動量は

$$\hat{\mathbf{L}}^2 + (\mathbf{r}\cdot\hat{\mathbf{p}})^2 = r^2\hat{\mathbf{p}}^2 + i\hbar\mathbf{r}\cdot\hat{\mathbf{p}} \quad (1.68)$$

と書けるので，運動量の 2 乗は

$$\hat{\mathbf{p}}^2 = \frac{1}{r^2}\left(\hat{\mathbf{L}}^2 + (\mathbf{r}\cdot\hat{\mathbf{p}})^2 - i\hbar\mathbf{r}\cdot\hat{\mathbf{p}}\right) = \frac{1}{r^2}\hat{\mathbf{L}}^2 - \hbar^2\frac{1}{r^2}\left(r\frac{\partial}{\partial r}\right)^2 - \hbar^2\frac{1}{r}\frac{\partial}{\partial r} \quad (1.69)$$

となる。これを使うと，シュレーディンガー方程式の極座標表記 (r,θ,ϕ) において角度に依存する項は $\mathbf{L}^2$ の項だけになるので，固有関数は角度関数と動径関数に変数分離できる。

$$\Psi_\mathbf{p}(\mathbf{r}) = Y_\lambda(\theta,\phi)R_{\mathbf{p}\lambda}(\mathbf{r}) \quad (1.70)$$

この角度関数 Y_λ を**球面調和関数**という。球面調和関数は z 軸まわりの回転演算子 L_z の固有関数でもあるので，角度 θ, ϕ の関数にさらに変数分離できる。z 軸まわりの回転の角度を ϕ とすると，$L_z = -i\hbar\partial/\partial\phi$ と表わせるので，L_z

の固有方程式と固有関数は

$$\frac{\partial \Phi_m}{\partial \phi} = im\Phi_m(\phi) \tag{1.71}$$

$$\Phi_m(\phi) = \frac{1}{(2\pi)^{1/2}} \exp(im\phi) \tag{1.72}$$

と与えられる。この固有値 m は**磁気量子数**とよばれ，整数 ($m = 0, \pm 1, \pm 2, \cdots$) である。また，残りの θ に関する固有関数は $\mathbf{L}^2$ の固有関数であり，結局，ルジャンドル方程式

$$\frac{d}{dz}\left[(1-z^2)\frac{\partial^2 \Theta}{\partial z^2}(z)\right] + \left(\frac{\lambda}{\hbar^2} - \frac{m^2}{1-z^2}\right)\Theta(z) = 0 \tag{1.73}$$

の解であることが導かれる。この固有関数 Θ は $\lambda = l(l+1)\hbar^2$ (l は自然数) のときのみ解をもつ。この λ は球面調和関数の $\mathbf{L}^2$ に関する固有値でもある。また，磁気量子数 m を $|m| \leq l$，つまり $-l \leq m \leq l$ に制限するため，**固有状態は $(2l+1)$ 重に縮退する**。したがって，球面調和関数は Y_{lm} として指定される (図 1.5)。さて，残りの動径関数についてであるが，分子の回転運動に

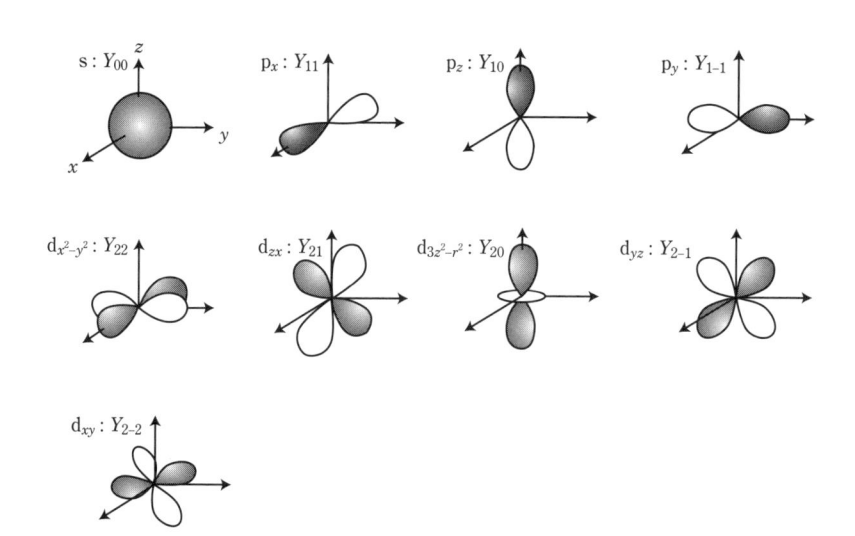

図 1.5 球面調和関数

ついては結合の種類によってポテンシャル V の形状が著しく異なるため，かなり厄介である．しかし幸いにも，原子間結合のポテンシャルは一般的にきわめて深いために動径方向の量子化は無視できるので，角度方向の量子化だけを考えればよい．したがって，回転運動の固有関数は球面調和関数と考えてもさしつかえない．動径部分を無視したハミルトニアン演算子は

$$\hat{H} = \frac{\mathbf{L}^2}{2\mu r^2} \tag{1.74}$$

であるので，回転運動のエネルギー固有値は

$$E = \frac{\mathbf{L}^2}{2\mu r^2} = \frac{l(l+1)\hbar^2}{2I} \tag{1.75}$$

と与えられる．$I = \mu r^2$ は慣性モーメントである．

1.9 電子運動の量子化：水素原子

　ここまで分子のなかの原子核の運動の量子化を見てきたが，分子のなかの電子の運動についても同じようにシュレーディンガー方程式を解けば量子化された固有状態が決まる．しかし，**電子の運動の場合は，水素原子や水素様原子のようなきわめて限られた系を除き，解析的に固有状態を求めることができない**．その理由については次の章で述べる．本節では，その限られた系の1つである水素原子の電子の運動の固有状態を考えてみよう．

　水素原子のなかでは，電子はクーロン静電力で引きつけられながら原子核のまわりを回転していると考えることができる．したがって，電子の運動も回転運動のシュレーディンガー方程式で求めることができる．このときのハミルトニアン演算子は分子の回転運動のハミルトニアン演算子と同じであり，式 (1.57) において電子の運動だけを考えて，

$$H = \frac{\mathbf{p}^2}{2m_\mathrm{e}} + V(r) \tag{1.76}$$

と表わせる．m_e は電子の質量である．電子の質量は原子核の質量より圧倒的に小さいので，換算質量 $\mu = m_\mathrm{e}$ とおくことができる．ポテンシャル V は原子核と電子とのクーロン相互作用

$$V = -\frac{e^2}{4\pi\epsilon_0 r} \tag{1.77}$$

のみである。e は電子の電荷，ϵ_0 は真空の誘電率であり，r は原子核から電子までの距離である。回転運動の固有関数は，式 (1.70) より

$$\Psi_{\mathbf{p}}(\mathbf{r}) = Y_\lambda(\theta,\phi) R_{\mathbf{p}\lambda}(\mathbf{r}) \tag{1.78}$$

となる。角度関数 Y_λ は球面調和関数である。

分子の回転運動との違いは動径関数 $R_{\mathbf{p}\lambda}$ にある。分子の回転運動では，化学結合のポテンシャルが一般的にきわめて深いと仮定できたため，動径関数は量子状態に関与しないと近似してかまわなかった。しかし，水素原子の電子の場合にその仮定はあてはまらない。式 (1.76) に式 (1.69)，(1.74) を代入すると，動径方向のシュレーディンガー方程式は極座標表記 (r,θ,ϕ) で

$$\left(\frac{d^2}{dr^2} + \frac{2}{r}\frac{d}{dr}\right) R_{nl} + \frac{2m_e}{\hbar^2}\left[E + \frac{Ze^2}{r} - \frac{l(l+1)\hbar^2}{2m_e r^2}\right] R_{nl} = 0 \tag{1.79}$$

と書ける。また，動径関数 $R_{\mathbf{p}\lambda}$ は，自然数 n と l で決まるきわめて複雑な関数

$$R_{nl}(r) = -\left[\left(\frac{2Z}{n}\right)^3 \frac{(n-l-1)!}{2n[(n+l)!]^3}\right]^{1/2} \exp\left(-\frac{Zr}{n}\right) \left(\frac{2Zr}{n}\right)^l L_{n+l}^{2l+1}\left(\frac{2Zr}{n}\right) \tag{1.80}$$

に置き換えられている。n と l は動径固有関数を特徴づける数であり，n を**主量子数**，l を**方位量子数**という。L_{n+l}^{2l+1} はラゲール (Laguerre) の随伴多項式であり，

$$L_{n+l}^{2l+1}(\rho) = \sum_{k=0}^{n-l-1} (-1)^{k+2l+1} \frac{[(n+l)!]^2 \rho^k}{(n-l-1-k)!(2l+1+k)!k!} \tag{1.81}$$

と書ける。重要なのは，$n-l-1 \geq 0$ であること，つまり $n \geq l+1$ に制限されることである。この固有関数に対応する固有エネルギー解は，

$$E = -\frac{m_e Z^2 e^2}{2\hbar^2 n^2} \tag{1.82}$$

である。これは，ボーアが量子化されている電子の周期的軌道を仮定して求め

た結果と一致する。シュレーディンガー方程式ではそのような仮定は必要としない。また，式 (1.82) のエネルギーは方位量子数 l に依存しないため，この動径関数はエネルギー縮退している。たとえば，$n=1$ なら $l=0$ の 1 通りだが，$n=2$ なら $l=0,1$ の 2 通りがある。さらに，この l の値について，球面調和関数 Y_{lm} は磁気量子数 m $(-l \leq m \leq l)$ の数だけ縮退することはすでに述べた。たとえば，$l=0$ なら $m=0$ のみだが，$l=1$ なら $m=-1,0,1$ の 3 通りがある。すべてを数え上げると，**方位量子数 l に関する動径関数のエネルギー縮退度は $2l+1$，主量子数 n に関する全波動関数のエネルギー縮退度は n^2** であることが確かめられる。これらの量子数で決まる動径関数の密度分布を図 1.6 に示す。n の値が大きくなるにつれて，遠心力のために分布のピークが原子核から遠ざかっていることがわかる。また，n と l の値について $n-l-1$ 個の節が存在する。よく知られているように，これらの量子数が原子軌道を指定するわけである (2.9 節参照)。

1.9 電子運動の量子化：水素原子

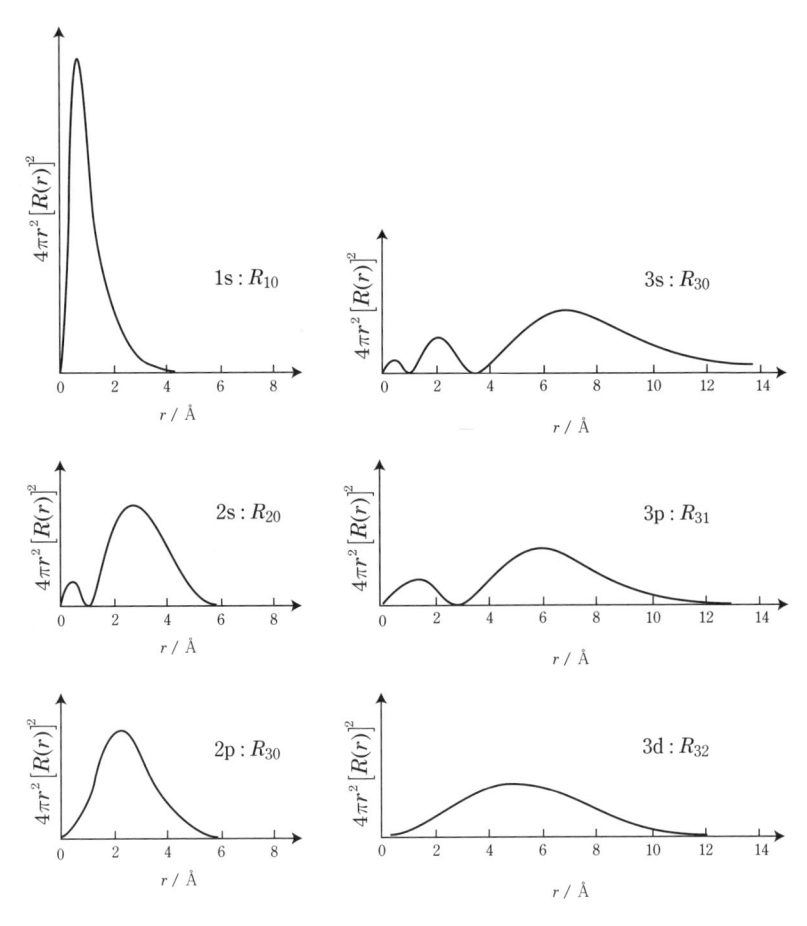

図 1.6 水素原子の動径関数の密度分布

Fundamentals of
Density Functional Theory

第2章

ハートリー・フォック法

2.1 ハートリー法：複数電子をもつ系の電子状態計算法

1.9 節で述べた水素原子以外の原子についても，同じようにハミルトニアン演算子を設定し，シュレーディンガー方程式を解けば，量子化された電子運動の状態を求めることができる。しかし，実際にシュレーディンガー方程式を解こうとすると重大な問題が存在する。いわゆる **3 体問題** [Ekeland, 2009] である。すなわち，3 つ以上の物体が相互作用する系の運動は解析的に求められない。この 3 体問題は量子力学に特有な問題ではなく，解析力学でよく知られた問題である。1.3 節で，古典力学系で運動方程式を解析的に解くことができないことをポワンカレが示したことを書いた。解けないのはこの 3 体問題のためなのである。ポワンカレは最小 (停留) 作用の原理を使って周期解のみ求めるアイデアで古典力学における 3 体問題を解いた [Ekeland, 2009]。これに対し，複数電子をもつ原子について 3 体問題を解くアイデアを提案したのがハートリーである。

シュレーディンガー方程式が発表された翌々年の 1928 年，ハートリーは基本的な物理原理のみを使って複数の電子を含む系のシュレーディンガー方程式を解く，いわゆる**ハートリー法**を提案した [Hartree, 1928]。例としてヘリウム原子の電子の運動を考えてみよう (図 2.1)。ハミルトニアン演算子は

$$\hat{H} = -\frac{\nabla_1^2}{2} - \frac{\nabla_2^2}{2} + V_{\text{ne}}(\mathbf{r}_1) + V_{\text{ne}}(\mathbf{r}_2) + V_{\text{ee}}(\mathbf{r}_1, \mathbf{r}_2) \tag{2.1}$$

と書ける。$\mathbf{r}_n$ は n 番目の電子の位置ベクトルであり，∇_n は n 番目の電子の位置ベクトルに対する微分演算子である。(2.1) 式の右辺の最初の 2 項は運動エネルギー演算子，その次の 2 項は核－電子間の静電相互作用ポテンシャルであり，両方とも 1 電子に関する項である。1 電子に関する演算子とポテンシャルを総称して **1 電子演算子**という。それに対し，右辺の最後の 2 項は電子間の静電相互作用ポテンシャルである。これら 2 電子に関する演算子を総称して **2 電子演算子**という。また，ここではじめて**原子単位**を用いた。煩雑さを避けるために，これ以降原子単位系で考えることとする。原子単位とは

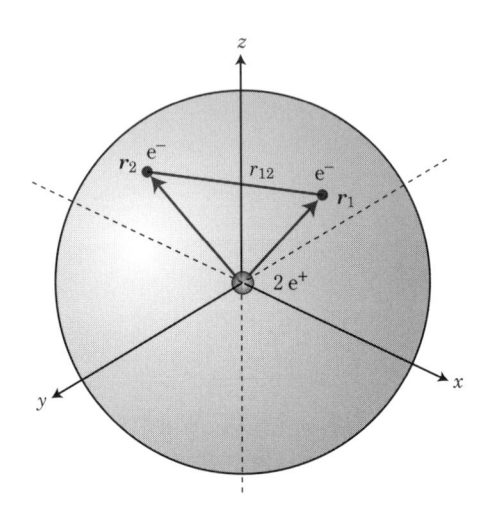

図 2.1 ヘリウム原子のなかの電子

電子の物性計算の際に用いられ，**電子の質量** m_e，**電子の電荷** e，**換算プランク定数** $\hbar = h/2\pi$，**クーロン力定数** $1/(4\pi\epsilon_0)$ **を 1 とする便利な単位系**である。式 (2.1) において，ポテンシャル V_ne と V_ee は

$$V_\mathrm{ne}(\mathbf{r}) = -\frac{2}{r} \tag{2.2}$$

$$V_\mathrm{ee}(\mathbf{r}_{12}) = \frac{1}{r_{12}} \tag{2.3}$$

である。ただし，$r = |\mathbf{r}|$, $r_{12} = |\mathbf{r}_2 - \mathbf{r}_1|$ である。すなわちハートリーは，各電子はまわりの電子の静電ポテンシャルの平均のなかを運動すると仮定し，その平均を有効ポテンシャル V_eff で近似する**独立電子近似**を提案した。この近似により，ハミルトニアン演算子は

$$\begin{aligned}\hat{H} &= \left[-\frac{\boldsymbol{\nabla}_1^2}{2} + V_\mathrm{ne}(r_1) + V_\mathrm{eff}(\mathbf{r}_1)\right] + \left[-\frac{\boldsymbol{\nabla}_2^2}{2} + V_\mathrm{ne}(r_2) + V_\mathrm{eff}(\mathbf{r}_2)\right] \\ &= \hat{h}(\mathbf{r}_1) + \hat{h}(\mathbf{r}_2)\end{aligned} \tag{2.4}$$

とそれぞれの電子に分解できる。$h(\mathbf{r}_i)$ は i 番目の電子のハミルトニアン演算子である。このハミルトニアン演算子にもとづくと，波動関数をそれぞれの

電子運動の波動関数の積として

$$\Psi(\mathbf{r}_1, \mathbf{r}_2) = \phi_1(\mathbf{r}_1)\phi_2(\mathbf{r}_2) \tag{2.5}$$

と表わすことができる。このとき，ハミルトニアン演算子の期待値は

$$\begin{aligned} E &= \frac{\int d^3\mathbf{r}_1 d^3\mathbf{r}_2 \Psi^*(\mathbf{r}_1, \mathbf{r}_2)\hat{H}\Psi(\mathbf{r}_1, \mathbf{r}_2)}{\int d^3\mathbf{r}_1 d^3\mathbf{r}_2 \Psi^*(\mathbf{r}_1, \mathbf{r}_2)\Psi(\mathbf{r}_1, \mathbf{r}_2)} \\ &= \frac{\sum_{i=1}^{2} \int d^3\mathbf{r}_i \phi_i^*(\mathbf{r}_i)\hat{h}(\mathbf{r}_i)\phi_i(\mathbf{r}_i)}{\sum_{i=1}^{2} \int d^3\mathbf{r}_i \phi_i^*(\mathbf{r}_i)\phi_i(\mathbf{r}_i)} \end{aligned} \tag{2.6}$$

と書ける。軌道の組 $\{\phi_i\}$ に対する変分法により，この期待値を停留にする 1 電子波動関数の組 $\{\phi_i\}$ を求めるシュレーディンガー方程式は，

$$\hat{h}(\mathbf{r}_i)\phi_i(\mathbf{r}_i) = \epsilon_i \phi_i(\mathbf{r}_i) \tag{2.7}$$

と求められる。式 (2.7) を解いて得られる ϵ_i は i 番目の電子の固有エネルギーと解釈できるので，各電子について固有方程式を解けばよいことになる。のちに，この 1 電子波動関数 ϕ_i は**軌道** (orbital)，対応する ϵ_i は**軌道エネルギー**とよばれるようになった。ちなみに，

$$\hat{H}\Psi = (\epsilon_1 + \epsilon_2)\phi_1\phi_2 = \epsilon\Psi \tag{2.8}$$

であるので，全固有エネルギーは各電子運動に対応する軌道エネルギーの和となる。これをハートリー法という。

式 (2.4) では，有効ポテンシャルを仮のポテンシャルで置き換えたが，かならずしも置き換える必要はない。式 (2.5) の波動関数に対応する有効ポテンシャルは，

$$V_{\text{eff}}(\mathbf{r}_i) = \sum_j \int d^3\mathbf{r}_j \frac{|\phi_j(\mathbf{r}_j)|^2}{|\mathbf{r}_i - \mathbf{r}_j|} \tag{2.9}$$

と導くことができる。この場合も，電子の運動は独立であるので，上記の議論が成り立つ。このような半経験的パラメータを含まない直接的な導出法を ***ab initio* 法** (「*ab initio*」はラテン語で「はじめから」の意味) という。この *ab initio* ハートリー方程式を解くのは見た目ほど簡単ではない。それは，式 (2.9) の有効ポテンシャルが他の電子の運動の波動関数で表わされているか

らである．つまり，式 (2.7) は演算子が方程式の解に依存する非線形方程式である．ハートリーは，非線形方程式の最も標準的な解法である**自己無撞着場 (SCF) 法**によってこの方程式を解いた．この方法については 2.4 節で述べる．このようにして求められた軌道は，原子については後で述べる電子相関を取りこんだ最新の理論による軌道と比較しても大差なくよく再現できる．しかし，エネルギーの値は化学反応や化学物性の解析に使えるレベルではないことがわかった．のちに，その最大の原因が電子の交換を考慮していないことにあることが示された (2.3 節参照)．

2.2　分子軌道法：分子の電子状態の計算法

分子のなかでは電子はどのような運動状態をもつのだろうか．例として水素分子の場合を考えてみよう (図 2.2)．ハートリー法によると，水素分子のハミルトニアン演算子は

$$\hat{H} = \hat{h}(\mathbf{r}_1) + \hat{h}(\mathbf{r}_2) + V_{nn}(R_{AB}) \tag{2.10}$$

と書ける．R_{AB} は 2 つの原子核の間の距離である．分子のなかの電子の運動を考える際に重要かつ便利なのは，原子核の運動を無視する近似である．それは，最も軽い原子核をもつ水素原子についても，原子核は電子より 1836 倍

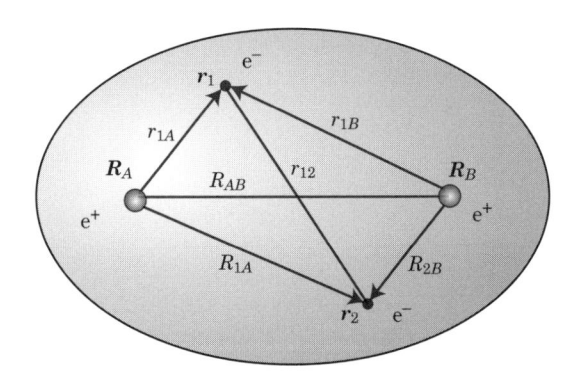

図 2.2　水素分子のなかの電子

も重いため，電子は原子核より圧倒的に速く運動していると考えられるからである．実際，式 (2.1) において電子の運動を考える際に，すでに原子核の運動エネルギーを無視している．このように電子運動を考える際に原子核の運動を無視する近似を，原子核の運動から影響を受けないことから外部との熱レベルのエネルギーのやりとりはないという意味で**断熱近似**，もしくは提唱者の名前を冠して**ボルン・オッペンハイマー近似** [Born and Oppenheimer, 1927] という．この近似はかなり有効であり，電子基底状態由来の化学物性にはほとんど影響しない．そのため，特に指定しない限り，この近似を前提として量子化学計算を行なう．断熱近似にもとづくと，式 (2.10) の核間相互作用 V_nn は電子の運動状態に影響しないので無視できる．したがって，

$$\hat{H} = \hat{h}(\mathbf{r}_1) + \hat{h}(\mathbf{r}_2) \tag{2.11}$$

としてよいため，ヘリウム原子の場合と同じハミルトニアン演算子をもっているように見える．しかし，水素分子は原子核を 2 個もつため，問題は見た目より複雑である．実際，電子の位置ベクトルを $\mathbf{r}_n$ で表わしているが，2 つの原子核のそれぞれについて電子の位置ベクトルを考えなければならない．

この問題の解決は，**分子軌道** (molecular orbital) という概念の導入によってなされた．フントがはじめて分子軌道の概念を提唱し，分子軌道で分子のなかの電子運動の状態を説明した [Hund, 1926]．マリケンはこれを英語でまとめ，世界に紹介した [Mulliken, 1927]．ちなみに，「軌道のようなもの」という意味の「orbital」という呼び名を最初に使ったのはマリケンである (1932)．1929 年，レナード・ジョーンズは，分子軌道を原子軌道の線形結合で表わす **LCAO-MO 近似** (Linear combination of atomic orbitals - molecular orbital approximation) [Lennard-Jones, 1929] の基礎となる「分子の固有関数は原子の固有関数の線形結合で書き表わせる」という ansatz (経験的推測) を提案した．LCAO-MO 近似を使い，クールソンははじめて分子軌道を使った変分計算結果を水素分子について報告した [Coulson, 1938]．これが最初の**分子軌道法**である．

LCAO-MO 近似にもとづくと，水素分子の分子軌道は

$$\phi = C_1\chi_1 + C_2\chi_2 \tag{2.12}$$

分子軌道 $\phi = C_1\chi_1 + C_2\chi_2$

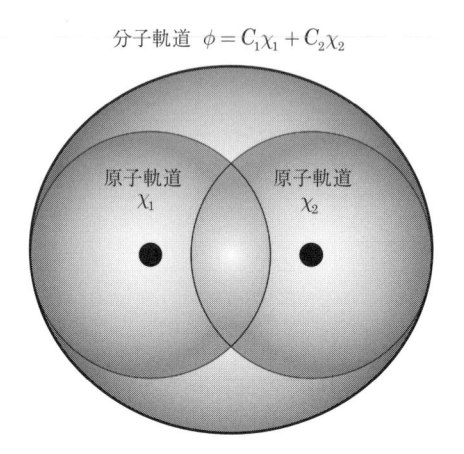

図 2.3　LCAO-MO 近似による水素分子の分子軌道

と書ける (図 2.3)。χ_I は原子核 I を中心とする原子軌道で，C_I は各原子軌道にかかる分子軌道係数とする。ただし，原子軌道は実関数であるとし，分子軌道係数も実数であるとした。この分子軌道 ϕ を式 (2.6) に代入すると，

$$\epsilon = \frac{C_1^2 h_{11} + C_2^2 h_{22} + 2C_1 C_2 h_{12}}{C_1^2 + C_2^2 + 2C_1 C_2 S_{12}} \tag{2.13}$$

ここで，h_{ij} および S_{12} はそれぞれ，

$$h_{ij} = \int d^3\mathbf{r}\, \chi_i \hat{h} \chi_j < 0 \tag{2.14}$$

$$S_{12} = \int d^3\mathbf{r}\, \chi_1 \chi_2 > 0 \tag{2.15}$$

であり，ϵ は分子軌道の軌道エネルギーである。この ϵ を極小にする係数 C_1，C_2 について

$$\partial \epsilon / \partial C_1 = \partial \epsilon / \partial C_2 = 0 \tag{2.16}$$

であることから，

$$(h_{11} - \epsilon)C_1 + (h_{12} - \epsilon S_{12})C_2 = 0 \tag{2.17}$$

$$(h_{12} - \epsilon S_{12})C_1 + (h_{22} - \epsilon)C_2 = 0 \tag{2.18}$$

が導かれ，これが $C_1 = C_2 = 0$ 以外の解をもつためには，

$$\begin{vmatrix} h_{11} - \epsilon & h_{12} - \epsilon S_{12} \\ h_{12} - \epsilon S_{12} & h_{22} - \epsilon \end{vmatrix} = 0 \tag{2.19}$$

が成り立つ。したがって，水素分子の分子軌道の軌道エネルギーは

$$\epsilon_{\pm} = \frac{h_{11} \pm h_{12}}{1 \pm S_{12}} \tag{2.20}$$

と与えられる。また，これに対応する規格化された分子軌道は，

$$\phi_{\pm} = \frac{\chi_1 \pm \chi_2}{\sqrt{2 \pm 2S_{12}}} \tag{2.21}$$

となる。一般的に，$0 < S_{12} \ll 1$, $h_{12} \approx S_{12}(h_{11} + h_{22})/2 < 0$ なので，ϵ_+ のほうがエネルギーが低い。電子の分子軌道への占有は**パウリの排他原理** [Pauli, 1925] にしたがう。パウリの排他原理は，電子は4つ目の量子数として**スピン**をもち，軌道に関する3つの量子数を含めて4つの量子数が同じ電子は存在しないとするものである。水素分子は電子が2個しか存在しないので，スピンの異なる電子が分子軌道 ϕ_+ に占有される。したがって，水素分子の波動関数は，

$$\Phi = \phi_+(\mathbf{r}_1)\phi_+(\mathbf{r}_2) \tag{2.22}$$

$$= \frac{1}{2 + 2S_{12}} \{\chi_1(\mathbf{r}_1) + \chi_2(\mathbf{r}_1)\} \{\chi_1(\mathbf{r}_2) + \chi_2(\mathbf{r}_2)\} \tag{2.23}$$

となる。水素分子の全エネルギーは，

$$E = 2\epsilon_+ = \frac{2(h_{11} + h_{12})}{1 + S_{12}} \tag{2.24}$$

である。ただし，ここでは *ab initio* 法の枠組みではなく，オリジナルのハートリー法の枠組みで考えた。*ab initio* 法では二重計算される電子間のクーロン相互作用を取り除かなければならない。このように，LCAO-MO 近似を使えば，分子の電子状態を計算することができる。

ところで，水素分子の結合エネルギーは軌道エネルギーとして求まるが，このように**軌道エネルギーで分子の結合エネルギーを議論できるのは，水素分子のように結合に2つの軌道しか関与しないごく限られた場合だけ**である。それ以外の場合の結合エネルギーを議論するには，他の軌道からのエネルギー寄

与を考慮しなければならない。たとえば，反応前後の分子の軌道エネルギーを比較し，そのエネルギー的安定性で分子の結合を議論することは一般的にできない。ほとんどの場合，軌道エネルギーと分子の結合エネルギーとの間には明らかな相関はない。ただし，これは分子軌道図を用いた概念的な反応の議論を否定するものではない。**分子軌道は計算理論への依存性が比較的低いため，ある程度分子が大きくなければおおむね正しいと考えることができる**。そのため，フロンティア軌道理論 [Fukui et al., 1952] のように，分子軌道で与えられる電子分布により，分子のなかの反応性の高い部位や反応の形態に関する情報を得ることもある程度可能である。ただし，7 章で述べるように，軌道エネルギー自体は計算理論に大きく依存するため，特に仮想軌道の軌道エネルギー準位は容易に入れかわることには注意が必要である。

2.3　スレーター行列式：電子の交換を考慮した波動関数

1926 年，ハイゼンベルクとディラックは独立に，**パウリの排他原理を自然に満たすためには波動関数が反対称化** (同じ量子数をもつ電子の交換に対して波動関数の符号が逆) **されていなければならず，行列式で表わすべきことを提案した** [Heisenberg, 1926; Dirac, 1926]。この反対称化によって現れた新たな電子間相互作用は**交換相互作用**とよばれている。スレーターは，反対称化波動関数を表わす規格化された行列式をもとに，シュレーディンガー方程式の一般的解法を作り上げた [Slater, 1929]。このとき，**交換積分**がはじめて提案された。

電子の交換をヘリウムを例にして考えてみよう。ハミルトニアン演算子は式 (2.1) で与えられるが，2 つの電子の座標を交換しても形が変わらない。つまり，

$$\hat{H}(\mathbf{r}_1, \mathbf{r}_2) = \hat{H}(\mathbf{r}_2, \mathbf{r}_1) \tag{2.25}$$

である。したがって，

$$\hat{H}(\mathbf{r}_1, \mathbf{r}_2)\Psi(\mathbf{r}_2, \mathbf{r}_1) = E\Psi(\mathbf{r}_2, \mathbf{r}_1) \tag{2.26}$$

なので，2電子を入れ替える交換演算子 $\hat{P}_{12}$ について，

$$\hat{H}(\mathbf{r}_1, \mathbf{r}_2)\hat{P}_{12}\Psi(\mathbf{r}_1, \mathbf{r}_2) = \hat{P}_{12}\hat{H}(\mathbf{r}_1, \mathbf{r}_2)\Psi(\mathbf{r}_1, \mathbf{r}_2) \tag{2.27}$$

つまり，

$$\left[\hat{H}, \hat{P}_{12}\right]\Psi = \left(\hat{H}\hat{P}_{12} - \hat{P}_{12}\hat{H}\right)\Psi = 0 \tag{2.28}$$

と可換であることが容易に確かめられる。これは，ハミルトニアン演算子と電子の交換演算子が同時固有状態をもつことを意味する。また，2回の交換で元に戻ることから，$\hat{P}_{12}^2 = 1$ であるので，$\hat{P}_{12}$ の固有値は ± 1 である。したがって，波動関数は電子の交換演算子 $\hat{P}_{12}$ に対して固有値が $+1$ の対称波動関数

$$\Psi^{(\mathrm{S})}(\mathbf{r}_1, \mathbf{r}_2) = \frac{1}{\sqrt{2}}\left\{\Psi(\mathbf{r}_1, \mathbf{r}_2) + \Psi(\mathbf{r}_2, \mathbf{r}_1)\right\} \tag{2.29}$$

と，-1 の反対称波動関数

$$\Psi^{(\mathrm{A})}(\mathbf{r}_1, \mathbf{r}_2) = \frac{1}{\sqrt{2}}\left\{\Psi(\mathbf{r}_1, \mathbf{r}_2) - \Psi(\mathbf{r}_2, \mathbf{r}_1)\right\} = -\Psi^{(\mathrm{A})}(\mathbf{r}_2, \mathbf{r}_1) \tag{2.30}$$

の2種類存在することになる。$1/\sqrt{2}$ は規格化定数である。

式 (2.5) のハートリー波動関数で考えてみよう。対称，反対称の波動関数は，それぞれ，

$$\Psi^{(\mathrm{S})}(\mathbf{r}_1, \mathbf{r}_2) = \frac{1}{\sqrt{2}}\left\{\phi_1(\mathbf{r}_1)\phi_2(\mathbf{r}_2) + \phi_1(\mathbf{r}_2)\phi_2(\mathbf{r}_1)\right\} \tag{2.31}$$

$$\Psi^{(\mathrm{A})}(\mathbf{r}_1, \mathbf{r}_2) = \frac{1}{\sqrt{2}}\left\{\phi_1(\mathbf{r}_1)\phi_2(\mathbf{r}_2) - \phi_1(\mathbf{r}_2)\phi_2(\mathbf{r}_1)\right\} \tag{2.32}$$

であるが，パウリの排他原理を満たすのは反対称波動関数だけである。なぜならば，同じ軌道に同じ電子を占めることができないので，そのような波動関数はゼロにならなければならないからである。したがって，**電子は反対称波動関数をもつ**ことになる。式 (2.32) の反対称波動関数は行列式で書くことができる。

$$\Psi(\mathbf{r}_1, \mathbf{r}_2) = \frac{1}{\sqrt{2}}\begin{vmatrix} \phi_1(\mathbf{r}_1) & \phi_1(\mathbf{r}_2) \\ \phi_2(\mathbf{r}_1) & \phi_2(\mathbf{r}_2) \end{vmatrix} \tag{2.33}$$

3個以上の電子の場合も，反対称波動関数は行列式で書ける。

$$\Psi(\mathbf{r}_1,\mathbf{r}_2,\cdots,\mathbf{r}_N) = \frac{1}{\sqrt{N!}} \begin{vmatrix} \phi_1(\mathbf{r}_1) & \phi_1(\mathbf{r}_2) & \ldots & \phi_1(\mathbf{r}_N) \\ \phi_2(\mathbf{r}_1) & \phi_2(\mathbf{r}_2) & \ldots & \phi_2(\mathbf{r}_N) \\ \vdots & \vdots & \ddots & \vdots \\ \phi_N(\mathbf{r}_1) & \phi_N(\mathbf{r}_2) & \ldots & \phi_N(\mathbf{r}_N) \end{vmatrix} \quad (2.34)$$

$$= \frac{1}{\sqrt{N!}} \det |\phi_1(\mathbf{r}_1)\phi_2(\mathbf{r}_2)\cdots\phi_N(\mathbf{r}_N)| \quad (2.35)$$

この行列式を**スレーター行列式** [Slater, 1929] という.

2.4 ハートリー・フォック法：スレーター行列式にもとづく電子状態計算法

1930 年, フォックは, ハートリー法にスレーターの解法を応用し, 量子化学の基幹理論の 1 つといえる**ハートリー・フォック法**を提案した [Fock, 1930]. ちなみに, 同じ年にスレーターも同じ方法を提案している [Slater, 1930].

簡単のため, n 個の軌道に電子が 2 個ずつ占有される閉殻系を考え, 軌道を空間とスピンの座標の関数としたスレーター行列式

$$\begin{aligned}&\Phi(\{\mathbf{r},\boldsymbol{\sigma}\}) \\ &= \frac{1}{\sqrt{(2n)!}} \det |\phi_1(\mathbf{r}_1,\alpha)\phi_1(\mathbf{r}_2,\beta)\cdots\phi_n(\mathbf{r}_{2n-1},\alpha)\phi_n(\mathbf{r}_{2n},\beta)|\end{aligned} \quad (2.36)$$

を考えてみよう. ただし, $\{\mathbf{r},\boldsymbol{\sigma}\} = \{\mathbf{r}_1\boldsymbol{\sigma}_1,\cdots,\mathbf{r}_{2n}\boldsymbol{\sigma}_{2n}\}$ である. このときのハミルトニアン演算子の期待値は, 式 (2.6) のかわりに,

$$\begin{aligned}E = \frac{1}{(2n)!} \int d^3\{\mathbf{r}\}d\{\boldsymbol{\sigma}\} &\det |\phi_1^*(\mathbf{r}_1,\alpha)\cdots\phi_n^*(\mathbf{r}_{2n},\beta)| \hat{H} \\ &\times \det |\phi_1(\mathbf{r}_1,\alpha)\cdots\phi_n(\mathbf{r}_{2n},\beta)|\end{aligned} \quad (2.37)$$

と書ける. ただし, $d^3\{\mathbf{r}\} = d^3\mathbf{r}_1\cdots d^3\mathbf{r}_{2n}$, $d\{\boldsymbol{\sigma}\} = d\boldsymbol{\sigma}_1\cdots d\boldsymbol{\sigma}_{2n}$ である. 電子は区別がつかないので, 1 電子演算子に関する積分 (**1 電子積分**) は同じものが $2n$ 個, 2 電子演算子に関する積分 (**2 電子積分**) は同じものが $\{2n(2n-1)/2\}$ 個存在する. したがって,

$$E = \frac{1}{(2n)!} \int d^3\{\mathbf{r}\}d\{\boldsymbol{\sigma}\} \det |\phi_1^*(\mathbf{r}_1,\alpha)\cdots\phi_n^*(\mathbf{r}_{2n},\beta)| \hat{H} \quad (2.38)$$

$$
\begin{aligned}
&\times \det|\phi_1(\mathbf{r}_1,\alpha)\cdots\phi_n(\mathbf{r}_{2n},\beta)| \\
&= \frac{1}{(2n-1)!}\int d^3\{\mathbf{r}\}d\{\boldsymbol{\sigma}\}\det|\phi_1^*(\mathbf{r}_1,\alpha)\cdots\phi_n^*(\mathbf{r}_{2n},\beta)| \\
&\times\left(-\frac{\boldsymbol{\nabla}^2}{2}+V_{\mathrm{ne}}\right)\det|\phi_1^*(\mathbf{r}_1,\alpha)\cdots\phi_n^*(\mathbf{r}_{2n},\beta)| \\
&+\frac{1}{2(2n-2)!}\int d^3\{\mathbf{r}\}d\{\boldsymbol{\sigma}\}\det|\phi_1(\mathbf{r}_1,\alpha)\cdots\phi_n(\mathbf{r}_{2n},\beta)|\frac{1}{r_{12}} \\
&\times \det|\phi_1(\mathbf{r}_1,\alpha)\cdots\phi_n(\mathbf{r}_{2n},\beta)| \quad (2.39)
\end{aligned}
$$

となる。式 (2.39) の右辺第 1 項の 1 電子積分については，

$$\int d^3\mathbf{r}_\lambda d\boldsymbol{\sigma}\phi_k^*(\mathbf{r}_\lambda,\sigma)\phi_l(\mathbf{r}_\lambda,\sigma)=\delta_{kl} \quad (2.40)$$

$$\int d^3\mathbf{r}_\lambda d\boldsymbol{\sigma}\phi_k^*(\mathbf{r}_\lambda,\sigma)\phi_l(\mathbf{r}_\lambda,\sigma'\neq\sigma)=0 \quad (2.41)$$

という条件によって，1 電子積分は同じものが $(2n-1)!$ 個となる。さらにスピン α, β に同じ空間軌道を用いるため，スピンを考えずに，

$$
\begin{aligned}
(1\,\text{電子積分}) &= 2\sum_i^n \int d^3\mathbf{r}\phi_i^*(\mathbf{r})\left\{-\frac{1}{2}\boldsymbol{\nabla}^2+V_{\mathrm{ne}}(\mathbf{r})\right\}\phi_i(\mathbf{r}) \\
&= 2\sum_i^n h_i \quad (2.42)
\end{aligned}
$$

と書ける。ここで，ϕ_k はスピン軌道 $\phi_k(\mathbf{r},\sigma)$ から空間軌道 $\phi_k(\mathbf{r})$ に変わったことに注意が必要である。式 (2.39) の右辺第 2 項の 2 電子積分については，同じ条件でスピン項が異なる組み合わせはすべてゼロになるため，1 電子積分同様にスピンを考えなくてよい。空間部分については，すべて同じ組み合わせのほかに 2 電子が交換した組み合わせも残り，それらはすべて同一で $(n-2)!$ 個ある。したがって，

$$(2\,\text{電子積分}) = \sum_{i,j}^n (2J_{ij}-K_{ij}) \quad (2.43)$$

と書ける。J_{ij} と K_{ij} は

$$J_{ij} = \int d^3\mathbf{r}_1 d^3\mathbf{r}_2\phi_i^*(\mathbf{r}_1)\phi_j^*(\mathbf{r}_2)\frac{1}{r_{12}}\phi_i(\mathbf{r}_1)\phi_j(\mathbf{r}_2) = \langle ij|ij\rangle \quad (2.44)$$

$$K_{ij} = \int d^3\mathbf{r}_1 d^3\mathbf{r}_2 \phi_i^*(\mathbf{r}_1)\phi_j^*(\mathbf{r}_2)\frac{1}{r_{12}}\phi_j(\mathbf{r}_1)\phi_i(\mathbf{r}_2) = \langle ij|ji\rangle \tag{2.45}$$

である．

1電子積分と2電子積分で書けるハミルトニアン演算子の期待値について，軌道 ϕ_i の微小変化 ($\phi_i \to \phi_i + \delta\phi_i$) に対する変分 $\delta E/\delta\phi_i$ がゼロになる停留条件を課すと，

$$\left\{h_i + \sum_{j}^{n}\left(2\hat{J}_j - \hat{K}_j\right)\right\}\phi_i = \sum_{j}\phi_j \epsilon_{ji} \tag{2.46}$$

$$\left\{h_i^* + \sum_{j}^{n}\left(2\hat{J}_j^* - \hat{K}_j^*\right)\right\}\phi_i^* = \sum_{j}\phi_j^* \epsilon_{ji}^* \tag{2.47}$$

の2式を変分法により導ける．ただし，$\hat{J}_j$ は**クーロン演算子**，$\hat{K}_j$ は**交換演算子**で，

$$\hat{J}_j(\mathbf{r}_1)\phi_i(\mathbf{r}_1) = \int d^3\mathbf{r}_2 \phi_j^*(\mathbf{r}_2)\phi_j(\mathbf{r}_2)\frac{1}{r_{12}}\phi_i(\mathbf{r}_1) \tag{2.48}$$

$$\hat{K}_j(\mathbf{r}_1)\phi_i(\mathbf{r}_1) = \int d^3\mathbf{r}_2 \phi_j^*(\mathbf{r}_2)\phi_i(\mathbf{r}_2)\frac{1}{r_{12}}\phi_j(\mathbf{r}_1) \tag{2.49}$$

と定義される．ハミルトニアン演算子はエルミート演算子であり，実の固有エネルギーを与える．すなわち，

$$\epsilon_{ji} = \epsilon_{ij}^* \tag{2.50}$$

であるため，式 (2.47) は式 (2.46) の複素共役にすぎない．したがって，演算子を

$$\hat{F} = \hat{h} + \sum_{j}^{n}\left(2\hat{J}_j - \hat{K}_j\right) \tag{2.51}$$

と定義すると，1電子に関する方程式

$$\hat{F}\phi_i = \epsilon_i \phi_i \tag{2.52}$$

を導くことができる．式 (2.52) を**ハートリー・フォック方程式**といい，演算子 $\hat{F}$ を**フォック演算子**という．

軌道エネルギー ϵ_i は，式 (2.52) から次のように表わせる．

$$\epsilon_i = \int d^3\mathbf{r}_1 \phi_i^*(\mathbf{r}_1) \hat{F} \phi_i(\mathbf{r}_1) \tag{2.53}$$

$$= h_i + \sum_j^n (2J_{ij} - K_{ij}) \tag{2.54}$$

この軌道エネルギーを使うと，全電子エネルギーは，

$$E = 2\sum_i^n \epsilon_i - \sum_{i,j}^n (2J_{ij} - K_{ij}) \tag{2.55}$$

$$= \sum_i^n (\epsilon_i + h_i) \tag{2.56}$$

と書ける．全電子エネルギーが軌道エネルギーの 2 倍の和 $2\sum_i^n \epsilon_i$ にならないのは，軌道エネルギーの和では電子間相互作用を 2 回加えることになるからである．全エネルギーは全電子エネルギーに核間反発エネルギーを加えた

$$E_{\text{total}} = E + \sum_{A \neq B} \frac{Z_A Z_B}{R_{AB}} \tag{2.57}$$

と計算できる．

　ハートリー・フォック方程式は，ハートリー方程式と同様に非線形方程式であり，通常，SCF 法によって解く．SCF 法は次の手順で進める．

1. 分子系の情報 (核座標，核電荷，電子数) と初期参照分子軌道 $\{\phi_i^0\}$ を設定する．
2. 参照分子軌道を使って，式 (2.51) のフォック演算子の 2 電子演算子を計算する．
3. 計算したフォック演算子を使って，式 (2.52) を解く．
4. 得られた分子軌道を参照分子軌道と比較し，あるしきい値以下の差であればこれを解とする．しきい値以上であればこの軌道を参照分子軌道として 2 に戻る．

一般的に，ハートリー・フォック法とはこの SCF 法にもとづく方法を指す．

しかし，ハートリー・フォック方程式を解くのは，さほど簡単な問題ではないことがすぐに明らかになった．分子の電子状態に対するハートリー・フォック方程式は人間の手で解けるものではないのである．実際，分子の電子状態をハートリー・フォック方程式を解いて求めるのは，汎用コンピュータの登場を待たなければならなかった．

2.5　ローターン法：行列形式の SCF 法

1950 年の商用コンピュータの登場をはじめとするコンピュータの実用化の流れを受け，コンピュータを利用した科学に向けた準備が進みはじめた．すると翌年，ハートリー・フォック方程式をコンピュータ上で解くための手法が，IBM 社の研究者であったローターンによって提案された．これを**ローターン法** [Roothaan, 1951] という．同じ年にホールが独立に同じ方法を提案 [Hall, 1951] したため，ローターン・ホール法ともよばれる．この手法は，行列演算がフォンノイマン型のコンピュータアーキテクチャで効率的に実行できることにもとづく．前年の 1950 年にボイズによって**ガウス型基底関数** [Boys, 1950] が提案されていた．ローターン法は，ガウス型基底関数の短縮性 (2.6 節参照) を最大限利用してハートリー・フォック計算の速度を劇的に向上させ，一般的な分子の電子状態計算を実現した．この手法の提案以後，量子化学の進展はコンピュータの発展と歩をそろえている．

2.2 節で述べた LCAO-MO 近似にもとづくと，分子軌道系 $\{\phi_i\}$ は

$$\phi_i(\mathbf{r}) = \sum_{p=1}^{n_{\text{AO}}} \chi_p(\mathbf{r}) C_{pi} \tag{2.58}$$

と展開できる．n_{AO} は原子軌道の数である．展開係数 C_{pi} は**分子軌道 (MO) 係数**とよばれる．$\{\chi_p\}$ は原子軌道系であるが，原子軌道をそのまま使うより，それを模した基底関数を使ったほうが効率がよく，汎用性も高い．基底関数については 2.6 節で述べる．分子軌道の展開を使うと，ハートリー・フォック方程式は行列方程式になる．

$$\mathbf{FC}_i = \epsilon_i \mathbf{SC}_i \tag{2.59}$$

ここで，行列 $\mathbf{F}$, $\mathbf{S}$ の要素は，

$$\begin{aligned}
F_{pq} &= \int d^3\mathbf{r}\chi_p^*(\mathbf{r})\hat{F}\chi_q(\mathbf{r}) \\
&= \int d^3\mathbf{r}\chi_p^*(\mathbf{r})\hat{h}\chi_q(\mathbf{r}) + \sum_{j=1}^{n}\int d^3\mathbf{r}\chi_p^*(\mathbf{r})\left(2\hat{J}_j - \hat{K}_j\right)\chi_q(\mathbf{r}) \\
&= h_{pq} + \sum_{r,s=1}^{n_{\text{basis}}} P_{sr}\left(\langle pr|qs\rangle - \frac{1}{2}\langle pr|sq\rangle\right)
\end{aligned} \tag{2.60}$$

$$S_{pq} = \int d^3\mathbf{r}\chi_p^*(\mathbf{r})\chi_q(\mathbf{r}) \tag{2.61}$$

である。n_{basis} は基底関数の数であり，h_{pq}, $(pr|qs)$, $(pr|sq)$ の各積分は

$$h_{pq} = \int d^3\mathbf{r}\chi_p^*(\mathbf{r})\left\{-\frac{1}{2}\boldsymbol{\nabla}_r^2 + V_{\text{ne}}(\mathbf{r})\right\}\chi_q(\mathbf{r}) \tag{2.62}$$

$$\langle pr|qs\rangle = \int d^3\mathbf{r}_1 d^3\mathbf{r}_2 \chi_p^*(\mathbf{r}_1)\chi_r^*(\mathbf{r}_2)\frac{1}{r_{12}}\chi_q(\mathbf{r}_1)\chi_s(\mathbf{r}_2) \tag{2.63}$$

$$\langle pr|sq\rangle = \int d^3\mathbf{r}_1 d^3\mathbf{r}_2 \chi_p^*(\mathbf{r}_1)\chi_r^*(\mathbf{r}_2)\frac{1}{r_{12}}\chi_s(\mathbf{r}_1)\chi_q(\mathbf{r}_2) \tag{2.64}$$

である。また，P_{pq} は**密度行列**とよばれ，分子軌道係数を使って

$$P_{pq} = 2\sum_{j=1}^{n} C_{pj}C_{qj}^* \tag{2.65}$$

と定義される。密度行列は統計的な系の量子力学的記述のためにフォンノイマン [von Neumann, 1927] とランダウ [Landau, 1927] により独立に導入された量であり，式 (2.65) の行列の対角項は，それぞれの分子軌道における 1 電子の存在確率に相当する。式 (2.59) について，係数行列 $\mathbf{C}_i$ がゼロ行列になる以外の解をもつためには，

$$|\mathbf{F} - \epsilon_i\mathbf{S}| = 0 \tag{2.66}$$

と条件づけられなければならない。したがって，この条件式を解けばいいことになる。式 (2.66) を解くために，行列 $\mathbf{F}$ を

$$|\mathbf{F}' - \epsilon_i\mathbf{E}| = 0 \tag{2.67}$$

($\mathbf{E}$ は単位行列) となる行列 $\mathbf{F}'$ を与えるように式 (2.59) を変換する手法をよ

く利用する．この変換を行なうと，単純に行列 $\mathbf{F}'$ を対角化すれば式 (2.66) を解くことができる．この変換を行なう最も簡単な方法は，あらかじめ基底関数を規格直交化しておくことである．すなわち，重なり行列 $\mathbf{S}$ が単位行列 $\mathbf{E}$ になるような基底関数を使えば，フォック行列を対角化するだけで済む．実際，多くの汎用量子化学計算プログラムではこの手法がとられる．

規格直交化された基底関数を使う場合，ローターン方程式は SCF 法で次のように解ける．

1. 分子系の情報 (核座標，核電荷，電子数) と規格直交化された基底関数系 $\{\chi_p\}$ を設定する．
2. 1 電子積分 h_{pq}, 2 電子積分 $\langle pr|qs\rangle$, $\langle pr|sq\rangle$ を計算する．
3. 初期分子軌道係数 $\{\mathbf{C}_i\}$ により，密度行列 $\mathbf{P}$ を計算する．
4. 式 (2.60) でフォック行列 $\mathbf{F}$ を計算する．
5. $\mathbf{F}$ を対角化し，分子軌道係数 $\{\mathbf{C}'_i\}$ と軌道エネルギー $\{\epsilon_i\}$ を求める．
6. 新しい分子軌道係数 $\{\mathbf{C}'_i\}$ で密度行列 $\mathbf{P}'$ を計算する．
7. 得られた密度行列 $\mathbf{P}'$ を変換前の密度行列 $\mathbf{P}$ と比較し，設定したしきい値以下の違いしかない場合は収束したと判断し，計算を終了する．しきい値を超える場合は 4 に戻り，計算を続ける．

この SCF 計算は，分子軌道をユニタリ変換して全電子エネルギーを下げている．したがって，SCF 計算は分子軌道を緩和させるプロセスとみなすことができる．

この密度行列 $\mathbf{P}$ とフォック行列 $\mathbf{F}$ および 1 電子積分を使うと，式 (2.54), (2.57) より，全電子エネルギーは

$$E = \frac{1}{2}\sum_{p,q=1}^{n_{\text{basis}}} P_{pq}(h_{pq} + F_{pq}) \tag{2.68}$$

と計算できる．

2.6 基底関数

前節では，基底関数で分子軌道を展開することによってハートリー・フォック法の計算を高速化したローターン法を紹介した。ローターン法の計算精度は用いる基底関数の分子軌道の再現性によって決まり，計算時間は基底関数の数によって決まる。したがって，できるだけ少ない数で高精度に分子軌道を再現するような基底関数を選択することが，化学反応や化学物性を正しく再現するための必要条件となる。

量子化学計算において最もよく利用する基底関数はガウス型基底関数である。それは，次の**ガウス型関数の積法則**のためである [Szabo and Ostlund, 1994]。

$$\exp(-\alpha|\mathbf{r}-\mathbf{R}_A|^2)\exp(-\beta|\mathbf{r}-\mathbf{R}_B|^2)$$
$$= \left[\frac{2\alpha\beta}{(\alpha+\beta)\pi}\right]^{3/4}\exp\left(-\frac{\alpha\beta}{\alpha+\beta}|\mathbf{R}_A-\mathbf{R}_B|^2\right)\exp\left[-(\alpha+\beta)|\mathbf{r}-\mathbf{R}_C|^2\right] \quad (2.69)$$

$$\mathbf{R}_C = \frac{\alpha}{\alpha+\beta}\mathbf{R}_A + \frac{\beta}{\alpha+\beta}\mathbf{R}_B \quad (2.70)$$

$\mathbf{R}_A$ は核 A の座標ベクトルである。これにより，ガウス型関数の積は中心の異なる 1 つのガウス型関数で与えることができるため，計算を飛躍的に高速化することができる。しかし，水素原子の波動関数 (式 (1.80)) のように，実際の原子軌道はスレーター型関数 $\exp(-\zeta r)$ であるため，そのまま基底関数として利用することはできない。この問題を解決するために，ガウス型関数の線形結合で基底関数を表わす**短縮ガウス型関数**という考え方が提案された。

$$\chi_p(\mathbf{r}-\mathbf{R}_A) = \sum_\mu c_{\mu p}\exp(-\alpha_{\mu p}|\mathbf{r}-\mathbf{R}_A|^2) \quad (2.71)$$

短縮ガウス型関数ともとになるガウス型関数を区別するため，もとのガウス型関数を原始 (primitive) 関数という。原始関数は軌道指数 $\alpha_{\mu p}$，短縮係数 $c_{\mu p}$，および関数中心の位置ベクトル $\mathbf{R}_A$ だけで指定できる。短縮ガウス型関数を基底関数とすることで，少ない数の基底関数で精度のよい結果を得るこ

とが期待できる。

短縮ガウス型関数とは異なり、原始関数としては画一的な形を利用することがほとんどである。それは、基底関数ごとに計算プログラムを開発することを避けるためである。s, p, d, f の各原子軌道に対応する原始関数は、球面調和関数 (1.8 節参照) からの類推により、それぞれ

$$\begin{aligned}&\text{s 関数}: \exp(-\alpha r^2)\\&\text{p 関数}: (x, y, z) \exp(-\alpha r^2)\\&\text{d 関数}: (x^2, y^2, z^2, xy, yz, zx) \exp(-\alpha r^2)\\&\text{f 関数}: (x^3, y^3, z^3, x^2y, x^2z, xy^2, y^2z, yz^2, xz^2, xyz) \exp(-\alpha r^2)\end{aligned}$$ (2.72)

と表わされる。注意すべきは、線形独立な d, f 軌道は本来、それぞれ 5 個と 7 個しかないことである。一般的には、これらの原始関数を使って、d 軌道については $x^2 - y^2$ の関数、f 軌道については $x^2z - y^2z$, $3x^2y - y^3$, $3xy^2 - x^3$ の関数が作られ、線形独立な形にした原始関数を利用する。

短縮ガウス型関数については、きわめて多種多様な関数が提案され続けている。以下にいくつかの主要な基底関数を紹介する (詳しくはたとえば [Jensen, 2006] 参照) 。

- **最小基底関数** (STO-*L*G など) は、それぞれの原子に必要最低限の数の短縮ガウス型関数しかもたない基底関数である。たとえば、炭素原子は電子を 2p 軌道まで占有するので、1s, 2s, $2p_x$, $2p_y$, $2p_z$ に対応する 5 つの短縮ガウス型関数が最低でも必要である。各原子軌道に対応するスレーター型軌道 (STO) を L 個の原始関数で近似した基底関数を **STO-*L*G 基底関数**という。

- **分割価電子** (split valence) **基底関数** (6-31G, 6-311G, DZ, TZ, DZV など) は、内殻軌道 (core orbital) には 1 つ、価電子軌道 (valence orbital) には複数の短縮ガウス型関数を用いた基底関数である。分子の化学結合に直接関与するのは主に価電子軌道であり、内殻軌道は間接的にしか関与しない。したがって、価電子軌道に多くの基底関数を使うことにより、基底関数の数を節約しながら精度よく計算できる。この型の基底関数としては、6-31G 基底などの**ポープル型基底関数**がある。「6-31」は短

縮と分割を表わしており，「6」は内殻軌道に 6 個の原始関数を短縮した基底関数，「31」は価電子軌道に 3 個の原始関数を短縮した関数と 1 個の原始関数を組み合わせた 2 倍基底関数を使用することを意味する。分割を 3 倍にしたのが「6-311G」基底関数である。また，**ダニング・藤永** (Dunning-Huzinaga) **型基底関数**や**アールリクス** (Ahlrichs) **型基底関数**も利用される。ダニング・藤永基底関数は分割による倍数に応じて，2 倍なら「DZ」，3 倍なら「TZ」，4 倍なら「QZ」と書く。アールリクス型基底関数も同様に，「DZV」，「TZV」，「QZV」と書く。

- **分極** (polarization) **関数つき基底関数** (6-31G*, 6-31G(d), DZp, cc-pVXZ, cc-pCVXZ など) は，結合による分子軌道の異方性を取りこむために**分極関数**を追加した基底関数である。分極関数とは，その原子の占有軌道よりも高い角運動量をもつ関数である。ポープル型基底関数の場合は分極関数を「*」で表示し，たとえば「6-31G*」のように書く。「*」が 1 個ならば，水素原子以外のすべての原子に分極関数を加え，「**」のように 2 個ならば水素原子にも p 軌道関数を分極関数として加える。また，「6-31G(d)」のように分極関数の形 (この場合は d 軌道関数) を明記することも多い。ダニング・藤永型の場合は，分極関数は「p」と書き，1 個加えるなら「DZp」のように，2 個なら「TZ2p」のように書く。また，高精度物性計算には**相関適応** (correlation consistent) **基底関数**をよく利用する。この基底関数は，価電子軌道になった場合に同程度の電子相関を与える関数 (たとえば 4d 軌道と 4f 軌道) を同等に取り扱うため，ダニングらにより開発された基底関数である。「cc-pVXZ」 (X=D, T, Q, 5, 6, ...) のように書く。さらに，この基底関数に内殻電子の電子相関を重視して s, p 軌道関数を増やした「cc-pCVXZ」などもある。
- **拡散** (diffuse) **関数つき基底関数** (6-311+G(d), 6-311++G(2df,2pd), aug-cc-pVXZ など) は，ゆるく束縛された電子を取り扱うために**拡散関数**を追加した基底関数であり，特に小分子のアニオンや励起状態の計算においては欠かせない基底関数である。ポープル型基底関数では，拡散関数を「+」で示す。「6-311+G(d)」は水素原子以外の原子に sp 軌道関数 (s 軌道と p 軌道の混合関数) を，「6-311++G(2df,2pd)」はそれに加えて

さらに水素原子以外に 2 個の d 軌道関数と 1 個の f 軌道関数, 水素原子に 2 個の p 軌道関数と 1 個の d 軌道関数を, それぞれ拡散関数として加えることを意味する. また, 相関適応基底関数においても拡散関数を利用することが多く, その場合「aug-」を先頭に置く. この場合, 基底関数の各角運動量について 1 個ずつ拡散関数を追加する. たとえば「aug-cc-pVDZ」は d 軌道関数まで含むので s から d までの軌道関数を 1 個ずつ追加する.

- 有効内殻ポテンシャル (Effective Core Potential, **ECP**) つき基底関数 (LanL2DZ や Stuttgart-ECP など) は, 基底関数の数を大幅に減らすため, ほとんどの場合に結合や反応や物性に関与しない内殻電子をポテンシャルで近似し, 価電子軌道のみで計算が行なえるようにしたものである. 特に第 4 周期以降の原子については, 内殻の関与する物性や反応の計算以外にはほとんどの場合に利用され, きわめて高い再現性を与えている. 主に利用されている ECP は, 内殻電子の相対論的効果を取りこんだ**相対論的 ECP (RECP)** であり, 米ロスアラモス国立研究所で開発された LanL2DZ や独シュツットガルトグループの内殻小 (STRSC) や内殻大 (STRLC) の ECP が著名である. また, 内殻電子が若干関与する場合のために, 内殻電子の波動関数の節を再現するように作られた**第一原理的モデルポテンシャル (AIMP)** もある.

以上, 量子化学計算でよく利用される基底関数を紹介してきた. もちろん, ここに挙げた以外にもさまざまな基底関数が存在しており, 特に上記の基底関数では取り扱えない特殊な系の計算において有効性が確かめられている. 基底関数の選択は, 計算結果の精度や信頼度と密接に関係しているが, 個々の計算でどの基底関数を使うべきかは正しい答えを用意することはできない. 計算系とそれぞれの基底関数の特徴を対比させて選択するよりほかない.

最後に, 基底関数が生み出す誤差である**基底関数重ね合わせ誤差** (Basis Set Superposition Error, **BSSE**) について述べておこう. この誤差は, 通常非直交である基底関数が重なり合わさることによって生じるエネルギーの安定化に起因する. したがって, 原子どうしが近づく方向に安定化する効果を与える. この安定化によって生み出される力を**プーライカ (Pulay force)**

[Pulay, 1969] という。この誤差を取り除く方法として，**counter-poise (平衡力) 法** [van Duijneveldt et al., 1994] がよく利用される。たとえば AB という系を $a+b$ という基底関数で計算する場合，counter-poise 法では，

$$\Delta E = E_\text{A}^{a+b} + E_\text{B}^{a+b} + E_\text{A}^{a} + E_\text{B}^{b} \tag{2.73}$$

で BSSE を計算し，それを全エネルギーから差し引く。ここで，たとえば E_A^{a+b} は a と b の両方の基底関数を使って得た系 A のエネルギーを指す。BSSE は弱い結合を計算する際にきわめて重要であり，たとえばファンデルワールス計算 (6.3 節参照) では **BSSE の補正なしには結合自体を再現できない**。しかし，化学結合では基底関数の重なりは自然であり，どこまで BSSE と考えてよいかわからないため，通常の反応や物性計算では BSSE は無視されることが多い。

2.7　クーロン・交換相互作用と積分計算の高速化

　ハートリー・フォック方程式の電子間のクーロン・交換相互作用の積分の計算は，ハートリー・フォック法の計算において律速のプロセスである。式 (2.63) や式 (2.64) を見ればわかるように，基底関数で表わされた 2 電子積分 (2 電子反発積分という) は，3 次元空間座標上の電子の位置について 2 重積分である。また，2 電子反発積分は基底関数の数について 4 次のオーダーをもつ。このことは，基底関数が増加すれば爆発的に積分の数が増えることを意味するため，このオーダーを減らさなければ大規模な系の計算は難しい。一般的に，2 電子反発積分のなかには，ほとんどエネルギーに寄与しない積分や重複する積分が多く存在している。それらを見出してふるい落とすことが積分計算の効率化に必要である。

　量子化学の分野では，2 電子反発積分の効率化が長年取り組まれてきた。最もよく利用されている手法に，シュワルツ (K. H. A. Schwartz) の**不等式** (1888) にもとづくふるい分けがある。すなわち，不等式

$$\left| \int d^3\mathbf{r} \chi_p^*(\mathbf{r}) \chi_q(\mathbf{r}) \right|^2 \leq \int d^3\mathbf{r} \left| \chi_p(\mathbf{r}) \right|^2 \cdot \int d^3\mathbf{r} \left| \chi_q(\mathbf{r}) \right|^2 \tag{2.74}$$

により，あらかじめ基底関数の 2 乗に関する積分を計算しておけば，基底関数の組み合わせで与えられる積分について，無視できる積分を計算しないでふるい落とすことができる．また，2 電子反発積分の計算法についてはさまざまなアルゴリズムが提案され，洗練されてきた．その主流となっているのが，ガウス型基底関数の短縮数が少ない場合に適している小原・雑賀再帰法 [Obara and Saika, 1986]，軌道角運動量が大きい場合に適しているリズ求積法 [Dupuis et al., 1976]，短縮数が多い場合に適しているポープル・ヘーレ軸切り替え法 [Pople and Hehre, 1978] などの特長を生かして組み合わせたアルゴリズムであり，代表的な例としては Gaussian09 などで使われている PRISM アルゴリズム [Gill and Pople, 1991] がある．これらのアルゴリズムを用いれば，2 電子反発積分は基底関数について 2~3 次のオーダーまで減らすことができる．しかし，大規模系の計算にはさらなるオーダーの低下が必要である．

　クーロン相互作用は，電荷間の古典的な相互作用であり，量子論的な相互作用ではない．したがって，クーロン積分計算においては，古典的な系に対して確立した効率化法が利用できる．実際，これまでさまざまな古典系に対する手法によって，クーロン積分計算のオーダーを低下するための方法が提案されてきた．主要な方法に，天体に散らばった星の間の重力を算定するのに利用される古典的な手法である**高速多極子法** (Fast Multipole Method, **FMM**) [Greengard and Rokhlin, 1987] がある．FMM は，長距離電子間を見分け，それらの間の相互作用を多極子展開法で，それ以外の近距離電子間の相互作用を通常の方法で計算する方法である．FMM には，長距離電子間の見分け方や展開法について異なるさまざまな方法が提案されている [White et al., 1994]．FMM 以外の主要な方法に，**ポアソン方程式**

$$\int d^3\mathbf{r}' \frac{\nabla^2 \rho(\mathbf{r}')}{|\mathbf{r}-\mathbf{r}'|} = -4\pi \rho(\mathbf{r}) \tag{2.75}$$

を利用する手法がある [Becke and Dickson, 1988; Delley, 1996; Manby et al., 2001]．ρ は**全電子密度**であり，

$$\rho(\mathbf{r}) = 2\sum_{i}^{n}|\phi_i(\mathbf{r})|^2 \tag{2.76}$$

と定義する．この方程式を使うと，クーロン積分は補助密度基底関数 $\{\xi_a\}$ のラプラシアン $\{\boldsymbol{\nabla}^2\xi_a\}$ を基底関数とすると 1 重積分に変換できる．補助密度基底どうしの組み合わせでは，

$$\begin{aligned}J_{ab} &= \int d^3\mathbf{r}_1 d^3\mathbf{r}_2 \frac{\left|\boldsymbol{\nabla}_1^2\xi_a(\mathbf{r}_1)\right|\left|\boldsymbol{\nabla}_2^2\xi_b(\mathbf{r}_2)\right|}{r_{12}} \\ &= -4\pi \int d^3\mathbf{r}\xi_a(\mathbf{r})\boldsymbol{\nabla}^2\xi_b(\mathbf{r})\end{aligned} \tag{2.77}$$

であり，通常の基底関数 $\{\chi_p\}$ と併用する混合基底の場合は，

$$\begin{aligned}J_{ap} &= \int d^3\mathbf{r}_1 d^3\mathbf{r}_2 \frac{\left|\boldsymbol{\nabla}_1^2\xi_a(\mathbf{r}_1)\right|\left|\chi_p(\mathbf{r}_2)\right|}{r_{12}} \\ &= -4\pi \int d^3\mathbf{r}\xi_a(\mathbf{r})\chi_p(\mathbf{r})\end{aligned} \tag{2.78}$$

である．この補助密度基底関数 $\{\xi_a\}$ はモデル電子密度

$$\tilde{\rho}(\mathbf{r}) = \sum_{a} c_a \xi_a(\mathbf{r}) \tag{2.79}$$

を張る基底関数 $\{\chi_p\}$ より小さい任意の電子密度基底であり，

$$\Delta = \frac{1}{2}\int d^3\mathbf{r}_1 d^3\mathbf{r}_2 \frac{|\rho(\mathbf{r}_1) - \tilde{\rho}(\mathbf{r}_1)||\rho(\mathbf{r}_2) - \tilde{\rho}(\mathbf{r}_2)|}{r_{12}} \tag{2.80}$$

の最小化により係数 $\{c_a\}$ を決める．これを**電子密度フィッティング**という．この手法は Dmol プログラム [Delley, 1990] などで採用されている．また，FMM とポアソン方程式の手法を組み合わせる方法も提案されている [Watson et al., 2008]．これらの方法を使うと，クーロン積分計算のオーダーは基底関数の数について 1 次のオーダーに近づく．基底関数の数は電子の数にほぼ比例するので，電子数 N のオーダーと考えてもよい．これら計算のオーダーを 1 次に近づけようとする方法を一般的に**線形スケーリング法**もしくは**オーダー N 化法**とよぶ．クーロン積分計算は最も多くの線形スケーリング法が考案されている計算プロセスである．

　交換相互作用は純粋に量子論的な相互作用であり，長距離電子間でもはた

らく。全電子エネルギーを下げ，電子状態を安定化させる効果がある。**交換相互作用のかなりの部分は電子それ自身の自己相互作用である**。交換自己相互作用は式 (2.45) における K_{ii} 項であり，式 (2.43) からわかるようにクーロン自己相互作用項 J_{ii} と相殺する。それにより，クーロン相互作用のポテンシャルから電子 1 個分を取り去る効果を与える。**交換相互作用は軌道間の重なりを大きくする効果を与え，軌道間の引力としてはたらく**。この効果は電子分布を非局在化させるので，交換相互作用が長距離までおよぶ原因となる。また，交換相互作用は電子状態の量子性を強めるはたらきがあり，分子の化学反応や物性に大きく関与する。したがって，交換相互作用を取りこまなければ，定性的な化学計算もできない。クーロン積分計算と同じように，交換積分計算についてもさまざまな線形スケーリング法が提案されてきた。たとえば，FMM にもとづく近接領域交換法 [Burant et al., 1996] や，電子密度が核から遠い領域で指数関数的に減衰することを仮定するオーダー N 交換法 [Schwegler et al., 1997a] などがある。しかし，どの方法も直線的に伸ばした長鎖系以外では十分な高速化が得られないことがわかっている。それは，**交換相互作用が長距離まで寄与する** [Schwegler et al., 1997b] **のに加え，長距離交換相互作用でも古典系に対する作法では取り扱えない**ことが原因と考えられる。

2.8 非制限ハートリー・フォック法：開殻系の電子状態計算

ここまで，特に明記することなく，スピンをあらわに考慮せずに，電子が分子軌道に 2 個ずつ占有された閉殻分子の電子状態の計算法を述べてきた。不対電子を含む開殻分子を取り扱うには，スピンの違いをあらわに考慮しなければならない。開殻分子の電子状態を求める最も簡便な方法として，1954 年，ポープルとネスベーによって，α スピンと β スピンの空間軌道を別個に取り扱うハートリー・フォック法である**非制限ハートリー・フォック (UHF) 法** [Pople and Nesbet, 1954] が開発された。

UHF 法では，式 (2.52) のハートリー・フォック方程式は，

$$\hat{F}_\alpha \phi_{i\alpha} = \epsilon_{i\alpha} \phi_{i\alpha} \tag{2.81}$$
$$\hat{F}_\beta \phi_{i\beta} = \epsilon_{i\beta} \phi_{i\beta} \tag{2.82}$$

と、α, β スピンをもつそれぞれの電子に対する方程式となる。スピンつきフォック演算子は，

$$\hat{F}_\sigma = \hat{h}_\sigma + \sum_j^{n_\sigma} \left(\hat{J}_{j\sigma} - \hat{K}_{j\sigma} \right) + \sum_j^{n_{\sigma'}} \hat{J}_{j\sigma'} \tag{2.83}$$

と与えられる。n_σ は σ スピンの電子数であり，$\sigma' \neq \sigma$ である。重要なのは，各電子は反平行スピンの電子とはクーロン相互作用をもつが，交換相互作用をもたないことである。式 (2.83) のスピンつきクーロン演算子 $\hat{J}_{j\sigma}$ と交換演算子 $\hat{K}_{j\sigma}$ は，

$$\hat{J}_{j\sigma}(\mathbf{r}_1) \phi_{i\sigma}(\mathbf{r}_1) = \int d^3 \mathbf{r}_2 \phi_{j\sigma}^*(\mathbf{r}_2) \phi_{j\sigma}(\mathbf{r}_2) \frac{1}{r_{12}} \phi_{i\sigma}(\mathbf{r}_1) \tag{2.84}$$

$$\hat{K}_{j\sigma}(\mathbf{r}_1) \phi_{i\sigma}(\mathbf{r}_1) = \int d^3 \mathbf{r}_2 \phi_{j\sigma}^*(\mathbf{r}_2) \phi_{i\sigma}(\mathbf{r}_2) \frac{1}{r_{12}} \phi_{j\sigma}(\mathbf{r}_1) \tag{2.85}$$

で定義される。この方程式を**非制限ハートリー・フォック (UHF) 方程式**もしくは**ポープル・ネスベー方程式** [Pople and Nesbet, 1954] という。この方程式は最初からローターン法の形で提案され，

$$\mathbf{F}_\alpha \mathbf{C}_{i\alpha} = \epsilon_{i\alpha} \mathbf{S} \mathbf{C}_{i\alpha} \tag{2.86}$$
$$\mathbf{F}_\beta \mathbf{C}_{i\beta} = \epsilon_{i\beta} \mathbf{S} \mathbf{C}_{i\beta} \tag{2.87}$$

の連立方程式で与えられた。スピンつきフォック行列 $\mathbf{F}^\sigma$ と重なり行列 $\mathbf{S}^\sigma$ は，

$$F_{pq\sigma} = h_{pq\sigma} + \sum_{r,s=1}^{n_{\text{basis}}} P_{sr\sigma} \left(\langle pr|qs \rangle - \langle pr|sq \rangle \right) + \sum_{r,s=1}^{n_{\text{basis}}} P_{pq\sigma'} \langle pr|qs \rangle \tag{2.88}$$

$$S_{pq\sigma} = \int d^3 \mathbf{r} \chi_{p\sigma}^*(\mathbf{r}) \chi_{q\sigma}(\mathbf{r}) \tag{2.89}$$

である。この方程式の解き方は閉殻分子のローターン方程式とほぼ同じで，違いはフォック行列とその対角化や密度行列が α, β スピンに関する 2 種類あることだけである。

UHF 計算は，結果的に α スピンと β スピンとで異なる空間軌道をもつ分

子軌道を与える。そのため，UHF 波動関数には，全スピン演算子の 2 乗 $\hat{\mathbf{S}}^2$ の固有関数にならないという問題がある。全スピン演算子 $\hat{\mathbf{S}}$ は各電子に対するスピン角運動量演算子 $\hat{\mathbf{s}}$ の和

$$\hat{\mathbf{S}} = (\hat{S}_x, \hat{S}_y, \hat{S}_z) = \sum_i^N \hat{\mathbf{s}}_i \tag{2.90}$$

として書ける。いま，分子軌道 ϕ_i のスピン関数を α_i，β_i と書くと，スピン角運動量演算子 $\hat{\mathbf{s}} = (\hat{s}_x, \hat{s}_y, \hat{s}_z)$ は，

$$\hat{s}_z \begin{pmatrix} \alpha_i \\ \beta_i \end{pmatrix} = \frac{1}{2}\begin{pmatrix} \alpha_i \\ -\beta_i \end{pmatrix},\ \hat{s}_x \begin{pmatrix} \alpha_i \\ \beta_i \end{pmatrix} = \frac{1}{2}\begin{pmatrix} \beta_i \\ \alpha_i \end{pmatrix},\ \hat{s}_y \begin{pmatrix} \alpha_i \\ \beta_i \end{pmatrix} = \frac{i}{2}\begin{pmatrix} \beta_i \\ -\alpha_i \end{pmatrix} \tag{2.91}$$

$$\hat{\mathbf{s}}^2 \begin{pmatrix} \alpha_i \\ \beta_i \end{pmatrix} = (\hat{s}_x{}^2 + \hat{s}_y{}^2 + \hat{s}_z{}^2)\begin{pmatrix} \alpha_i \\ \beta_i \end{pmatrix} = \frac{3}{4}\begin{pmatrix} \alpha_i \\ \beta_i \end{pmatrix} \tag{2.92}$$

という関係性をもつので，スピン関数は $\hat{s}^2$ と $\hat{s}_z{}^2$ の固有関数である。また，相対論的効果を考えない場合，ハミルトニアン演算子は一般的にスピンに依存しないので，$\hat{s}^2$ や $\hat{s}_z$ と可換である。このことは，**空間部分を含む全波動関数 Ψ は $\hat{s}^2$ と $\hat{s}_z{}^2$ の固有関数でなければならない**ことを意味する。したがって，ハミルトニアン演算子は全スピン演算子の 2 乗 $\hat{\mathbf{S}}^2$ や全スピン演算子の z 成分 $\hat{S}_z$ とも可換であり，

$$\hat{\mathbf{S}}^2 \Psi = \left(\sum_{i,j}^N \hat{\mathbf{s}}_i \cdot \hat{\mathbf{s}}_j\right)\Psi = \left(\frac{N_\alpha - N_\beta}{2}\right)\left(\frac{N_\alpha - N_\beta}{2} + 1\right)\Psi \tag{2.93}$$

$$\hat{S}_z \Psi = \left(\sum_i^N \hat{s}_z\right)\Psi = \left(\frac{N_\alpha - N_\beta}{2}\right)\Psi \tag{2.94}$$

であることが容易に確かめられる。N_σ は分子が含む σ 電子の数である。UHF 波動関数は，スピンの総数は変化しないため式 (2.94) を満たし，$\hat{S}_z$ の固有関数である。しかし，UHF 波動関数の空間軌道はスピンごとに異なるため，同じ番号の占有分子軌道のスピンが相殺せず，結果的に式 (2.93) は満たさなくなる。したがって，**UHF 波動関数は一般的に $\hat{\mathbf{S}}^2$ の固有関数ではない**。実際，UHF 波動関数の $\hat{\mathbf{S}}^2$ 演算子の期待値は

$$\langle \hat{\mathbf{S}}^2 \rangle_{\text{UHF}} = \left(\frac{N_\alpha - N_\beta}{2}\right)\left(\frac{N_\alpha - N_\beta}{2} + 1\right) + N_\beta$$

$$-\sum_{i,j}^{N}\left|\int d^3\mathbf{r}\phi_{i\alpha}^*(\mathbf{r})\phi_{j\beta}(\mathbf{r})\right|^2 \tag{2.95}$$

であることが示されている [Szabo and Ostlund, 1994]。

2.9　原子の電子状態

　原子のなかの電子の運動状態は，ハートリー・フォック波動関数である程度説明できる。原子は球対称であり，ポテンシャル全体も球対称と考えてよい。したがって，式 (1.78) の水素原子の波動関数と同じように，波動関数の角度部分は球面調和関数である。一方，動径部分は水素原子と異なり，電子間ポテンシャル V_{ee} の存在によって方位量子数 l に関する縮退が解ける。しかし，式 (1.82) の水素原子の固有エネルギーが主量子数 n のみに依存することからわかるように，比較的軽い原子では l の違いによる運動状態のエネルギー差は n の違いによるエネルギー差より小さい。したがって，n の小さい順に $l \leq n-1$ で決まる自然数 l の数だけ取りうる運動状態がある。この方位量子数 l については，s，p，d，f，g，h，$\cdots$ と書く。また，この l についてそれぞれ $-l \leq m \leq l$ で決まる整数である磁気量子数 m の数だけ縮退している。こうして，(n,l,m) の量子数をもつ電子の運動状態，つまり原子軌道は，1s，2s，2p (2p$_{-1}$，2p$_0$，2p$_{+1}$)，3s，3p (3p$_{-1}$，3p$_0$，3p$_{+1}$)，3d (3d$_{-2}$，3d$_{-1}$，3d$_0$，3d$_{+1}$，3d$_{+2}$)，$\cdots$ と決まる。

　これらの原子軌道にどのように電子を割り当てるのか。原子の電子配置を表 2.1〜2.3 にまとめた。希ガス原子などの閉殻原子の場合はエネルギー的に最安定な原子軌道に電子を 2 個ずつ占有させればよいが，開殻原子の場合はそう簡単ではない。実用的な方法として**フントの規則** [Hund, 1925a,b] が存在する。フントの規則は，次の 2 つの規則からなる。

- 主量子数と方位量子数が同じ場合は全スピンが最大である電子配置が最も安定。
- その電子配置のなかでは全軌道角運動量が最大になる電子配置が最も安定。

たとえば炭素原子の場合，電子配置は $(1s)^2(2s)^2(2p)^2$ であるが，最外殻 2p 軌道への 2 電子の割り振りはフントの規則に従う．すなわち，2p 軌道には全スピンを最大にするために α スピン電子が 2 個入り，全軌道角運動量を最大にするために $2p_{+1}$ 軌道と $2p_0$ 軌道に電子が占有される．全スピンを最大にする電子配置が最安定なのは，交換相互作用のためである．また，全軌道角運動量を最大にするのは，電子が互いに最も遠ざかる原子の赤道面付近に並べることによって，クーロン相互作用を減らすためである．各原子の基底配置はハートリー法では再現できないが，交換相互作用を含むハートリー・フォック法ではある程度の電子数までは再現できる．ただし，希土類原子のように内殻に開殻軌道が存在している場合には，次の章で述べる電子相関なしには再現できない．

ちなみに，この規則を補足する次の条件がある．

- 最外殻軌道の占有が半分以下の場合は全角運動量 (全スピン + 全軌道角運動量) が最小の電子配置が，半分以上の場合は全角運動量が最大の電子配置が最も安定．

これは相対論的効果の**スピン・軌道相互作用** (6.4 節参照) によるものである．たとえば，ケイ素原子と硫黄原子を比較すると，最外殻の 3p 軌道に電子が前者は 2 つ，後者は 4 つ存在するが，前者は占有が半分以下なので全角運動量が最小の 0 の $^3P_0$ 状態，後者は半分以上なので最大の全角運動量 2 の $^3P_2$ 状態が最安定となる．この安定性を与えるにはスピン・軌道相互作用を含む相対論的効果を取りこむ必要がある．

表 2.1 クリプトンまでの原子の電子配置

周期	原子番号	元素	K 1s	L 2s	L 2p	M 3s	M 3p	M 3d	N 4s	N 4p	N 4d	N 4f	O 5s	O 5p	基底状態
1	1	H	1												$^2S_{1/2}$
	2	He	2												$^1S_0$
2	3	Li	2	1											$^2S_{1/2}$
	4	Be	2	2											$^1S_0$
	5	B	2	2	1										$^2P_{1/2}$
	6	C	2	2	2										$^3P_0$
	7	N	2	2	3										$^4S_{3/2}$
	8	O	2	2	4										$^3P_2$
	9	F	2	2	5										$^2P_{3/2}$
	10	Ne	2	2	6										$^1S_0$
3	11	Na	2	2	6	1									$^2S_{1/2}$
	12	Mg	2	2	6	2									$^1S_0$
	13	Al	2	2	6	2	1								$^2P_{1/2}$
	14	Si	2	2	6	2	2								$^3P_0$
	15	P	2	2	6	2	3								$^4S_{3/2}$
	16	S	2	2	6	2	4								$^3P_2$
	17	Cl	2	2	6	2	5								$^2P_{3/2}$
	18	Ar	2	2	6	2	6								$^1S_0$
4	19	K	2	2	6	2	6		1						$^2S_{1/2}$
	20	Ca	2	2	6	2	6		2						$^1S_0$
	21	Sc	2	2	6	2	6	1	2						$^2D_{3/2}$
	22	Ti	2	2	6	2	6	2	2						$^3F_2$
	23	V	2	2	6	2	6	3	2						$^4F_{3/2}$
	24	Cr	2	2	6	2	6	5	1						$^7S_3$
	25	Mn	2	2	6	2	6	5	2						$^6S_{5/2}$
	26	Fe	2	2	6	2	6	6	2						$^5D_4$
	27	Co	2	2	6	2	6	7	2						$^4F_{9/2}$
	28	Ni	2	2	6	2	6	8	2						$^3F_4$
	29	Cu	2	2	6	2	6	10	1						$^2S_{1/2}$
	30	Zn	2	2	6	2	6	10	2						$^1S_0$
	31	Ga	2	2	6	2	6	10	2	1					$^2P_{1/2}$
	32	Ge	2	2	6	2	6	10	2	2					$^3P_0$
	33	As	2	2	6	2	6	10	2	3					$^4S_{3/2}$
	34	Se	2	2	6	2	6	10	2	4					$^3P_2$
	35	Br	2	2	6	2	6	10	2	5					$^2P_{3/2}$
	36	Kr	2	2	6	2	6	10	2	6					$^1S_0$

表 2.2 ルビジウムからルテチウムまでの原子の電子配置「[Kr]」はクリプトンの電子配置。

周期	原子番号	元素	K 1s ~N 4p	N 4d	4f	O 5s	5p	5d	5f	P 6s	6p	6d	6f	基底状態
5	37	Rb	[Kr]			1								$^2S_{1/2}$
	38	Sr	[Kr]			2								$^1S_0$
	39	Y	[Kr]	1		2								$^2D_{3/2}$
	40	Zr	[Kr]	2		2								$^3F_2$
	41	Nb	[Kr]	4		1								$^6D_{1/2}$
	42	Mo	[Kr]	5		1								$^7S_3$
	43	Tc	[Kr]	6		1								$^6S_{5/2}$
	44	Ru	[Kr]	7		1								$^5F_5$
	45	Rh	[Kr]	8		1								$^4F_{9/2}$
	46	Pd	[Kr]	10										$^1S_0$
	47	Ag	[Kr]	10		1								$^2P_{1/2}$
	48	Cd	[Kr]	10		2								$^3P_0$
	49	In	[Kr]	10		2	1							$^4S_{3/2}$
	50	Sn	[Kr]	10		2	2							$^3P_2$
	51	Sb	[Kr]	10		2	3							$^2P_{3/2}$
	52	Te	[Kr]	10		2	4							$^1S_0$
	53	I	[Kr]	10		2	5							$^2S_{1/2}$
	54	Xe	[Kr]	10		2	6							$^1S_0$
6	55	Cs	[Kr]	10		2	6			1				$^2D_{3/2}$
	56	Ba	[Kr]	10		2	6			2				$^3H_4$
	57	La	[Kr]	10		2	6	1		2				^4I
	58	Ce	[Kr]	10	2	2	6			2				$^5I_4$
	59	Pr	[Kr]	10	3	2	6			2				^6H
	60	Nd	[Kr]	10	4	2	6			2				$^7F_0$
	61	Pm	[Kr]	10	5	2	6			2				$^8S_{7/2}$
	62	Sm	[Kr]	10	6	2	6			2				$^9D_2$
	63	Eu	[Kr]	10	7	2	6			2				$^6H_{15/2}$
	64	Gd	[Kr]	10	7	2	6	1		2				^5I
	65	Tb	[Kr]	10	9	2	6			2				^4I
	66	Dy	[Kr]	10	10	2	6			2				$^3H_4$
	67	Ho	[Kr]	10	11	2	6			2				$^2F_{7/2}$
	68	Er	[Kr]	10	12	2	6			2				$^1S_0$
	69	Tm	[Kr]	10	13	2	6			2				$^2D_{3/2}$
	70	Yb	[Kr]	10	14	2	6			2				$^3F_2$
	71	Lu	[Kr]	10	14	2	6	1		2				$^4F_{3/2}$

表 2.3 ハフニウム以降の原子の電子配置。「a」[Küchle et al., 1994] と「b」[Eliav et al., 1995] が付されている基底状態は相対論的全電子計算による最安定の電子状態とその電子配置。「[Kr]」はクリプトンの電子配置

周期	原子番号	元素	K 1s ～N 4p	N		O				P			Q		基底状態
				4d	4f	5s	5p	5d	5f	6s	6p	6d	6f	7s	7p	
6	72	Hf	[Kr]	10	14	2	6	2		2						$^5D_0$
	73	Ta	[Kr]	10	14	2	6	3		2						$^6S_{5/2}$
	74	W	[Kr]	10	14	2	6	4		2						$^5D_4$
	75	Re	[Kr]	10	14	2	6	5		2						$^4F_{9/2}$
	76	Os	[Kr]	10	14	2	6	6		2						$^3D_3$
	77	Ir	[Kr]	10	14	2	6	7		2						$^2S_{1/2}$
	78	Pt	[Kr]	10	14	2	6	9		1						$^1S_0$
	79	Au	[Kr]	10	14	2	6	10		1						$^2P_{1/2}$
	80	Hg	[Kr]	10	14	2	6	10		2						$^3P_0$
	81	Tl	[Kr]	10	14	2	6	10		2	1					$^4S_{3/2}$
	82	Pb	[Kr]	10	14	2	6	10		2	2					$^3P_2$
	83	Bi	[Kr]	10	14	2	6	10		2	3					$^2P_{3/2}$
	84	Po	[Kr]	10	14	2	6	10		2	4					$^1S_0$
	85	At	[Kr]	10	14	2	6	10		2	5					$^2S_{1/2}$
	86	Rn	[Kr]	10	14	2	6	10		2	6					$^1S_0$
7	87	Fr	[Kr]	10	14	2	6	10		2	6			1		$^2D_{3/2}$
	88	Ra	[Kr]	10	14	2	6	10		2	6			2		$^3F_2$
	89	Ac	[Kr]	10	14	2	6	10		2	6	1		2		$^2D_{3/2}$
	90	Th	[Kr]	10	14	2	6	10		2	6	2		2		$^3F^a$
	91	Pa	[Kr]	10	14	2	6	10	2	2	6	1		2		$^4K^a$
	92	U	[Kr]	10	14	2	6	10	3	2	6	1		2		$^5L^a$
	93	Np	[Kr]	10	14	2	6	10	4	2	6	1		2		$^6L^a$
	94	Pu	[Kr]	10	14	2	6	10	5	2	6	1		2		$^7K^a$
	95	Am	[Kr]	10	14	2	6	10	7	2	6			2		$^8S^a$
	96	Cm	[Kr]	10	14	2	6	10	7	2	6	1		2		$^9D^a$
	97	Bk	[Kr]	10	14	2	6	10	8	2	6	1		2		$^8H^a$
	98	Cf	[Kr]	10	14	2	6	10	10	2	6			2		$^5I^a$
	99	Es	[Kr]	10	14	2	6	10	11	2	6			2		$^4I^a$
	100	Fm	[Kr]	10	14	2	6	10	12	2	6			2		$^3H^a$
	101	Md	[Kr]	10	14	2	6	10	12	2	6	1		2		$^4K^a$
	102	No	[Kr]	10	14	2	6	10	14	2	6			2		$^1S^a$
	103	Lr	[Kr]	10	14	2	6	10	14	2	6			2	1	$^2D^a$
	104	Rf	[Kr]	10	14	2	6	10	14	2	6	2		2		$^3F_2^b$

Fundamentals of
Density Functional Theory

第3章

電子相関

3.1 電子相関：ハートリー・フォック法に足りない効果

ハートリー・フォック法は，現代の量子化学計算の一里塚といえる理論だが，さまざまな分子の化学計算に応用されると，問題点が徐々に明らかになってきた。たとえば，ハートリー・フォック法では，簡単な化学反応ですら定量的に議論できない。実際の化学を定量的に議論するには，結合距離は0.1Å，エネルギーは数 kcal/mol 程度の誤差で再現できる**化学的精度**が必要だが，ハートリー・フォック計算ではこの精度に到達できない。この問題は，ハートリー・フォック法で見積もれない残りたった1％未満のエネルギー誤差に起因している。1955年，レフディンは，このエネルギー誤差を**電子相関**と定義した [Löwdin, 1955]。すなわち，電子相関は，厳密エネルギーとハートリー・フォックエネルギーとの差，

$$E_{\text{corr}} = E_{\text{exact}} - E_{\text{HF}} \tag{3.1}$$

と定義される。

では，なぜ電子相関が生じるのだろうか。これは，密度行列を考えるとわかりやすい。式 (2.65) では分子軌道空間内にある電子の密度行列を考えたが，ここでは3次元空間内にある電子を考える。すると，1次密度行列は N 電子系の波動関数 $\Psi(\mathbf{r}_1, \mathbf{r}_2, \cdots, \mathbf{r}_N)$ について，

$$P(\mathbf{r}'_1, \mathbf{r}_1) = N \int d^3\mathbf{r}_2 \cdots d^3\mathbf{r}_N \Psi(\mathbf{r}'_1, \mathbf{r}_2, \cdots, \mathbf{r}_N) \Psi^*(\mathbf{r}_1, \mathbf{r}_2, \cdots, \mathbf{r}_N) \tag{3.2}$$

と定義できる。このとき，$P(\mathbf{r}_1, \mathbf{r}_1) d^3\mathbf{r}_1$ は体積素片 $d^3\mathbf{r}_1$ に1個の電子を見出す確率であり，全空間で積分すれば電子数 N となる。同様にして，2次密度行列として，

$$\Pi(\mathbf{r}'_1, \mathbf{r}'_2; \mathbf{r}_1, \mathbf{r}_2) \\ = \frac{N(N-1)}{2} \int d^3\mathbf{r}_3 \cdots d^3\mathbf{r}_N \Psi(\mathbf{r}'_1, \mathbf{r}'_2, \cdots, \mathbf{r}_N) \Psi^*(\mathbf{r}_1, \mathbf{r}_2, \cdots, \mathbf{r}_N) \tag{3.3}$$

を定義できる。このとき $\Pi(\mathbf{r}_1, \mathbf{r}_2; \mathbf{r}_1, \mathbf{r}_2) d^3\mathbf{r}_1 d^3\mathbf{r}_2$ は，$d^3\mathbf{r}_1$ に電子1個，$d^3\mathbf{r}_2$

に電子1個を同時に見出す確率に相当する. 分子のなかの電子運動の時間非依存のシュレーディンガー方程式は,

$$\hat{H}\Psi = \left(-\sum_i^N \frac{\nabla_i^2}{2} + V_{\mathrm{ne}} + \sum_{i<j}^N \frac{1}{r_{ij}}\right)\Psi = E\Psi \tag{3.4}$$

と書けるが, ハミルトニアンは $1/r_{ij}$ を含んでいて特異点をもつのに対し, エネルギー E は有限値である. したがって, 特異点をなくすためには, 波動関数 Ψ は $r_{ij}=0$ で消滅しなければならない. すなわち, 2次密度行列の対角項は $r_{12}=0$ で0でなければならない.

$$\Pi(\mathbf{r}_1,\mathbf{r}_2;\mathbf{r}_1,\mathbf{r}_2)_{r_{12}\to 0} \Rightarrow \Pi(\mathbf{r}_1,\mathbf{r}_1;\mathbf{r}_1,\mathbf{r}_1) = 0 \tag{3.5}$$

ただし, パウリの排他原理より, スピン以外同じ量子数をもつ電子のペアは含まれない. このことから, 波動関数 Ψ は $r_{12}=0$ に孔をもっていると考えることができる. この孔を**クーロン孔**という. このクーロン孔が原因で近接した電子が排除され, クーロン相互作用が減ってエネルギーが下がる. この下がったエネルギーが電子相関である.

ハートリー・フォック波動関数の場合はどうだろうか. 式 (2.32) で与えられるヘリウム原子のなかの電子状態を表わすスレーター行列式

$$\Phi_{\mathrm{HF}}(\mathbf{r}_1,\mathbf{r}_2) = \frac{1}{\sqrt{2}}\left[\phi_1(\mathbf{r}_1)\phi_2(\mathbf{r}_2) - \phi_1(\mathbf{r}_2)\phi_2(\mathbf{r}_1)\right] \tag{3.6}$$

を考えてみる. ただし, 今はスピン関数を考えないこととする. すると, 原子軌道 ϕ_1 と ϕ_2 が平行スピン ($\sigma_1 = \sigma_2$) のとき,

$$\Phi_{\mathrm{HF}}(\mathbf{r}_1,\mathbf{r}_2)_{r_{12}\to 0} \Rightarrow \frac{1}{\sqrt{2}}\left[\phi_1(\mathbf{r}_1)\phi_2(\mathbf{r}_1) - \phi_1(\mathbf{r}_1)\phi_2(\mathbf{r}_1)\right] = 0 \tag{3.7}$$

となる. したがって, 式 (3.3) より, 平行スピン2次密度行列の対角項は $r_{12} \to 0$ の極限において,

$$\Pi_{\mathrm{HF}}^{\sigma_1=\sigma_2}(\mathbf{r}_1,\mathbf{r}_2;\mathbf{r}_1,\mathbf{r}_2)_{r_{12}\to 0} \Rightarrow \Pi_{\mathrm{HF}}^{\sigma_1=\sigma_2}(\mathbf{r}_1,\mathbf{r}_1;\mathbf{r}_1,\mathbf{r}_1) = 0 \tag{3.8}$$

となる. これは, ハートリー・フォック波動関数が, 平行スピン電子間について孔をもっていることを意味する. この孔を**交換孔**もしくは**フェルミ孔**という. これに対して, 反平行スピン ($\sigma_1 \neq \sigma_2$) のときは,

$$\Pi_{\mathrm{HF}}^{\sigma_1 \neq \sigma_2}(\mathbf{r}'_1, \mathbf{r}'_2; \mathbf{r}_1, \mathbf{r}_2) = \Phi_{\mathrm{HF}}(\mathbf{r}'_1, \mathbf{r}'_2)\Phi_{\mathrm{HF}}^*(\mathbf{r}_1, \mathbf{r}_2)$$
$$= \frac{1}{2}\left[P(\mathbf{r}'_1, \mathbf{r}_1)P(\mathbf{r}'_2, \mathbf{r}_2) - P(\mathbf{r}'_1, \mathbf{r}_2)P(\mathbf{r}'_2, \mathbf{r}_1)\right] \quad (3.9)$$

となる。$\sigma_1 \neq \sigma_2$ ならば，式 (2.41) より右辺第 2 項がゼロになる。したがって，反平行スピン 2 次密度行列の対角項は，$r_{12} \to 0$ のとき，

$$\Pi_{\mathrm{HF}}^{\sigma_1 \neq \sigma_2}(\mathbf{r}_1, \mathbf{r}_2; \mathbf{r}_1, \mathbf{r}_2)_{r_{12} \to 0} = \left.\frac{1}{2}P(\mathbf{r}_1, \mathbf{r}_1)P(\mathbf{r}_2, \mathbf{r}_2)\right|_{\mathbf{r}_2 \to \mathbf{r}_1} \quad (3.10)$$

となる。これは，異なるスピンの電子の運動がハートリー・フォック波動関数では互いに独立で相関していないことを意味しており，電子のスピンによらず波動関数が $r_{12} = 0$ 近傍の短距離電子間にクーロン孔をもっているとする上記の議論と矛盾する。このハートリー・フォック波動関数における反平行スピン電子に関するクーロン孔の欠如が電子相関の最大の原因である。

3.2 動的電子相関と静的電子相関

反平行スピン電子間が近接した場合に波動関数がもつべきクーロン孔は**相関孔**ともよばれる。加藤は，相関孔をもつ波動関数が満たすべき条件として次の**相関カスプ条件**を提案した [Kato, 1957]。

$$\left(\frac{\partial \Psi}{\partial r_{12}}\right)_{r_{12}=0} = \left(\frac{\Psi}{2}\right)_{r_{12}=0} \quad (3.11)$$

ハートリー・フォック波動関数は，左辺がゼロであるため，この条件を満たさない。この条件を満たす波動関数は，図 3.1 に示すように波動関数の $r_{12} = 0$ 近傍にカスプ (cusp) とよばれる尖頭をもつ凹状の相関孔を与える。この相関孔により，反平行スピンをもつ電子どうしが遠ざけられ，クーロン相互作用が減って，全体のエネルギーが下がる。このような相関カスプにもとづく電子相関は，シナノールによって**動的電子相関** (dynamical correlation) と名づけられた [Sinanoğlu, 1964]。

動的電子相関はどのような仕組みでエネルギーの安定化をもたらすのか。それは，ハートリー・フォック波動関数にもとづく摂動法である**メラー・プレセット摂動法**のエネルギーを考えるとわかる [McWeeny, 1992]。この方法で

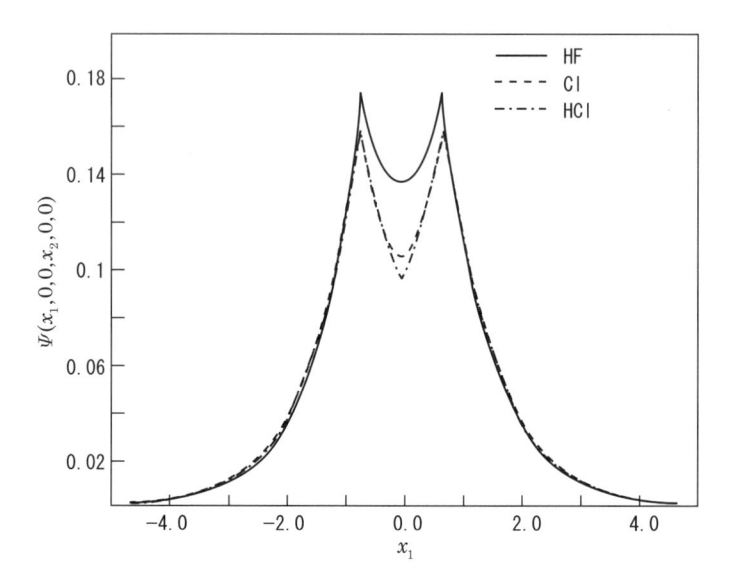

図 3.1 水素分子の波動関数における相関カスプ。ハートリー・フォック法と配置間相互作用 (CI) 法 (3.3 節参照) の波動関数を，厳密波動関数に近いヒレラース CI (H-CI) 法 (3.5 節参照) の波動関数と比較。$x_2 = 0$ とおいてあるので，x_1 は r_{12} に対応する。ただし，$r_{12} = 0$ でも 1 つの電子は存在するので波動関数はゼロにならないことに注意。文献 [Frye et al., 1990] より転載

は，ハミルトニアンをフォック演算子の和を非摂動として，

$$\hat{H} = \hat{H}_0 + V = \sum_{i}^{n} \hat{F}_i + V \tag{3.12}$$

と置き，ハートリー・フォックエネルギーに対する 2 次摂動 (MP2) の電子相関を

$$E_{\mathrm{MP2}} = -\sum_{i<j}^{n_{\mathrm{occ}}} \sum_{a<b}^{n_{\mathrm{vir}}} \frac{|\langle ij|ab\rangle - \langle ij|ba\rangle|^2}{\epsilon_a + \epsilon_b - \epsilon_i - \epsilon_j} \tag{3.13}$$

と与える [Møller and Plesset, 1934]。ちなみに，1 次摂動の電子相関はゼロである (3.4 節参照)。この 2 次摂動は，軌道 ϕ_i と軌道 ϕ_j の電子対の緩和による電子相関に由来し，**電子対相関**とよばれる動的電子相関である。重要な

のは，ϕ_i，ϕ_j の占有軌道間および ϕ_a，ϕ_b の仮想軌道間のエネルギー的な重なり（つまり，$1/r_{12}$ を介した重なり）が小さいほうが，$\langle ij|ab\rangle$ と $\langle ij|ba\rangle$ の積分の差が大きくなり，摂動項の分子が大きくなることである。たとえば，$(n,\pi) \to (n^*,\pi^*)$ や $(1s,2p) \to (1s^*,2p^*)$ などの場合である。交換効果は ϕ_i，ϕ_j の軌道のエネルギー的な重なりを大きくするが，電子対相関は逆にその軌道の重なりを小さくする方向にはたらくことになる。したがって，**動的電子相関は電子対相関，つまり電子対の緩和によって占有あるいは仮想軌道どうしのクーロン相互作用を小さくする効果によってエネルギーの安定化をもたらす**といえる。ちなみにその大きさは，たとえばこの電子対相関のみ含むヘリウム原子については -0.0420 原子単位であり，交換エネルギー -1.026 原子単位の 4％ 程度である。これは割合としてむしろ大きい場合であり，ほとんどの場合，**相関エネルギーは交換エネルギーの 2〜3 パーセント程度である。**

さらに，電子配置間のあらわな相互作用による**静的電子相関** (nondynamical electron correlation) [Sinanoğlu, 1964] も存在する。**静的電子相関が最も顕著に現れるのは化学結合の解離においてである。**水素分子の基底状態の結合解離を考えてみよう。ハートリー・フォック法による基底状態は分子軌道

$$\phi_1 = \frac{1}{\sqrt{2+2S_{\mathrm{AB}}}}(\chi_{\mathrm{A}} + \chi_{\mathrm{B}}) \tag{3.14}$$

に電子が 2 個占有されている。χ_{A}，χ_{B} は水素原子 A，B の原子軌道である。また，S_{AB} は軌道の重なり積分である。

$$S_{\mathrm{AB}} = \int d^3\mathbf{r}\, \chi_{\mathrm{A}}^*(\mathbf{r})\chi_{\mathrm{B}}(\mathbf{r}) \tag{3.15}$$

このとき，水素分子の波動関数はスレーター行列式により，

$$\Phi_{\mathrm{grd}}(\mathbf{r}_1,\mathbf{r}_2) = \frac{1}{\sqrt{2}} \det |\phi_1(\mathbf{r}_1)\phi_1(\mathbf{r}_2)| \tag{3.16}$$

と与えられる。しかし，この波動関数は $\mathrm{H}_2 \to 2\mathrm{H}$ の解離極限では，

$$\begin{aligned}\Phi_{\mathrm{grd}}(\mathbf{r}_1,\mathbf{r}_2) = \frac{1}{2\sqrt{2}} \det |&\chi_{\mathrm{A}}(\mathbf{r}_1)\chi_{\mathrm{B}}(\mathbf{r}_2) + \chi_{\mathrm{B}}(\mathbf{r}_1)\chi_{\mathrm{A}}(\mathbf{r}_2) \\ &+ \chi_{\mathrm{A}}(\mathbf{r}_1)\chi_{\mathrm{A}}(\mathbf{r}_2) + \chi_{\mathrm{B}}(\mathbf{r}_1)\chi_{\mathrm{B}}(\mathbf{r}_2)|\end{aligned} \tag{3.17}$$

と書かれる。解離極限で重なり積分 S_{AB} はゼロになることを使った。しか

し，共有結合状態である前の2項と異なり，この波動関数の後ろの2項は片方の原子に電子が偏ったイオン結合状態であるため，解離極限において不安定である。実際，ハートリー・フォック法により与えられた水素分子の解離極限での電子状態は著しく不安定である。この問題は反結合性分子軌道で構成される励起電子配置を考慮することで解決する。すなわち，反結合性分子軌道

$$\phi_2 = \frac{1}{\sqrt{2-2S_{AB}}}(\chi_A - \chi_B) \tag{3.18}$$

により表わされた励起電子配置のスレーター行列式

$$\Phi_{\text{exc}}(\mathbf{r}_1, \mathbf{r}_2) = \frac{1}{\sqrt{2}}\det|\phi_2(\mathbf{r}_1)\phi_2(\mathbf{r}_2)| \tag{3.19}$$

を考えると，この電子配置は解離極限で

$$\begin{aligned}\Phi(\mathbf{r}_1, \mathbf{r}_2) = &-\frac{1}{2\sqrt{2}}\det|\chi_A(\mathbf{r}_1)\chi_B(\mathbf{r}_2) + \chi_B(\mathbf{r}_1)\chi_A(\mathbf{r}_2)\\&-\chi_A(\mathbf{r}_1)\chi_A(\mathbf{r}_2) - \chi_B(\mathbf{r}_1)\chi_B(\mathbf{r}_2)|\end{aligned} \tag{3.20}$$

となる。重要なのは，イオン結合状態の符号が共有結合状態と逆であることである。したがって，基底配置とこの励起配置のスレーター行列式の線形結合により基底状態の波動関数を表わしてみる。すると，解離極限においては，波動関数のなかでイオン結合状態が相殺しあって不安定化が解消される。

$$\begin{aligned}\Psi(\mathbf{r}_1, \mathbf{r}_2) &= \frac{1}{2\sqrt{2}}\det|\phi_1(\mathbf{r}_1)\phi_1(\mathbf{r}_2) - \phi_2(\mathbf{r}_1)\phi_2(\mathbf{r}_2)|\\&= \frac{1}{\sqrt{2}}\det|\chi_A(\mathbf{r}_1)\chi_B(\mathbf{r}_2) + \chi_B(\mathbf{r}_1)\chi_A(\mathbf{r}_2)|\end{aligned} \tag{3.21}$$

一般的に，電子状態はスレーター行列式で与えられる電子配置 Φ_I の線形結合

$$\Psi(\mathbf{r}_1, \mathbf{r}_2, \cdots) = \sum_I C_I \Phi_I(\mathbf{r}_1, \mathbf{r}_2, \cdots) \tag{3.22}$$

として書ける。重要なのは，C_I が0でも1でもない状態が存在することであり，空間・スピン対称性の同じ電子配置のエネルギーが近づくとき電子配置は混合する。このエネルギーの近接した電子配置の混合により得られる安定化のエネルギーを**静的電子相関**という。また，混合する電子配置を表わす関数を**配置状態関数 (CSF)** という。

3.3 電子配置間の相互作用

基底 CSF を励起 CSF と線形結合することにより電子相関を取りこむ方法を**配置間相互作用 (CI) 法**という [McWeeny, 1992]。ハートリー・フォック法の抱える CI の欠如の問題は，ハートリー・フォック法が完成する以前にスレーターによりすでに指摘されていた。スレーターは，スレーター行列式を提案した 1929 年の論文において，波動関数が占有軌道の交換のみに対応する行列式で表わされていることの問題点を指摘し，仮想軌道との交換の効果を取り込むための CI 法を提案していた [Slater, 1929]。コンドンは，CI を与える配置の組に関する**スレーター・コンドン則**を提案して CI 法をまとめた [Condon, 1930]。CI 法では，ハートリー・フォック波動関数を基底 CSF として励起 CSF (1 電子励起配置 $\Phi_{i \to a}$，2 電子励起配置 $\Phi_{ij \to ab}$，... のスレーター行列式) との線形結合で与えられる波動関数を考える。

$$\Psi(\{\mathbf{x}\}) = C_{\mathrm{HF}} \Phi_{\mathrm{HF}}(\{\mathbf{x}\}) \\ + \sum_{i}^{n_{\mathrm{occ}}} \sum_{a}^{n_{\mathrm{vir}}} C_{i \to a} \Phi_{i \to a}(\{\mathbf{x}\}) + \sum_{i,j}^{n_{\mathrm{occ}}} \sum_{a,b}^{n_{\mathrm{vir}}} C_{ij \to ab} \Phi_{ij \to ab}(\{\mathbf{x}\}) \\ + \cdots \tag{3.23}$$

ここで，$\{\mathbf{x}\}$ はスピン付き空間座標ベクトル $\{\{\mathbf{r}\}, \{\boldsymbol{\sigma}\}\}$ である。この CI 波動関数にもとづき，CI ハミルトニアン行列

$$H_{IJ} = \int d^3\{\mathbf{x}\} \Phi_I^*(\{\mathbf{x}\}) \hat{H} \Phi_J(\{\mathbf{x}\}) \tag{3.24}$$

を計算し，CI 行列式

$$|\mathbf{H} - E\mathbf{I}| = 0 \tag{3.25}$$

を行列の対角化によって解く。$\mathbf{I}$ は単位行列である。すべての電子配置を考慮する**完全 CI (full-CI) 法**で計算すれば，動的電子相関を含むすべての電子相関を取りこむことができるため，理論上は厳密な計算を行なうことができる。しかし実際には，基底関数が有限であることによる制限があるうえ，電子数が増加するにつれて指数関数的に電子配置数は増加するため，きわめて限ら

れた分子を除けば full-CI 計算は現実的ではない．また，2 電子励起 CI 法など特定の電子数だけ励起させた電子配置をすべて取りこむ方法もある．しかしこの方法は，1977 年にポープルらにより指摘された無限結合解離のエネルギーが個々のエネルギーの和と等しくなるべきとする**大きさに対する無矛盾性 (size-consistency)** [Pople et al., 1977] を満たさないという重大な問題がある．

これらの問題を解決する方法として，**多配置 SCF(MCSCF) 法** [Frenkel, 1934] がある．MCSCF 法は，取り扱う電子配置を結合性軌道への励起配置のみに限定した CI 計算を行ない，得られた CI 波動関数をもとに SCF 法により電子状態を求める方法である [McWeeny, 1992]．MCSCF 法では，基底配置とその特定の占有軌道から仮想軌道への励起電子配置の張る空間 (**活性空間 (active space)**) 内の電子配置に対応するスレーター行列式の線形結合で波動関数を表現する．

$$\Psi = \sum_{I}^{n_{\text{active CSF}}} C_I \Phi_I \tag{3.26}$$

この波動関数にもとづき，式 (2.52) のハートリー・フォック方程式のかわりに

$$\sum_{s} \hat{F}_{rs} \phi_s = \sum_{s} \epsilon_{sr} \phi_s \tag{3.27}$$

という方程式を解くことになる．フォック演算子 $\hat{F}_{rs}$ は

$$\hat{F}_{rs} = \left(\sum_{I,J}^{n_{\text{active CSF}}} C_I^* C_J A_{sr}^{IJ} \right) \hat{h} + \sum_{t,u}^{n_{\text{orb}}} \left(\sum_{I,J}^{n_{\text{active CSF}}} C_I^* C_J B_{su,rt}^{IJ} \right) V_{tu}^{\text{ee}} \tag{3.28}$$

である．A_{sr}^{IJ}, $B_{su,rt}^{IJ}$, V_{tu}^{ee} は，

$$A_{sr}^{IJ} = \frac{1}{N!} \int d^3\{\mathbf{x}\} \Phi_I^*(\{\mathbf{x}\}) \Phi_J^{s \to r}(\{\mathbf{x}\}) \tag{3.29}$$

$$B_{su,rt}^{IJ} = \frac{1}{N!} \int d^3\{\mathbf{x}\} \Phi_I^*(\{\mathbf{x}\}) \Phi_J^{sr \to ut}(\{\mathbf{x}\}) \tag{3.30}$$

$$V_{tu}^{\text{ee}} = \int d^3\mathbf{r}_2 \phi_t^*(\mathbf{r}_2) \frac{1}{r_{12}} \phi_u(\mathbf{r}_2) \tag{3.31}$$

と表わせる。この方程式は次のようにして解く。まず，式 (3.26) に対する式 (3.24) の CI ハミルトニアン行列を計算して対角化する。その CI 行列係数 C_I を使って式 (3.28) でフォック演算子を計算し，式 (3.27) を SCF 法により解く。その軌道 (**自然軌道 (natural orbital)** という) ϕ_i を使って作ったスレーター行列式で CSF を構成し，式 (3.24) の CI ハミルトニアン行列を計算する。これを自己無撞着になるまで繰り返す。ちなみに，実際の計算では軌道はあらわに利用されず，密度行列の形で利用される。あとで述べる CASSCF 法では，密度行列を対角化することで自然軌道が得られる (特定の励起配置を選択する一般的な MCSCF 法では，軌道のユニタリ変換の自由度がないので，自然軌道は得られない)。この MCSCF 法で見積もられる電子相関を静的電子相関とよぶこともあるが，実際には MCSCF による電子相関には動的電子相関も含まれる。したがって，**ハートリー・フォック波動関数を参照とする単参照理論と MCSCF 波動関数を参照とする多参照理論** (3.5 節参照) **とのエネルギー差を静的電子相関**というべきである。この静的電子相関は**擬縮退効果**ともよばれ，エネルギーの近い電子配置間の相互作用に由来する。エネルギーの近い電子配置間の電子相関が大きいのは，式 (3.13) の MP2 エネルギーが

$$E_{\mathrm{MP2}} = E_{\mathrm{HF}} + \sum_I^{n_{\mathrm{D-CSF}}} \frac{|\int d^3\{\mathbf{x}\} \Phi_{\mathrm{HF}}^*(\{\mathbf{x}\}) \hat{H} \Phi_I(\{\mathbf{x}\})|^2}{E_{\mathrm{HF}} - E_I} \qquad (3.32)$$

から導出されていることからもわかる。$n_{\mathrm{D-CSF}}$ は 2 電子励起電子配置の数である。ハートリー・フォック基底配置とある励起配置のエネルギーが近い場合，式 (3.32) の摂動の分母がゼロに近づいて 2 次摂動エネルギーが大きくなる。上記の水素分子の結合解離の場合がまさにそうであり，結合性軌道からなる基底配置と反結合性軌道からなる励起配置のエネルギーが結合解離にともなって近づくため，それらの配置を混合させることでエネルギーが安定化したわけである。MCSCF 法で最も著名なのは，特定の結合性軌道の組のなかで考えうるすべての励起 CSF を考慮に入れる完全活性空間 (**CAS**) **SCF 法** [Roos et al., 1980] である。CASSCF 法は静的電子相関を取りこむ最も簡便な方法であり，小分子計算から生体分子計算まで広く利用されてきた。

CASSCF 法は MCSCF 法のなかでは物理的な正当性でも数値的妥当性でも最も優れた方法である。しかし，反応や物性にかかわる活性空間が大きくなるとすぐに励起 CSF の数が急増してしまうこと，ハートリー・フォック法より SCF 計算の収束性がきわめて悪いこと，動的電子相関が十分に取りこまれていないため電子相関のバランスが悪いこと，などの多くの問題がいまだ残されている。

3.4 ブリュアン定理：1 電子励起の定理

配置間相互作用を考えると，ハートリー・フォック法のもつ特徴が明らかになる。ハートリー・フォック法にとって重要な定理としてブリュアン定理 [Brillouin, 1934] がある。この定理は，ハートリー・フォック基底配置と 1 電子励起配置は直接的な相互作用がないことを証明したものである [McWeeny, 1992]。基底配置と軌道 ϕ_i から ϕ_a への 1 電子励起配置からなる CI ハミルトニアン行列の非対角項を考えてみよう。対角項である式 (2.37) と同様にして，この非対角項は，

$$\langle \Phi_{\mathrm{HF}}|\hat{H}|\Phi_{i\to a}\rangle = \frac{1}{N!}\int d^3\{\mathbf{r}\}\det|\phi_1^*(\mathbf{r}_1)\cdots\phi_i^*(\mathbf{r}_i)\cdots\phi_N^*(\mathbf{r}_N)|\hat{H}$$
$$\times \det|\phi_1(\mathbf{r}_1)\cdots\phi_a(\mathbf{r}_i)\cdots\phi_N(\mathbf{r}_N)| \qquad (3.33)$$

と書ける。式 (2.42)，(2.43) までの導出過程と同様に考えると，式 (3.33) の 1 電子積分については，1 電子演算子が軌道に依存しないこと，励起にかかわる軌道以外は交換しても変わらないこと，軌道 ϕ_i と他の軌道との交換に対してゼロとなること，を考えると，

$$(1\text{ 電子積分})\ =\int d^3\mathbf{r}\phi_i^*(\mathbf{r})\left\{-\frac{1}{2}\nabla^2+V_{\mathrm{ne}}\right\}\phi_a(\mathbf{r})=\langle i|h|a\rangle \qquad (3.34)$$

だけが残る。また，2 電子積分についても同様に，軌道 ϕ_i と他の軌道との交換が許されることを考えると，

$$(2\text{ 電子積分})$$
$$=\frac{1}{2}\sum_{j\neq i}^{n}\left\{\int d^3\mathbf{r}_1 d^3\mathbf{r}_2\phi_i^*(\mathbf{r}_1)\phi_j^*(\mathbf{r}_2)\frac{1}{r_{12}}\left[\phi_j(\mathbf{r}_1)\phi_a(\mathbf{r}_2)-\phi_a(\mathbf{r}_1)\phi_j(\mathbf{r}_2)\right]\right.$$

$$-\int d^3\mathbf{r}_1 d^3\mathbf{r}_2 \phi_j^*(\mathbf{r}_1)\phi_i^*(\mathbf{r}_2)\frac{1}{r_{12}}\left[\phi_a(\mathbf{r}_1)\phi_j(\mathbf{r}_2) - \phi_j(\mathbf{r}_1)\phi_a(\mathbf{r}_2)\right]\Bigg\}$$
$$= \sum_j^n \left[\langle ij|aj\rangle - \langle ij|ja\rangle\right] \tag{3.35}$$

だけが残る．ただし，和において $j=i$ の場合は相殺するので j は i 以外という条件は必要なくなった．したがって，非対角項は，

$$\langle \Phi_{\text{HF}}|\hat{H}|\Phi_{i\to a}\rangle = \langle i|h|a\rangle + \sum_j^n \left[\langle ij|aj\rangle - \langle ij|ja\rangle\right] \tag{3.36}$$

となる．式 (2.51) を使うと，この非対角項はフォック行列の非対角項であることを示すことができる．すなわち，

$$\int d^3\mathbf{r}\phi_i^*(\mathbf{r})\hat{F}\phi_a(\mathbf{r}) = \langle i|h|a\rangle + \sum_j^n \langle i|2\hat{J}_j - \hat{K}_j|a\rangle$$
$$= \langle \Phi_{\text{HF}}|\hat{H}|\Phi_{i\to a}\rangle \tag{3.37}$$

である．しかし，ハートリー・フォック法においては，この非対角項はゼロでなければならない．それは，式 (2.52) の両辺に ϕ_a^* を掛けて電子の座標について積分すると，軌道の規格直交化条件によって右辺がゼロになることからわかる．このことは，**ハートリー・フォック法のように 1 電子 SCF 方程式を解いて得た基底電子配置には，1 電子励起配置との配置間相互作用の寄与があらかじめ含まれている**ことを示している．したがって，スレーター行列式には 1 電子励起配置の行列式は直接混ざらないことになる．これをブリュアン定理という．ただし，2 電子励起配置を考慮した場合には間接的に 1 電子励起配置も混ざることには注意が必要である．

3.5　より効率的に高度な電子相関を取りこむ理論

　ここまで電子相関を取りこむための理論をいくつか紹介してきたが，どの理論も計算時間がかかりすぎたり，バランスのよい電子相関を取りこんでいないといった問題があった．「電子相関をいかに効率的に高度に取りこむか」は，長年の量子化学の重要課題であり続けている．本節では，その課題のもと

開発されてきたいくつかの理論について，簡単に紹介しよう．

まず，電子相関を効率的に取りこむ理論として**クラスター展開法**がある [McWeeny, 1992]．この方法は，1966 年にシジェクによってはじめて量子化学に導入され [Čížek, 1966]，1980 年代に入って量子化学計算において利用されるようになった理論である．この方法においては，波動関数を

$$\Psi^{\mathrm{CC}} = \exp(\hat{T})\Phi = \left(1 + \hat{T} + \frac{1}{2}\hat{T}^2 + \cdots\right)\Phi \tag{3.38}$$

と展開する．Φ はスレーター行列式である．式 (3.38) における $\hat{T}$ は，すべての励起の和からなる演算子であり，式 (3.23) と同様に，

$$\hat{T}\Phi = \hat{T}_1\Phi + \hat{T}_2\Phi + \cdots \tag{3.39}$$

$$= \sum_i^{n_{\mathrm{occ}}} \sum_a^{n_{\mathrm{vir}}} c_{i \to a} \Phi_{i \to a} + \frac{1}{4} \sum_{i,j}^{n_{\mathrm{occ}}} \sum_{a,b}^{n_{\mathrm{vir}}} c_{ij \to ab} \Phi_{ij \to ab} + \cdots \tag{3.40}$$

と書ける．$\hat{T}_1$, $\hat{T}_2$, $\cdots$ はそれぞれ 1 電子励起，2 電子励起，$\cdots$ の演算子である．これらの演算子を使うと，式 (3.38) は，

$$\Psi^{\mathrm{CC}} = \exp(\hat{T})\Phi = \left(1 + \hat{T}_1 + \hat{T}_2 + \frac{1}{2}\hat{T}_1^2 + \hat{T}_1\hat{T}_2 + \frac{1}{2}\hat{T}_2^2 + \cdots\right)\Phi \tag{3.41}$$

と書き下せる．この波動関数を使った CI 法を **Coupled cluster 法**とよび，大きさに対する無矛盾性 (3.3 節参照) をつねに保証するように電子配置を選択することのできる方法である．クラスター展開法において，$\hat{T}$ を 2 電子励起演算子 $\hat{T}_2$ までで打ち切った ($\hat{T} = \hat{T}_1 + \hat{T}_2$) 方法を **CCSD 法**，それに 3 電子励起演算子のもたらす相関を摂動法によって加えた方法を **CCSD(T) 法**とよぶ．**CCSD(T) 法**は，実用レベルの計算時間できわめてバランスのよい電子相関を与えることから，「黄金理論」とすらよばれる．電子相関のバランスのよい理由は，動的電子相関に加えて，摂動的に見積もられた 3 電子励起の効果によって MCSCF の与えるような静的電子相関の一部が取りこまれるからであると解釈されている．このクラスター展開法を励起状態へ応用した理論として，対称性適用クラスター (**SAC**) **-CI 法** [Nakatsuji and Hirao, 1978] がある．この方法は，基底状態の電子相関をもとに励起状態の電子相関を取りこむことにより，励起状態計算に必要な計算時間を大幅に短縮した方法で

ある。

　さらに，電子相関の特性を考えるうえで重要な理論として，**多参照理論** [Whitten and Hackmeyer, 1969] がある。多参照理論は，MCSCF 法に動的電子相関を加えることにより，静的電子相関と動的電子相関をバランスよく取りこむことを目的とした理論である。この理論では，ハートリー・フォック波動関数のかわりに MCSCF 波動関数を参照関数とし，それからの励起電子配置を取りこむ。1969 年にウィッテンとハックメイヤーによって最初の多参照法である**多参照 CI (MRCI) 法** [Whitten and Hackmeyer, 1969] が提案された。しかし，MRCI 法による計算は，2012 年現在のコンピュータ資源においてですら，小分子でない限り現実的ではない。したがって，計算時間を短縮するために**多参照摂動法**が主に利用されている。多参照摂動法にはたとえば，ルースらの **CASPT2 法** [Andersson et al., 1990]，平尾の **MRMP 法** [Hirao, 1992]，中野の **MCQDPT 法** [Nakano, 1993] などがある。多参照理論は，電子相関のバランスがきわめて重要である励起状態計算に適した理論であり，励起状態計算あるいは実験の結果すら，その正しさを確認するために利用されるほど精度が高い。ただし，かなりの計算時間を必要とするため，適用は小分子に限られる。また，3.3 節で指摘したように，参照関数としてよく利用される CASSCF 法自体には，結合性軌道が増えるとすぐに励起 CSF の数が急増するというきわめて重大な問題がある。この問題を解決するため，固体物性分野で量子格子モデルを取り扱うために利用されてきた密度行列繰り込み群 (Density matrix renormalization group, **DMRG**) 法 [White, 1992; White and Martin, 1999] を利用する方法がある。この DMRG 法は，繰り込み変換で特定の相関長以上離れた多電子基底表現 (密度行列を対角化する固有ベクトル) を縮約する方法である。この方法を CASSCF 法に使うことにより，計算量を大幅に減らしながら効率的に CASSCF 法の電子相関を与えることができる [Yanai and Chan, 2006]。この方法は多参照摂動法にも利用されはじめており [Kurashige and Yanai, 2009]，これまで取り扱えなかった大きさの分子の高精度計算も報告されはじめている。

　最後に，電子相関を効率的に取りこむ手法として，基底関数極限への収束性を飛躍的に高める「**あらわに相関する (Explicitly correlated)**」方法

[Klopper et al., 2006] を紹介しよう。この方法は，電子間距離 r_{12} にあらわに依存する項を波動関数に含めることによって電子相関を効率的に取りこむ**ヒレラース CI (H-CI) 法** [Hylleraas, 1929] の考え方にもとづく方法であり，1985 年にクッツェルニッヒに再発見された [Kutzelnigg, 1985; Klopper et al., 2006]。クッツェルニッヒとクロッパーは，$r_{12}/2$ をかけた項を含む波動関数展開を利用することにより，CI 法の基底関数極限への収束性を高める**線形 R12 法**を提案した [Kutzelnigg, 1991]。2004 年天能は，この R12 法の $r_{12}/2$ を指数関数 $\exp(-\zeta r_{12})$ による項に置き換えることによってさらに収束性を高める **F12 法**を開発した [Ten-no, 2004]。これらの線形 R12 法や F12 法は，上記の Coupled cluster 法などにも適用され，きわめて高い基底関数極限収束性を達成している。

Fundamentals of
Density Functional Theory

第4章

コーン・シャム法

ハートリー・フォック法からはじまった電子運動状態に対する理論は，その後，より高度な電子相関を取りこむための方法が提案されてきたが，共通する重大な課題として計算時間がかかりすぎることがつねに指摘されてきた。そのため，1980 年代までの量子化学計算は理論開発者による試行的な応用計算にほぼ限られてきた。1990 年代に入り，この局面を打開する理論として量子化学の分野に現れたのが**密度汎関数法 (DFT)** である。その後，DFT は量子化学計算に広まり続け，量子化学計算論文の 8 割以上で利用される主要理論となっている (2012 年現在)。この章では，DFT の基礎となる理論を紹介する。

4.1　トーマス・フェルミ理論：DFT の基本コンセプト

密度汎関数法 (DFT) は，ハミルトニアン演算子を波動関数に対する演算子ではなく電子密度で表わされたポテンシャル汎関数として考えることで，多電子系の電子状態計算を高速化することを基本コンセプトとしている。汎関数とは，関数 (この場合は電子密度の関数) を変数とする関数のことである。この基本コンセプトが提案されたのはきわめて早く，シュレーディンガー方程式が提案された翌年の 1927 年で，ハートリー近似が提案されたのと同じ年にあたる。この年，トーマスは，固体結晶のなかの電子運動の状態に関するシュレーディンガー方程式を解くためにこの DFT の基本コンセプトを提案した [Thomas, 1927]。まず，電子密度にもとづくシュレーディンガー方程式を導出するために，**均一電子ガス**で近似される電子状態を想定した。すなわち，固体結晶内での電子運動に対し，6 次元の位相空間上のプランク定数を 1 辺とする単位格子あたり 2 つの割合で，電子が均一に分布していると仮定した。また，外場ポテンシャル (核電子相互作用ポテンシャルなど 1 電子ポテンシャル) は原子核からの距離のみで決まるとし，核電荷と電子密度で決定されるとした。これらの仮定のもと，電子密度 ρ で表わされた運動エネルギー汎関数を開発した。

$$T^{\mathrm{TF}} = C_{\mathrm{F}} \int d^3\mathbf{r} \rho^{5/3}(\mathbf{r}) \tag{4.1}$$

$$C_{\mathrm{F}} = \frac{3}{10}(3\pi^2)^{2/3} \tag{4.2}$$

この運動エネルギー汎関数は，最初の**局所密度近似 (LDA)** ということができる。翌年の 1928 年，フェルミは，絶対零度におけるフェルミ統計をもとに独自にこの運動エネルギー汎関数と同じ定式の運動エネルギー汎関数を導き，独立電子近似にもとづくハートリー理論 (2.1 節) をもとに**トーマス・フェルミ理論**を完成させた [Fermi, 1928]。

トーマス・フェルミ理論は，電子密度だけでハミルトニアン演算子を表わす興味深い理論であるが，実際の電子状態計算においては定性的な議論すらできない。この問題に対処するため，1930 年，ディラックは，この理論に足りないのは同年にフォック [Fock, 1930] により提案されていた交換エネルギー (2.4 節参照) であるとし，式 (2.76) の電子密度 ρ の汎関数として表わした最初の**交換汎関数**を提案した [Dirac, 1930]。

$$E_{\mathrm{x}}^{\mathrm{LDA}} = -\frac{3}{4}\left(\frac{3}{\pi}\right)^{1/3} \int d^3\mathbf{r} \rho^{4/3}(\mathbf{r}) \tag{4.3}$$

この汎関数は，唯一の厳密な LDA 交換汎関数 でもある。さらに，1935 年，トーマス・フェルミ運動エネルギー汎関数の補正として，ワイツゼッカーは電子密度の勾配を使った補正項を提案した [Weizsäcker, 1935]。

$$T^{\mathrm{W}} = \frac{1}{8} \int d^3\mathbf{r} \frac{|\boldsymbol{\nabla}\rho(\mathbf{r})|^2}{\rho(\mathbf{r})} \tag{4.4}$$

のちにこの値を 1/9 にした値がトーマス・フェルミ運動エネルギー汎関数の厳密な補正項となることが証明された。この補正項は電子密度の勾配 $\boldsymbol{\nabla}\rho$ が含まれており，最初の**一般化勾配近似 (GGA)** である。

汎関数を補正してトーマス・フェルミ理論を改善する試みはその後も続けられたが，この理論には解の一意性や汎関数の存在を保証する物理的な裏づけは何もなく，また，化学結合すら全く再現できないこともあり，1960 年代半ばまで忘れられた存在となった。

4.2 ホーエンベルグ・コーン定理：DFT の基本定理

1964 年，トーマス・フェルミ理論のコンセプトの正しさを物理的に裏づける定理が提案された。それが，ホーエンベルグとコーンによって証明された**ホーエンベルグ・コーン定理**である [Hohenberg and Kohn, 1964]。この定理は，縮退していない基底電子状態に対する次の 2 つの定理からなる。

1. **外場ポテンシャル** (核電子相互作用ポテンシャルなど 1 電子ポテンシャル) **は電子密度で決定される。**
2. **あらゆる電子密度について，常にエネルギーの変分原理が成り立つ。**

これらの定理は，コンセプトの正しさが数学的に正当化されており [Kutzelnigg, 2006]，電子密度にもとづく量子論の基礎定理と考えることができる。

　第 1 定理は，波動関数ではなく電子密度によって，外場ポテンシャル (核電子相互作用ポテンシャルなど) が表わせることを保証する。すなわち，**外場ポテンシャル，そして広義には電子基底状態のハミルトニアン演算子が，電子密度のみで一意的に表わせる**ことを保証している。すなわち，基底電子状態のハミルトニアン演算子に関するすべての情報は電子密度に含まれる [Kutzelnigg, 2006]。ただし，このことは外場ポテンシャルの普遍的な電子密度の汎関数が存在していることも，外場ポテンシャルによって電子密度が一意的に表わせることも保証していない [Kutzelnigg, 2006]。この定理は背理法で証明された [Hohenberg and Kohn, 1964]。すなわち，まず同じ電子密度に対応する異なる 2 つの外場ポテンシャルが存在すると仮定し，その仮定が波動関数に関する変分原理と矛盾することを示すことにより証明された。しかし，この証明には 1 つ問題がある。それは，証明において，電子密度が波動関数と一対一対応することを仮定していることである。この仮定された対応関係は証明されていなかった。この問題は V **表現可能性** (V-representability) **問題**とよばれ，のちに問題視された。

第 2 定理は，電子密度で表わしたハミルトニアン演算子が必ずエネルギー最小となる解をもつとする変分原理を保証する。この定理は，第 1 定理と波動関数に対する変分原理が成り立つことを仮定して証明された。すなわち，ある外場ポテンシャルをもつ厳密なエネルギー汎関数があるとき，これらの仮定が成り立つならば，外場ポテンシャルに対して最低エネルギーを与える電子密度が一意的に決まることが証明された。この定理の証明にも 2 つの問題がある。1 つは電子密度の N 表現可能性 (N-representability) が仮定されていることである。電子密度の N 表現可能性とは，電子密度があらゆる空間点で常にゼロ以上であること，電子密度の総和が電子数 N になること，そして電子密度の平方根の勾配の 2 乗 $|\nabla \rho^{1/2}|^2$ の総和が有限であることを示すが，これも証明されていなかった。一般的に，N 表現可能な変数でハミルトニアン演算子が表わされていなければ，変分原理は成り立たない。この問題は N **表現可能性問題**とよばれる。式 (2.76) の電子密度が N 表現可能な変数であることはすでに証明されている [Gilbert, 1975]。また，次節で述べるように，ほとんどの DFT の計算法は N 電子波動関数ではなく N 表現可能であるスレーター行列式にもとづいているため，変数の N 表現可能性問題が議論されることはまれである。むしろ，スレーター行列式にもとづかない電子密度で表わされた近似汎関数のために，一般的に変分原理が保証されないこと [Kutzelnigg, 2006] が問題視されることが多い。

　上で述べた V 表現可能性問題についてもすでに解決している。V 表現可能性問題とは電子密度と波動関数との一対一対応関係が証明されていない問題を指す。この問題を解決しなければ，第 1 定理は成り立たない。1979 年，レヴィは**制限つき探索法** [Levy, 1979] を提案してこの問題を解決した。波動関数は基底電子状態のハミルトニアン演算子と一対一対応する。また，波動関数が電子密度を一意的に決めるのは自明である。しかし，電子密度は波動関数を一意的に決めることはできない。レヴィは，波動関数のエネルギー変分原理を利用してこの問題を解決した。ハミルトニアン演算子は，外場ポテンシャルの他に運動エネルギー演算子 $\hat{T}$ と電子間相互作用エネルギー演算子 $\hat{V}_{ee}$ を含んでいる。したがって，外場ポテンシャルが電子密度によって一意的に決まるためには，残り 2 つの演算子のある電子密度に対するエネルギー期待値

が最低となる波動関数が一意的に決まればいいことになる．すなわち，

$$E_{\text{univ}}[\rho] = \min_{\Psi \to \rho} \int d^3\mathbf{r}\Psi^* \left(\hat{T} + \hat{V}_{ee}\right) \Psi \tag{4.5}$$

と表わせるような「普遍的な (universal)」汎関数 E_{univ} が存在すればいいことになる．逆にいえば，普遍的な汎関数 E_{univ} が存在すれば，運動エネルギーと電子間相互作用エネルギーの和について最低エネルギー期待値を与えるように探索した波動関数は電子密度と一対一対応することになる．これを「制限つき」探索法とよぶのは，特定の電子密度 ρ を与える波動関数 Ψ に制限しているからである．この E_{univ} の最低エネルギーの存在については，リーブによって証明されている [Lieb, 1983]．ちなみに，この探索によってホーエンベルグ・コーン定理の拘束条件だった「非縮退系」という制限も解除される．したがって，この制限つき探索法を使えば，あらゆる系について電子密度と波動関数との一対一対応が保証されるため，V 表現可能性問題は解決する．

　制限つき探索法は DFT において重要な意味をもっている．制限つき探索法は，運動エネルギーと電子間相互作用エネルギーに対して最低エネルギー期待値を与えるエネルギー汎関数を必要とする．このエネルギー汎関数は外場ポテンシャルとは完全に独立の関係にある．このことは，原子核の配置，つまり計算対象となる系とは独立な，運動エネルギーと電子間相互作用エネルギーの普遍的なエネルギー汎関数が必要なことを意味する．したがって，**DFT における残された課題は，運動エネルギーと電子間相互作用エネルギーの正しい最低エネルギー期待値を与える汎関数を開発することとなる**．汎関数開発が，1980 年代以降長年にわたって DFT の最も重要な研究課題であり続けていることを考えると，制限つき探索法の提案がその後の DFT 研究の方向を決定づけたといえる．

4.3　コーン・シャム法：DFT の計算理論

　電子密度にもとづく量子論の基本定理としてホーエンベルグ・コーン定理は立証されたが，これだけでは実際の電子運動の状態を計算することはできない．この定理にもとづく電子状態計算法は，翌年の 1965 年，定理の提案者で

あるコーンがシャムと共同で開発した．**コーン・シャム法** [Kohn and Sham, 1965] である．コーン・シャム法は，電子密度の汎関数である電子間相互作用ポテンシャルについて，変分原理にしたがって最低エネルギーとそれに対応する分子軌道を求める方法である．コーン・シャム法において最も重要なのは，**運動エネルギーに電子密度の汎関数ではなくハートリー・フォック法と同様の独立電子近似の定式を利用している**ことである．この単純な変更が，4.1節で述べたトーマス・フェルミ法の最大の問題を解決した．のちに洗練された交換・相関汎関数が開発されると，この独立電子近似運動エネルギーを使ったコーン・シャム法によって化学・固体物性の定量的な計算が可能になった．これが，DFT 利用の急速な拡大につながった．しかし，それと引き換えに，コーン・シャム法はトーマス・フェルミ理論で想定された純粋な DFT ではなくなった．にもかかわらず，外場ポテンシャルと電子密度との一対一対応を利用して変分原理で電子状態を求めるという意味で，**コーン・シャム法はホーエンベルグ・コーン定理の厳密な定式化**である [Eschrig, 2003] ことは強調しておきたい．

　コーン・シャム法による実際の計算には，**コーン・シャム方程式**を用いる．この方程式は，2.4 節で述べたハートリー・フォック方程式と同様に，ハートリー法の波動関数にスレーター行列式を適用した 1 電子方程式である．したがって，波動関数の規格化を条件としたラグランジュ未定乗数法で最低エネルギーを求めるハートリー・フォック方程式と全く同じ手順で導かれている [Parr and Yang, 1994]．結果として，同じような非線形方程式のフォック演算子

$$\hat{F} = \hat{h} + 2\sum_{j}^{n} \hat{J}_j + V_{\mathrm{xc}} \tag{4.6}$$

が得られている．このフォック演算子と式 (2.51) のハートリー・フォック方程式のフォック演算子との違いは，右辺第 3 項の交換演算子が交換・相関ポテンシャル汎関数 V_{xc} に置き換わっていることだけである．これは，電子間相互作用を電子密度のポテンシャル汎関数として表わしているためである．ただし，クーロン演算子 $\hat{J}_j$ は電子密度の相互作用として表わせるためそのまま

使用し，残りの交換相互作用と電子相関だけ，近似された電子密度の汎関数で置き換える．重要なのは，**電子配置間の相互作用として取りこまれてきた電子相関をポテンシャル汎関数として簡便に取りこんでいる**ことである．このフォック演算子を使い，ハートリー・フォック法と同じように 1 電子に関する方程式

$$\hat{F}\phi_i = \epsilon_i \phi_i \tag{4.7}$$

で軌道 ϕ_i と軌道エネルギー ϵ_i を求める．軌道エネルギーは，

$$\begin{aligned}\epsilon_i &= \int d^3\mathbf{r}_1 \phi_i^*(\mathbf{r}_1) \hat{F} \phi_i(\mathbf{r}_1) \\ &= h_i + 2\sum_j^n J_{ij} + \int d^3\mathbf{r}_1 \rho_i(\mathbf{r}_1) V_{\text{xc}}\end{aligned} \tag{4.8}$$

と表わせる．ρ_i は i 番目の軌道の電子密度であり，全電子密度はその和

$$\rho = \sum_i^n \rho_i = 2\sum_i^n |\phi_i|^2 \tag{4.9}$$

で与えられる．全電子エネルギーは一般的に，交換・相関エネルギー汎関数 E_{xc} を使って次のように計算する．

$$E = \sum_i^n \left(h_i + 2\sum_j^n J_{ij} \right) + E_{\text{xc}} \tag{4.10}$$

また，交換・相関ポテンシャル汎関数 V_{xc} は，交換・相関エネルギー汎関数の電子密度に関する 1 次導関数である．

$$V_{\text{xc}} = \frac{\delta E_{\text{xc}}}{\delta \rho} \tag{4.11}$$

コーン・シャム法はハートリー・フォック法と同様，非線形方程式解法の SCF 法によって次の手順で解かれる．

1. 分子系の情報 (核座標，核電荷，電子数) と参照分子軌道 $\{\phi_i^0\}$ を初期設定する．
2. 参照分子軌道を使って，式 (4.6) のフォック演算子を計算する．

3. 計算したフォック演算子を使って，式 (4.7) を解く．
4. 得られた分子軌道を使って交換・相関エネルギーを計算し，式 (4.10) によって全電子エネルギーを求める．
5. 分子軌道と全電子エネルギーを前回の値と比較し，あるしきい値以下の差であればこれを解とする．しきい値以上であればこの分子軌道を参照分子軌道として 2 に戻る．

コーン・シャム法の SCF とハートリー・フォック法の SCF との違いは，4 のプロセスで全電子エネルギー計算を別個に行なって判定条件に使うことのみである．この違いは，コーン・シャム法の全電子エネルギーが一般的に，軌道エネルギーを使って表わせないことに起因する．近似された交換・相関ポテンシャル汎関数を使った一般的なコーン・シャム法では，交換・相関ポテンシャル汎関数の期待値が交換・相関エネルギーに等しくないからである．

$$E_{xc} \neq \sum_i^n \int d^3\mathbf{r}_1 \phi_i^*(\mathbf{r}_1) V_{xc} \phi_i(\mathbf{r}_1) = \int d^3\mathbf{r}_1 \rho(\mathbf{r}_1) V_{xc} \tag{4.12}$$

したがって，式 (4.10) で表わしたように，コーン・シャム法の全電子エネルギーは交換・相関エネルギー汎関数を使って別個に計算されるわけである．ただし，この違いは普遍的な汎関数では存在すべきではないと考えられるため，将来的にはこの違いがゼロである交換・相関汎関数が開発される可能性がある．その場合，4 のプロセスは必要なくなる．

コーン・シャム法の場合も，ハートリー・フォック法と同じように 2.5 節のローターン法を利用して行列方程式に変換することができる．コーン・シャム方程式はハートリー・フォック方程式と同様に，

$$\mathbf{F}\mathbf{C}_i = \epsilon_i \mathbf{S}\mathbf{C}_i \tag{4.13}$$

と書ける．ただし，行列 $\mathbf{F}$ の要素は，

$$F_{pq} = h_{pq} + \sum_{r,s=1}^{n_{basis}} P_{rs} \langle pr|qs \rangle + (V_{xc})_{pq} \tag{4.14}$$

$$(V_{xc})_{pq} = \int d^3\mathbf{r} \chi_p^*(\mathbf{r}) V_{xc} \chi_q(\mathbf{r}) \tag{4.15}$$

となる。交換・相関ポテンシャル以外の項は 2.5 節に与えてあるものと同じである。この方法でも，全電子エネルギーを別個に計算して判定条件に利用する点がローターン法の場合とは異なる。

4.4 一般化コーン・シャム法：コーン・シャム法の拡張

コーン・シャム法は DFT 計算の基礎となる手法であるが，コーン・シャム法による計算で利用されている多くの交換・相関汎関数は厳密にいえばコーン・シャム法で取り扱える根拠がない。コーン・シャム法は制限つき探索法にもとづいているため，電子密度で表わされた電子間相互作用エネルギーに対しては保証されているが，後で述べる混成汎関数 (5.5 節参照) や長距離補正 (6.1 節参照) した汎関数のような電子密度だけで表わされていない一般的な汎関数への適用性が保証されているわけではないからである。たとえば，これまで最も利用されてきた B3LYP 汎関数などにはハートリー・フォック交換積分が組み合わされているが，交換積分は電子密度で表わすことができないため，コーン・シャム法の枠組みで取り扱うのは厳密には正しくない。レヴィらは，制限つき探索法をハートリー・フォック交換積分を含む汎関数へと拡張し，コーン・シャム法をより一般化した枠組みとして**一般化コーン・シャム法** [Seidl et al., 1986] を提案した。一般化コーン・シャム法では，(N 電子波動関数ではなく) スレーター行列式 $\varPhi$ で与えられる運動エネルギーとクーロンエネルギーおよび混成汎関数や長距離補正した汎関数に含まれるような交換エネルギーのなかのハートリー・フォック交換積分部分の和を汎関数 S とする。

$$S[\varPhi] = \int d^3\mathbf{r}\, \varPhi^* \hat{T} \varPhi + \sum_{i,j}^{n} \left(2 J_{ij}(\{\phi_i\}) - K_{ij}^{\mathrm{HF-part}}(\{\phi_i\}) \right) \quad (4.16)$$

この方法に対するホーエンベルグ・コーン第 1 定理は，S を最小化する電子密度が一意的に決まる普遍的な汎関数 F^S が存在すれば成り立つ。

$$F^S[\rho] = \min_{\varPhi \to \rho(\mathbf{r})} S[\varPhi] = \min_{\{\phi_i\} \to \rho(\mathbf{r})} S[\{\phi_i\}] \quad (4.17)$$

また，S を利用すると，全電子エネルギーは

$$E^S[\{\phi_i\}; V_{\text{eff}}] = S[\{\phi_i\}] + \int d^3\mathbf{r}\rho(\mathbf{r})V_{\text{eff}}[\rho(\mathbf{r})] \tag{4.18}$$

と定義でき，1 電子方程式を

$$\hat{O}^S[\{\phi_i\}]\phi_j + V_{\text{eff}}\phi_j = \epsilon_j\phi_j \quad (j = 1, \cdots, N) \tag{4.19}$$

と与えることができる。ここで，$\hat{O}^S$ は軌道に依存する演算子であり，V_{eff} は電子密度の汎関数である残りの部分 (多くの場合は交換・相関ポテンシャルの軌道にあらわに依存しない部分) の有効ポテンシャル汎関数である。この方法の特長は，あらゆる形の汎関数 S を許容するためにさまざまな汎関数に適用できることと，残りの電子密度の汎関数部分のエネルギーは小さいためにその違いで電子密度はさほど変わらないことにある。特に後者により，前節で述べた近似汎関数を利用することによる変分原理の問題の重要性は低下する。一方，この方法には新たな問題として，スレーター行列式と電子密度を一対一対応させる普遍的な汎関数 F^S の存在を仮定していることがある。実際，汎関数 S はスレーター行列式で与えられるため，軌道のユニタリ変換に対して不変である。軌道のユニタリ変換は電子密度を変えるため，S を最小化する電子密度は一意的には決まらない。にもかかわらず，電子密度の有効ポテンシャル汎関数 V_{eff} である残りの部分にはユニタリ変換の自由度はなく，電子密度を一意的に決めるため，電子密度とこの汎関数部分とは一対一対応する。したがって，一般化コーン・シャム法は，電子密度の汎関数だけを対象としたコーン・シャム法よりも汎用性の高いホーエンベルグ・コーン定理を定式化した理論であるといえる。これ以降，電子密度以外を汎関数に利用する「コーン・シャム法」は，特に「一般化」と明示することなしに，この一般化コーン・シャム法の枠組みにあると考えることとする。

4.5 電子密度によるポテンシャルの直接決定

ホーエンベルグ・コーン第 1 定理である電子密度の有効ポテンシャル汎関数と電子密度との一対一対応関係は，興味深い事実を示唆している。それは，

電子密度から直接，有効ポテンシャル汎関数を決定できることである。パールらは，電子密度からポテンシャルを直接決定する方法を提案した。その方法は**ツァオ・モーリソン・パール (ZMP) 法** [Zhao et al., 1994] とよばれる。ZMP 法では，与えられた密度でゼロになるポテンシャル

$$V_{\text{constr}}^\lambda(\mathbf{r}) = \lambda \int \frac{\rho(\mathbf{r}') - \rho_0(\mathbf{r})}{|\mathbf{r} - \mathbf{r}'|} d^3\mathbf{r}' \tag{4.20}$$

を拘束条件とし，次の方程式によってラグランジュ未定乗数法により有効ポテンシャル汎関数を直接的に求める。

$$\left[\hat{h} + 2\left(1 - \frac{1}{n}\right)\sum_j^n \hat{J}_j^\lambda + V_{\text{constr}}^\lambda(\mathbf{r})\right]\phi_i^\lambda = \epsilon_i^\lambda \phi_i^\lambda \tag{4.21}$$

$\hat{J}_j^\lambda$ は，各 λ 値に対する電子密度を使うという意味で，クーロン演算子 $\hat{J}_j$ に λ を付したものである。この方程式を λ を固定して解き，その軌道と軌道エネルギーを利用して λ を増やして解き，… という手順を繰り返し行ない，最終的に $\lambda = \infty$ としたときに求める有効ポテンシャルを得る。この方程式は $\lambda = \infty$ でコーン・シャム方程式となる。注目すべきなのは，クーロン演算子に $(1 - 1/n)$ という項が掛けられていることである。これはフェルミ・アマルディの自己相互作用補正 [Fermi and Amaldi, 1934] (6.2 節参照) による項である。この項を用いることにより，求められた有効ポテンシャルは交換・相関ポテンシャルと解釈することができる。

$$V_{\text{xc}} = \lim_{\lambda \to \infty}\left[V_{\text{constr}}^\lambda(\mathbf{r}) - \frac{2}{n}\sum_j^n \hat{J}_j^\lambda\right] \tag{4.22}$$

また，有限の λ の値が取り扱えるようになり，SCF 法の計算の収束性や正確さも向上する。

具体的な計算は次の手順で行なう。

1. まず，厳密密度 ρ_0 を与えて式 (4.21) の各項を計算する。
2. 適当な λ 値を与えて，SCF 計算により式 (4.21) を解く。
3. λ 値が極限値でなければ，λ 値を大きくして得られた軌道と軌道エネル

ギーをもって 2 に戻る。
4. λ 値が極限値ならば，計算された軌道と軌道エネルギーは厳密密度に対応する。
5. 計算された軌道と軌道エネルギーを使って，式 (4.22) で交換・相関ポテンシャルを決定する。

実際の計算においては，厳密密度を得るのは一般的に難しいので，実際には多参照理論など高度な電子相関を取りこんだ理論 (3.5 節参照) にもとづいて計算されたきわめて高精度な電子密度が利用される。パールらは，この計算の結果，高精度な電子密度に対応する交換・相関ポテンシャルを求めることに成功した。その結果，**コーン・シャム法に対応する交換・相関ポテンシャルは，均一でも局所的でもない**ことを明らかにした。この結果は，ハートリー・フォック交換積分などによる不均一で非局所的なポテンシャルと組み合わせた交換・相関ポテンシャルを正当化する点で興味深い。

ZMP 法がもたらした最も重要なものに，コーン・シャム法が化学を精度よく再現できる理由に関する考察がある。ベーレンズらは，ZMP 法により MRCI (3.5 節参照) 電子密度から求めた高精度交換・相関ポテンシャルに電子密度をかけて得たエネルギー密度を，DFT で利用されてきたエネルギー汎関数と比較した (図 4.1) [Schipper et al., 1998]。図より，相関汎関数は MRCI 計算による相関エネルギー密度と似ていないが，交換・相関汎関数はよく似ていることがわかる。実際，既存の汎関数の相関汎関数には，近距離電子間の相関カスプ由来の動的電子相関しか含まれていないことが多い (5.3 節参照)。このことから，**DFT の交換・相関汎関数では，動的電子相関は相関汎関数に，静的電子相関は交換汎関数に含まれていること，それによって全体として正確なエネルギー密度とよく似た交換・相関汎関数を与えていること**を明らかにした。化学物性や化学反応を定量的に再現するには，電子相関をバランスよく取りこむことが必要である。3.2 節で，この電子相関は動的電子相関と静的電子相関の 2 種類に分類されることを述べた。交換・相関汎関数にこの 2 種類の電子相関がバランスよく取りこまれていることにより，DFT 計算は化学物性を精密に再現できることをこの結果は示している。これは，化学計算

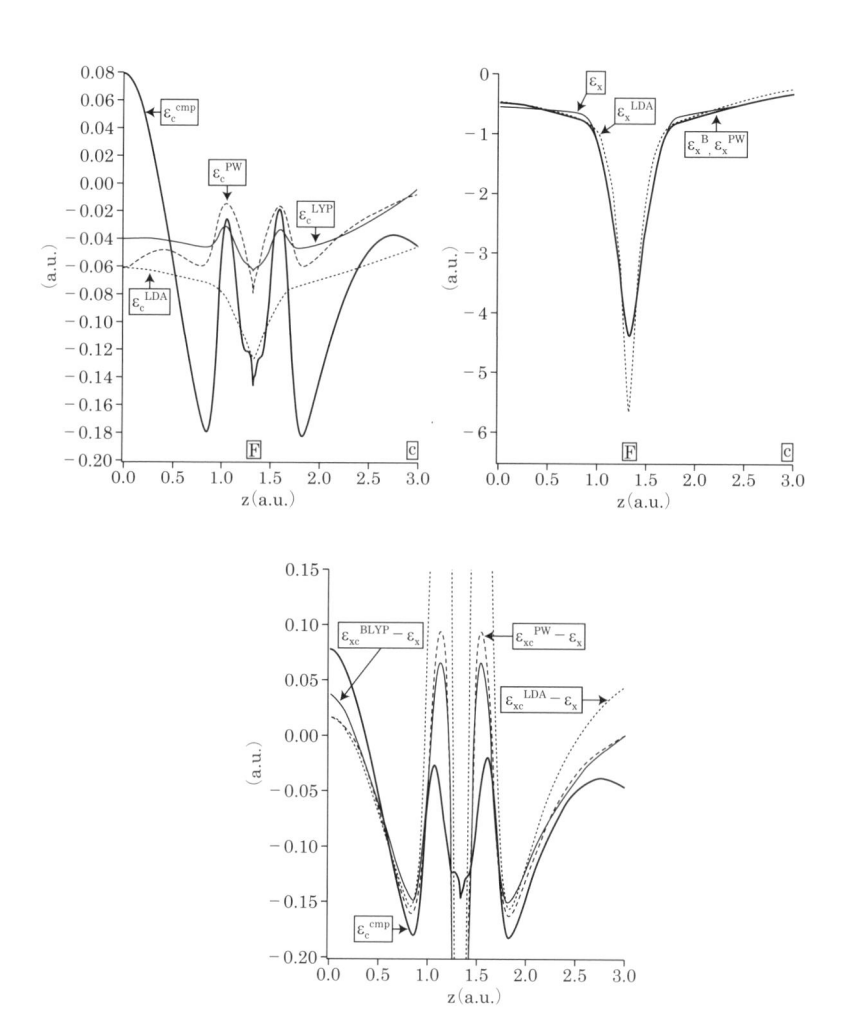

図 4.1 MRCI 法の電子密度から直接求めたエネルギー密度と既存の DFT エネルギー汎関数との比較。汎関数については 5 章参照。左図は相関ポテンシャル，右図は交換ポテンシャル，下図は交換・相関ポテンシャル。文献 [Schipper et al., 1998] より転載

におけるDFT計算の高い再現性に関して一定の回答を与えるものであり，きわめて重要な結論である．

4.6 時間依存コーン・シャム法：励起スペクトルの計算法

コーン・シャム法に関するこれまでの議論は定常な電子状態，つまり時間に依存しない電子状態のみ対象としてきた．しかし，実際の化学では，分子の電子状態が原子核の動きや光の照射などにより時間発展する系を取り扱う．特に近年は，超短レーザーによる実時間観測のように，光照射後の分子の光化学反応の時間発展を観測したり制御したりすることが注目を集めている．したがって，時間に依存する電子状態を取り扱えるようにコーン・シャム法を拡張することは，その化学への適用性を大きく高める意味できわめて重要である．

1984年，ルンゲとグロスは，**時間に周期的に依存する電子状態に対するDFTの基礎定理**を提案した．これを**ルンゲ・グロス定理** [Runge and Gross, 1984] という．この定理においては，まず外場ポテンシャル V_{ext} に対する次の2つの仮定を置く．

1. $V_{\text{ext}}(\mathbf{r}, t)$ は時間に周期的に依存する．
2. $V_{\text{ext}}(\mathbf{r}, t)$ は時間に依存しない静的部分 $V_{\text{ext}}^{\text{stat}}$ とわずかに時間に依存する摂動部分 $V_{\text{ext}}^{\text{pert}}$ からなる．

この仮定のもと，次の4つの定理が導かれる．

1. **時間依存のホーエンベルグ・コーン第1定理**．時間について展開可能な V_{ext} について，$V_{\text{ext}}(\mathbf{r},t) \to \rho(\mathbf{r},t)$ 変換は時間依存シュレーディンガー方程式を解くことに対応すると定義すると，仮定2の場合に $\rho \to V_{\text{ext}}$ の逆変換が可能である．
2. 電流密度 $\mathbf{j}$ (6.5節参照) の時間微分は密度の汎関数 $\Omega[\rho](\mathbf{r},t)$ として表わせる．

$$\frac{\partial \rho(\mathbf{r},t)}{\partial t} = -\boldsymbol{\nabla} \cdot \mathbf{j}(\mathbf{r},t) \tag{4.23}$$

$$\frac{\partial \mathbf{j}(\mathbf{r},t)}{\partial t} = \Omega[\rho](\mathbf{r},t) \tag{4.24}$$

3. **時間依存のホーエンベルグ・コーン第 2 定理**。任意の時間区間 t_0 から t_1 までの作用積分

$$S = \int_{t_0}^{t_1} dt \Psi^*[\rho] \left(i\frac{\partial}{\partial t} - \hat{H} \right) \Psi[\rho] \tag{4.25}$$

は密度汎関数 $S[\rho]$ として表現可能であり，一般的に

$$\begin{aligned} S[\rho] = & \int_{t_0}^{t_1} dt \Psi^*[\rho] \left[i\frac{\partial}{\partial t} - \left(\hat{T} + \hat{V}_{\mathrm{ee}} \right) \right] \Psi[\rho] \\ & - \int_{t_0}^{t_1} dt \int d^3\mathbf{r} \rho(\mathbf{r},t) V_{\mathrm{ext}}(\mathbf{r},t) \end{aligned} \tag{4.26}$$

と分解可能である。$\Psi[\rho]$ は電子密度 ρ を与える波動関数である。この右辺第 1 項は外場ポテンシャル V_{ext} に依存しないという意味で普遍的な汎関数である。$S[\rho]$ は変分原理を満たし，厳密密度で停留値をとる。

4. 時間依存する軌道 $\phi_i(\mathbf{r},t)$ は時間依存シュレーディンガー方程式

$$i\frac{\partial}{\partial t}\phi_i(\mathbf{r},t) = \left(-\frac{1}{2}\boldsymbol{\nabla}^2 + V_{\mathrm{eff}}[\mathbf{r},t;\rho(\mathbf{r},t)] \right) \phi_i(\mathbf{r},t) \tag{4.27}$$

を満たし，有効ポテンシャル V_{eff} は次式で表わせる。

$$V_{\mathrm{eff}}[\mathbf{r},t;\rho(\mathbf{r},t)] = V_{\mathrm{ext}}[\mathbf{r},t] + \int d^3\mathbf{r}\frac{\rho(\mathbf{r}',t)}{|\mathbf{r}-\mathbf{r}'|} - \frac{\delta S_{\mathrm{xc}}[\rho]}{\delta \rho(\mathbf{r},t)} \tag{4.28}$$

ただし，S_{xc} は作用積分の交換・相関エネルギー部分であり，断熱近似 (2.2 節参照) の場合，

$$\frac{\delta S_{\mathrm{xc}}[\rho]}{\delta \rho(\mathbf{r},t)} \approx V_{\mathrm{xc}}[\rho](\mathbf{r},t) = \frac{\delta E_{\mathrm{xc}}[\rho]}{\delta \rho(\mathbf{r},t)} \tag{4.29}$$

と近似できる。

式 (4.28) の有効ポテンシャルを使った式 (4.27) は**時間依存コーン・シャム方程式** [Runge and Gross, 1984] とよばれる。

ルンゲ・グロス定理には 1 つ重大な問題があることがわかっている [Gross et al., 1995]。定理 3 において，電子密度を与える波動関数 $\Psi[\rho]$ が利用され

ているが，時間依存の波動関数には時間に依存する位相が含まれているので，電子密度と波動関数の一対一対応関係は特定の位相でしか成立しない。一対一対応が保証されている外場ポテンシャルの汎関数 $\Psi[V_{\mathrm{ext}}]$ として波動関数を表わせばこの問題を回避できる。ただし，それは普遍的な汎関数の存在を否定することを意味する。さらに，その場合でも波動関数の時間変化 $\delta\Psi$ とポテンシャルの時間変化 δV_{ext} とが一対一対応が保証されていないので成り立たない。したがって，時間非依存の場合と異なり，厳密な意味では**時間依存の場合は変分原理が成り立たない** [van Leeuwen, 2006]。外場ポテンシャルが時間についてテイラー展開可能な場合のみ一対一対応の存在が証明されているが [Ullrich, 2012]，そのようなテイラー展開可能なポテンシャルは存在しないと証明されている [Yang and Burke, 2013]。**この問題は相対論的効果を考慮することで解決する**と考えられる。ラジャゴパル・キャラウェイ定理 [Rajagopal and Callaway, 1972] はホーエンベルク・コーン定理の時間依存の場合への拡張と解釈できるからである（6.4 節参照）。

時間依存コーン・シャム方程式を線形応答理論に適用することによって，励起エネルギーを導き出すことができる [Gross and Burke, 2006]。まず，ルンゲ・グロス定理にならい，外場ポテンシャルには弱い摂動 δV_{ext} のみかかるとすると，電子密度も静的部分 ρ_{stat} が微小変化 $\delta\rho(\mathbf{r},t)$ するだけであると解釈できるので，交換・相関ポテンシャル V_{xc} の変化は

$$V_{\mathrm{xc}}[\rho](\mathbf{r}_1,t_1) = V_{\mathrm{xc}}^{\mathrm{stat}}[\rho](\mathbf{r}_1)$$
$$+ \iint dt_2 d^3\mathbf{r}_2 f_{\mathrm{xc}}[\rho_{\mathrm{stat}}](\mathbf{r}_1,\mathbf{r}_2,t_2-t_1)\delta\rho(\mathbf{r}_2,t_2) \quad (4.30)$$

$$f_{\mathrm{xc}}[\rho_{\mathrm{stat}}](\mathbf{r}_1,\mathbf{r}_2,t_2-t_1) = \left.\frac{\delta V_{\mathrm{xc}}(\mathbf{r}_1,t_1)}{\delta\rho(\mathbf{r}_2,t_2)}\right|_{\rho=\rho_{\mathrm{stat}}} \quad (4.31)$$

と表わせる。交換・相関ポテンシャルの電子密度に関する導関数である f_{xc} は**交換・相関積分核**とよばれる。コーン・シャム方程式のポテンシャルの微小変化 δV_{KS} に対する電子密度の応答関数 χ_{KS} を

$$\delta\rho(\mathbf{r}_1,t_1) = \iint dt_2 d^3\mathbf{r}_2 \chi_{\mathrm{KS}}[\rho_{\mathrm{stat}}](\mathbf{r}_1,\mathbf{r}_2,t_2-t_1)\delta V_{\mathrm{KS}}(\mathbf{r}_2,t_2) \quad (4.32)$$

と定義する。応答関数は，グリーン関数法により次のように与えられる。

$$\chi_{\text{KS}}(\mathbf{r}_1, \mathbf{r}_2, \omega) = 2 \lim_{\eta \to 0+} \sum_{i}^{n_{\text{occ}}} \sum_{a}^{n_{\text{vir}}} \left[\frac{\phi_i^*(\mathbf{r}_1)\phi_a(\mathbf{r}_1)\phi_i(\mathbf{r}_2)\phi_a^*(\mathbf{r}_2)}{\omega - (\epsilon_a - \epsilon_i) + i\eta} \right.$$
$$\left. - \frac{\phi_i(\mathbf{r}_1)\phi_a^*(\mathbf{r}_1)\phi_i^*(\mathbf{r}_2)\phi_a(\mathbf{r}_2)}{\omega + (\epsilon_a - \epsilon_i) - i\eta} \right] \quad (4.33)$$

ただし，この応答関数はフーリエ変換 ($t \to \omega$) されている．重要なのは，この**応答関数は励起エネルギーに極 (pole) をもつ**ことである (図 4.2 参照)．1996 年，カシーダは，次の連立行列方程式を解けば極の値，つまり励起エネルギーを求めることができることを示した [Casida, 1996]．

$$\sum_{jb\tau} \left[\delta_{\sigma\tau}\delta_{ij}\delta_{ab}\left(\epsilon_{a\sigma} - \epsilon_{i\sigma} + \omega\right) + K_{ia,jb}^{\sigma\tau} \right] X_{jb}^{\tau} + K_{ia,bj}^{\sigma\tau} X_{bj}^{\tau} = 0 \quad (4.34)$$

$$\sum_{jb\tau} \left[\delta_{\sigma\tau}\delta_{ij}\delta_{ab}\left(\epsilon_{a\sigma} - \epsilon_{i\sigma} + \omega\right) + K_{ai,bj}^{\sigma\tau} \right] X_{bj}^{\tau} + K_{ai,jb}^{\sigma\tau} X_{jb}^{\tau} = 0 \quad (4.35)$$

正確を期すために，軌道のスピン (σ, τ, $\sigma' \neq \sigma$) をあらわに表示した．連立行列方程式は，1 重項 (singlet) 励起と 3 重項 (triplet) 励起について，次のように表わすことができる．

$$\boldsymbol{\Omega}\mathbf{F}_{ia\sigma} = \omega_{ia}^2 \mathbf{F}_{ia\sigma} \quad (4.36)$$

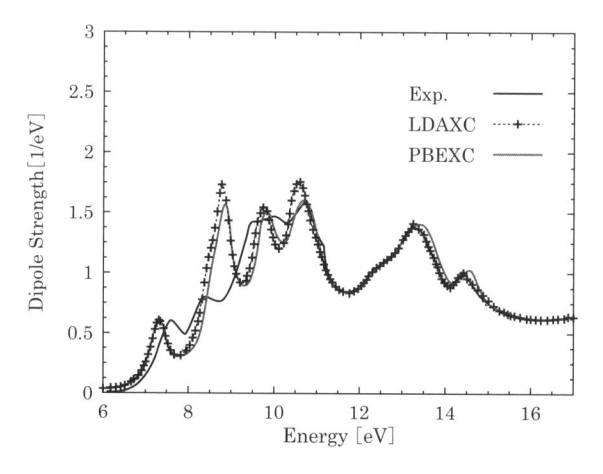

図 4.2　応答関数からの直接計算によるエタンの励起スペクトル計算例．文献 [Marques et al., 2001] より転載

$$\Omega_{ia\sigma,jb\tau}^{\text{singlet}} = \delta_{\sigma\tau}\delta_{ij}\delta_{ab}\left(\epsilon_{a\sigma}-\epsilon_{i\sigma}\right)^2$$
$$+2\left(\epsilon_{a\sigma}-\epsilon_{i\sigma}\right)^{1/2}\left(K_{ia,jb}^{\sigma\sigma}+K_{ia,jb}^{\sigma\sigma'}\right)\left(\epsilon_{b\tau}-\epsilon_{j\tau}\right)^{1/2} \quad (4.37)$$

$$\Omega_{ia\sigma,jb\tau}^{\text{triplet}} = \delta_{\sigma\tau}\delta_{ij}\delta_{ab}\left(\epsilon_{a\tau}-\epsilon_{i\tau}\right)^2$$
$$+2\left(\epsilon_{a\sigma}-\epsilon_{i\sigma}\right)^{1/2}\left(K_{ia,jb}^{\sigma\sigma}-K_{ia,jb}^{\sigma\sigma'}\right)\left(\epsilon_{b\tau}-\epsilon_{j\tau}\right)^{1/2} \quad (4.38)$$

行列 $\mathbf{F}_{ia\sigma}$ は

$$F_{ia\sigma} = (\epsilon_{a\sigma}-\epsilon_{i\sigma})^{-1/2}(X_{ia\sigma}-X_{ai\sigma}) \quad (4.39)$$

$$X_{ia\sigma}(\omega) = \frac{-1}{\omega+(\epsilon_{a\sigma}-\epsilon_{i\sigma})}$$
$$\times \int d^3\mathbf{r}\phi_{i\sigma}^*(\mathbf{r})\delta\left(2\sum_{i}^{n}\hat{J}_i+V_{\text{xc}}\right)(\mathbf{r},\omega)\phi_{a\sigma}(\mathbf{r}) \quad (4.40)$$

で与えられる応答係数行列である。また，ϵ_i は i 番目の軌道エネルギーであり，$K_{ia,jb}^{\sigma\tau}$ は

$$K_{ia,jb}^{\sigma\tau} = \langle ib|aj\rangle^{\sigma\tau}$$
$$+ \iint d^3\mathbf{r}_1 d^3\mathbf{r}_2 \phi_{i\sigma}^*(\mathbf{r}_1)\phi_{b\tau}^*(\mathbf{r}_2)f_{\text{xc}}(\mathbf{r}_1,\mathbf{r}_2)\phi_{a\sigma}(\mathbf{r}_1)\phi_{j\tau}(\mathbf{r}_2) \quad (4.41)$$

である。式 (4.41) の右辺第 1 項は

$$\langle ib|aj\rangle^{\sigma\tau} = \iint d^3\mathbf{r}d^3\mathbf{r}'\phi_{i\sigma}^*(\mathbf{r}_1)\phi_{b\tau}^*(\mathbf{r}_2)\frac{1}{r_{12}}\phi_{a\sigma}(\mathbf{r}_1)\phi_{j\tau}(\mathbf{r}_2) \quad (4.42)$$

と書かれる**ハートリー積分**である。また，交換・相関積分核 f_{xc} には局所型

$$f_{\text{xc}}(\mathbf{r}_1,\mathbf{r}_2) = f_{\text{xc}}(\mathbf{r}_1)\delta(\mathbf{r}_1-\mathbf{r}_2) \quad (4.43)$$

が利用される。式 (4.36) を解くことにより，励起エネルギー ω_{ia} とそれに対応する応答係数行列 $\mathbf{F}_{ia\sigma}$ の組を得る。式 (4.36) を**時間依存応答コーン・シャム方程式**とよび，この方程式を使う計算法を**時間依存応答コーン・シャム法**という。励起エネルギー計算における「時間依存コーン・シャム (TDKS) 法」は通常，この方法を指す。それに対し，線形応答理論を使わず，式 (4.27) を使って電子状態の時間発展を解析する方法もあり，それを**時間依存伝搬コーン・シャム法**とよぶ。この手法を直接使って励起エネルギーを計算する手法 [Yabana and Bertsch, 1996] もあるので注意が必要である。時間依存応答

コーン・シャム法の重要な問題として **1 電子励起にしか適用できない**ことがある。2 電子以上の励起に適用できるように理論を拡張することは可能であるが，計算時間がかかりすぎるため，現時点では実用的ではない。幸いなことに，**多くの現実系のように系が大きくなり対称性が低くなると，重要な励起は 1 電子励起だけで正確に表わせる電荷移動励起となる傾向がある**。それもあって，励起状態計算の半数以上でこの時間依存応答コーン・シャム法が利用されるに至っている (2012 年現在)。ただし，**ほとんどの汎関数を使った時間依存応答コーン・シャム法には，電荷移動励起エネルギーを大きく過小評価するという問題がある**ことには注意が必要である。この問題は，交換汎関数の長距離補正で解決する (6.1 節参照)。

4.7　Coupled perturbed コーン・シャム法：応答物性の計算法

前節では，励起エネルギーを計算するための時間依存応答コーン・シャム法について述べたが，それ以外の化学物性についてはどう計算すればいいのか。重要なのは，**分光実験において観測する物性のほとんどは応答物性であり，エネルギーの微小な摂動に対する応答に比例する**ことである [Jensen, 2006]。

$$応答物性 \propto \frac{\partial^{n_F+n_B+n_I+n_R} E}{\partial \mathbf{F}_{\text{fld}}^{n_F} \partial \mathbf{B}_{\text{fld}}^{n_B} \partial \mathbf{I}_{\text{fld}}^{n_I} \partial \mathbf{R}^{n_R}} \tag{4.44}$$

$\mathbf{F}_{\text{fld}}$, $\mathbf{B}_{\text{fld}}$, $\mathbf{I}_{\text{fld}}$, $\mathbf{R}$ はそれぞれ電場，外部磁場，内部磁場，核配置ベクトルの摂動であり，n_X は各摂動に対する次数である。表 4.1 にいくつかの主要な化学物性の依存性を載せた。表より，応答物性には複数の摂動に依存する混合物性が多いが，ほとんどの場合，それぞれの摂動については 2 次までのエネルギー導関数で記述できることがわかる。したがって，これらの応答物性を得るには，2 次までのエネルギーの導関数を求めればよい。

エネルギー導関数は摂動で表わすことができる。摂動が加わったときのコーン・シャム法のハミルトニアン演算子を

表 4.1 応答物性の例。文献 [Jensen, 2006] より抜粋

n_F	n_B	n_I	n_R	応答物性
0	0	0	0	エネルギー
1	0	0	0	双極子モーメント
0	1	0	0	磁気双極子モーメント
0	0	1	0	超微細結合定数
0	0	0	1	エネルギー勾配
2	0	0	0	分極率
0	2	0	0	磁化率
0	0	2	0	核スピン・スピン結合
0	0	0	2	調和振動数
3	0	0	0	超分極率
0	3	0	0	超磁化率
0	0	0	3	非調和振動補正
1	0	0	1	赤外 (IR) 吸収強度
1	1	0	0	旋光性, 円偏光二色性
0	1	1	0	核磁気しゃへい
2	0	0	1	ラマン強度
3	0	0	1	超ラマン効果
2	1	0	0	磁気円偏光二色性 (ファラデー効果)
1	0	0	2	倍音や結合バンドに対する赤外強度
2	0	0	2	倍音や結合バンドに対するラマン強度
2	2	0	0	コットン・ムートン効果

$$\hat{H} = \hat{H}_{\text{KS}} + \lambda V_1 + \lambda^2 V_2 \tag{4.45}$$

と書くとする。レイリー・シュレーディンガー摂動論 [Schrödinger, 1926b] より，1 次と 2 次のエネルギーの導関数は 3.4 節の記法を使うと，

$$\left.\frac{\partial E_{\text{KS}}}{\partial \lambda}\right|_{\lambda=0} = \langle \Psi_{\text{KS}} | V_1 | \Psi_{\text{KS}} \rangle + 2 \left\langle \frac{\partial \Psi_{\text{KS}}}{\partial \lambda} \left| \hat{H}_{\text{KS}} \right| \Psi_{\text{KS}} \right\rangle$$
$$= \langle \Psi_{\text{KS}} | V_1 | \Psi_{\text{KS}} \rangle \tag{4.46}$$
$$\left.\frac{1}{2}\frac{\partial^2 E_{\text{KS}}}{\partial \lambda^2}\right|_{\lambda=0} = \left\langle \frac{\partial \Psi_{\text{KS}}}{\partial \lambda} | V_1 | \Psi_{\text{KS}} \right\rangle + \langle \Psi_{\text{KS}} | V_2 | \Psi_{\text{KS}} \rangle \tag{4.47}$$

と表わせる。式 (4.46) においては，ヘルマン・ファインマン定理 [Feynman, 1939] を使った。したがって，2 次までのエネルギー導関数を計算する際に得られていないのは，コーン・シャム波動関数の摂動に対する 1 次導関数 $\partial \Psi_{\text{KS}}/\partial \lambda$ のみである。また，3 次以上のエネルギー導関数についても，波動関数の 1 次導関数だけで書けることがわかっている。したがって，応答物性を計算するには，波動関数の 1 次導関数を求めればよい。摂動論によると，コーン・シャム波動関数の 1 次導関数は次のように表わせる。

$$\frac{\partial \Psi_{\text{KS}}}{\partial \lambda} = \sum_{I}^{n_{\text{exc. CSF}}} C_I \Psi_I, \tag{4.48}$$
$$C_I = \frac{\langle \Psi_I | V_1 | \Psi_{\text{KS}} \rangle}{E_{\text{KS}} - E_I} \tag{4.49}$$

しかし，式 (4.48) はコーン・シャム法の電子配置からのすべての励起に関する和を含むため，これを厳密に求めるのは不可能である。これを可能にするのが，**Coupled perturbed** コーン・シャム法である。

Coupled perturbed コーン・シャム法では軌道の摂動に対する 1 次導関数を求める。コーン・シャム法はスレーター行列式にもとづく方法である。したがって，波動関数は軌道で表わせるため，波動関数の導関数は軌道の導関数により求めることができる。簡単のため，ローターン法で基底関数にもとづく行列方程式に変換された式 (4.13) のコーン・シャム方程式を考えてみよう。

$$\mathbf{FC} = \mathbf{SC}\epsilon \tag{4.50}$$
$$\mathbf{C}^t\mathbf{SC} = \mathbf{1} \tag{4.51}$$

式 (4.51) の 1 次の導関数を考えると，

$$\mathbf{F}'\mathbf{C} + \mathbf{FC}' = \mathbf{S}'\mathbf{C}\epsilon + \mathbf{SC}'\epsilon + \mathbf{SC}\epsilon' \tag{4.52}$$
$$\mathbf{F}' = \mathbf{h}' + (\mathbf{P}'\mathbf{J} + \mathbf{PJ}') + \mathbf{V}_{\text{xc}}' \tag{4.53}$$

となる。肩の「$'$」は摂動に対する1次の導関数であることを示す。$\mathbf{P}$ は密度行列である。$\mathbf{J}$ は基底関数に対するクーロンポテンシャル行列であり、行列要素は

$$J_{pq} = \sum_{r,s}^{n_{\text{basis}}} \langle pr|qs \rangle \tag{4.54}$$

式 (4.52) の 1 次の摂動展開は，

$$[\mathbf{F}' - \mathbf{S}\epsilon]\,\mathbf{C}' = [-\mathbf{F}' + \mathbf{S}'\epsilon + \mathbf{S}\epsilon']\,\mathbf{C} \tag{4.55}$$

である。ただし、規格直交条件

$$\left(\mathbf{C}^t\mathbf{S}\mathbf{C}\right)' = \mathbf{0} \tag{4.56}$$

の制限がある。この式を使うと、軌道係数の摂動に対する1次導関数 $\mathbf{C}'$ を得ることができるので、軌道の摂動に対する1次導関数も計算できる。

　軌道の摂動に対する1次導関数は、軌道の回転 (ユニタリ変換) で考えればもっと簡単に解ける。コーン・シャム法においては、フォック行列を対角化して軌道と軌道エネルギーを求める。したがって、軌道 ϕ_i に関するフォック行列の非対角項はゼロである。

$$\begin{aligned} F_{ia} &= \int d^3\mathbf{r}\,\phi_i^*(\mathbf{r})\hat{F}\phi_a(\mathbf{r}) \\ &= h_{ia} + \sum_j^{n_{\text{orb}}} \langle ij|aj \rangle + (V_{\text{xc}})_{ia} = 0 \end{aligned} \tag{4.57}$$

$$(V_{\text{xc}})_{ia} = \int d^3\mathbf{r}\,\phi_i^*(\mathbf{r})V_{\text{xc}}\phi_a(\mathbf{r}) \tag{4.58}$$

また、コーン・シャム法はスレーター行列式にもとづく理論であるため、摂動のもとでの軌道の変化はユニタリ変換で表わすことができる。

$$\phi_i' = \sum_j^{n_{\text{basis}}} U_{ji}'\phi_j \tag{4.59}$$

軌道係数行列 $\mathbf{C}$ の変化で表わすと，

$$\mathbf{C}' = \mathbf{U}'\mathbf{C} \tag{4.60}$$

である．式 (4.57) の 1 次導関数に式 (4.59) を導入すると，時間依存コーン・シャム方程式と類似した次の式が導かれる．

$$\mathbf{AU}' = \mathbf{F}' \tag{4.61}$$

行列 $\mathbf{A}$ は次の要素をもつ行列である．

$$A_{ia,jb} = \delta_{ij}\delta_{ab}(\epsilon_a - \epsilon_i) + K_{ia,jb} \tag{4.62}$$

$K_{ia,jb}$ は式 (4.41) の $K_{ia,jb}^{\sigma\tau}$ のスピンを無視したものである．これを**タム・ダンコフ近似** [Hirata and Head-Gordon, 1999] といい，応答物性計算では通常利用される．式 (4.61) の $\mathbf{F}'$ はフォック演算子の 1 次導関数を集めた行列であるが，これは通常，1 電子部分の 1 次導関数 $\mathbf{h}'$ で書かれる [McWeeny, 1992]．たとえば均一電場の摂動 $\mathbf{F}_{\text{fld}} = -F_{\text{fld}}\mathbf{r}$ の場合，次のように書き下すことができる [Lee and Colwell, 1994]．

$$F'_{ia} = h'_{ia} = \left(\frac{\partial \mathbf{h}}{\partial F_{\text{fld}}}\right)_{ia} = -\int d^3\mathbf{r}\,\phi_i^*(\mathbf{r})\mathbf{r}\phi_a(\mathbf{r}) \tag{4.63}$$

式 (4.61)，(4.63) を使えば，行列 $\mathbf{U}'$ が求められ，双極子モーメント，分極率，超分極率などの均一電場に対する応答物性を求めることができる．式 (4.61) を **Coupled perturbed コーン・シャム方程式**という．他の応答物性についても，それぞれの摂動に対するフォック演算子の 1 次導関数 $\mathbf{F}'$ を設定して式 (4.61) を解けば得ることができる．しかし，時間依存応答コーン・シャム法と同様に，この方法にも問題があることには注意が必要である．たとえば，**ほとんどの汎関数の場合，Coupled perturbed コーン・シャム法は長鎖ポリエンの電場に対する応答物性を大きく過大評価する**ことが知られている．

同じように応答物性を求める方法として，**有限場 (finite-field) 法**がある．この方法は，場に微小な摂動を加えた場合のエネルギーの微小変化を数値的に求めることにより，直接的に応答物性を求める方法である．この直接的な計算法は，Coupled perturbed コーン・シャム法より簡便であるが，さほど結果に違いがなく直感的にもわかりやすいので，よく利用されている．しかし，**有限場法を利用しても上記の Coupled perturbed コーン・シャム法と同じ問題を与える**ことから，問題の本質的な原因は同じであると考えられる．

この問題も，前節の電荷移動励起の問題と同様，交換汎関数の長距離補正で解決することが明らかになっている (6.1 節参照)。

Fundamentals of
Density Functional Theory

第5章

交換・相関汎関数

前章まで，コーン・シャム法の基礎とそれを用いたさまざまな理論について述べてきたが，用いる交換・相関汎関数の具体的な形については何も述べてこなかった。コーン・シャム法は，電子密度にもとづく量子論として確立した理論であるが，一方で交換・相関汎関数の厳密さの上に成り立つ理論でもある。したがって，交換・相関汎関数を具体的に考えることなしにコーン・シャム法やそれにもとづく理論の信頼性を評価することはできない。この章では，どのような交換・相関汎関数がこれまで開発されてきたかを紹介し，その特長と問題点について考える。

5.1　交換・相関汎関数の分類

交換・相関汎関数は，式 (4.6) で示したように，コーン・シャム方程式のなかで唯一近似されている部分である。コーン・シャム法の信頼性はこの近似汎関数の正当性に依存する。これまで，さまざまな物理モデルにもとづき，交換・相関汎関数が開発されてきた。図 5.1 に，これまでに開発されてきた交換・相関汎関数を分類した。汎関数およびその特徴は次のように分類できる。

- 局所密度近似 (**LDA**) 汎関数：電子密度 ρ のみで表現された汎関数。
- 一般化勾配近似 (**GGA**) 汎関数：LDA を密度勾配 $\nabla\rho$ で補正した汎関数。
- メタ **GGA** 汎関数：GGA を運動エネルギー密度 τ で補正した汎関数。
- 混成汎関数：ハートリー・フォック交換積分 (E_x^{HF}) を一定量混合した汎関数。
- 半経験的汎関数：多くの半経験的パラメータを使って物性値を高精度に再現するように開発された汎関数。
- プログレッシブ汎関数：併用する汎関数によって形を変える汎関数。

この分類に属さない交換・相関汎関数は存在しているが，その多くはこの章で挙げる汎関数に何らかの物理的な補正を加えた汎関数である。そのような汎関数に対する物理的な補正については 6 章で紹介する。この章では，LDA・GGA 汎関数とそれを付加的な項を加えて拡張する標準的なパラダイムにもと

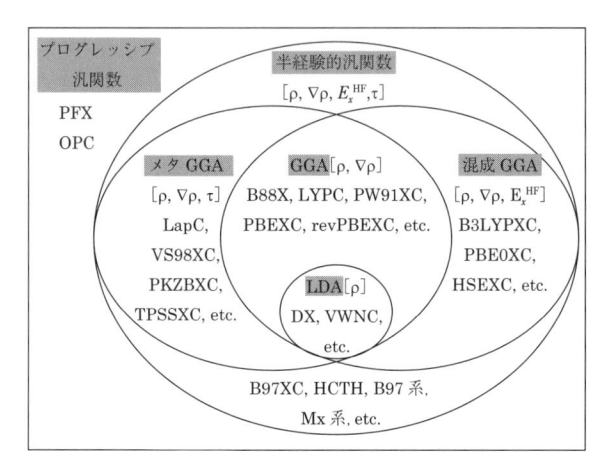

図 5.1 交換・相関汎関数の分類

づく汎関数に着目する。標準的なパラダイムにもとづく汎関数は階層的に分類することができ，たとえばヤコビのはしご (Jacob's ladder)（『新約聖書』にある「天国へ昇る梯子」）[Perdew et al., 2006] で説明されることもある (図 5.2)。

過去の交換・相関汎関数の開発においては，次の2つの基準が重要視されてきた。

1. **基礎物理条件を満足すること**。各エネルギー成分に対する基礎物理条件 (付録 A 参照) を満足するか否かで，汎関数の物理的正当性を評価する。
2. **広範囲な分子のさまざまな反応・物性を高精度に再現すること**。分子の反応や分光学定数の再現性により，汎関数の数値的正当性を評価する。

この2つの基準は，汎関数開発における公正な判断材料となり，汎関数の活発な開発に貢献してきた。しかし，長年これらの基準を重視しすぎた見返りとして，不自然な付加項を使って物理的な正当性を高めたり，多くの半経験的パラメータを使って数値的な再現性を高めたりした汎関数があふれている。

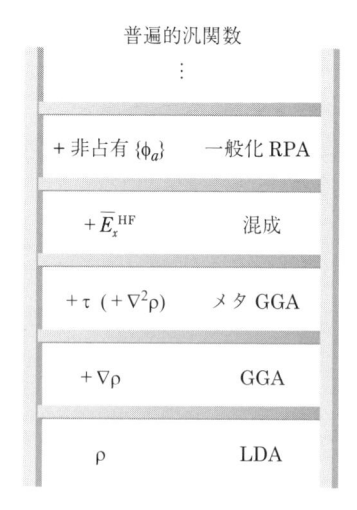

```
          普遍的汎関数
              ⋮

     +非占有 {ϕ_a}    一般化 RPA

     +$\overline{E}_x^{\mathrm{HF}}$         混成

     +$\tau$ ($+\nabla^2\rho$)     メタ GGA

     +$\nabla\rho$              GGA

       $\rho$               LDA
```

図 5.2　汎関数開発におけるヤコビのはしご [Perdew et al., 2006]。

この問題の解決のために，次の新たな基準の設定が汎関数開発に必要とされている。

3. パラメータを最少限に抑えた簡単な定式であること。物理的意味づけが明確になり，汎関数の物理的解釈が容易になる。
4. 特定の基礎物理条件や物理特性を満たすためだけに存在する不自然な付加項がないこと。小手先の操作による改良は，汎用性や適用範囲を著しく狭める。
5. 操作なしに物理的な補正が可能であること。6章で紹介するような物理的な補正を，パラメータなどを変えずに行なえる汎関数でなければ，長期間使用されない。

　この章では，交換・相関汎関数を分類し，個々の汎関数の定式および特長と問題点を上の基準に照らして考える。特に，汎関数で用いられる半経験的パラメータの数をできるだけ付記する。これまでに開発されてきた交換・相関汎関数は無数に存在するため，網羅的に紹介することは不可能である。したがっ

て，汎用量子化学計算プログラムの Gaussian09 と GAMESS の最新版 (2012年現在) に搭載されている汎関数のなかから，6 章で紹介する物理的な補正が加えられている汎関数を中心に，主要な汎関数だけを紹介することとする。

5.2 LDA・GGA 交換汎関数

LDA 交換汎関数 には例外的に厳密形がある。4.1 節で紹介したディラックの **LDA 交換汎関数** (式 (4.3)) である。この汎関数は，トーマス・フェルミ理論で利用するために開発されたが，トーマス・フェルミ理論とともに長年忘れられていた。1951 年，スレーターは，この LDA 交換汎関数をハートリー・フォック法で最も計算時間のかかる交換積分に対する近似として利用した [Slater, 1951]。スレーターは，通常の交換積分と同じようにフォック演算子の交換ポテンシャルとしてこの汎関数を利用したため，それを用いて計算した交換エネルギーは実際の値とは大きな差があった。この差を埋める方法として，半経験的パラメータの α を交換ポテンシャルに掛けた **Xα 法** を提案した。この Xα 法は特に固体物性論の分野でコーン・シャム法以外の DFT 計算でよく利用されてきた。コーン・シャム法では，厳密形であるディラックの LDA 交換汎関数がそのまま利用される。ディラックの LDA 交換汎関数は，交換エネルギーの局所密度近似として厳密であるため，交換汎関数の局所密度極限としても利用される (付録 A 参照)。

GGA 交換汎関数 には慣習的な一般形がある。それは，無次元の係数の K_σ を使った次の定式である。

$$E_x = -\frac{1}{2} \sum_\sigma \int d^3\mathbf{r} \rho_\sigma^{4/3}(\mathbf{r}) K_\sigma \tag{5.1}$$

この K_σ は通常，無次元のパラメータ x_σ で表現される。

$$x_\sigma = \frac{|\boldsymbol{\nabla} \rho_\sigma|}{\rho_\sigma^{4/3}} \tag{5.2}$$

GGA 交換汎関数にはさまざまな定式のものが開発されてきたが，著名な汎関数に限ればその違いは K_σ の x_σ に対する依存性の違いのみであるといえる。図 5.3 に K_σ の x_σ 依存性を示す。図より，交換汎関数は x_σ の大きい領域で

図 5.3　交換汎関数の形状

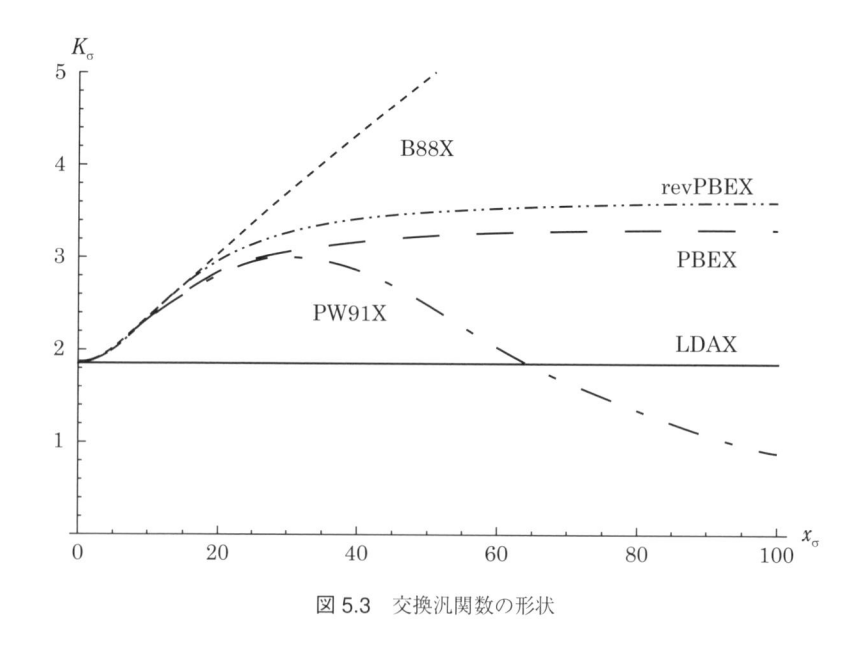

の違いが顕著であることがわかる．すなわち，交換汎関数の特徴は，電子密度勾配が大きい領域か，あるいは電子密度の低い領域における違いにある．この領域での顕著な違いの原因は，交換エネルギーの厳密な局所密度極限や一般化勾配近似極限が基礎物理条件として存在している (付録 A 参照) のに対し，高密度勾配や低電子密度における交換エネルギーに対する条件は存在しないことにある．つまり，この領域の交換エネルギーは基礎物理条件で制限されていないため，汎関数形を物性値の再現性を高めるように決められるからである．GGA 交換汎関数については，現在まで膨大な数の汎関数が開発されてきた．特徴的な汎関数を紹介するだけでも難しいほどである．図 5.3 には，代表的な交換汎関数として，ベッケ 1988 (B88) 汎関数 [Becke, 1988]，パーデュー・ワン 1991 (PW91) 汎関数 [Perdew, 1991; Perdew and Wang, 1992]，パーデュー・バーク・エルンザーホフ (PBE) 汎関数 [Perdew et al., 1996]，修正 PBE (revPBE) 汎関数 [Zhang and Yang, 1998] の K_σ を比較した．

B88 交換汎関数 [Becke, 1988] は，ベッケにより開発された汎関数であり，量子化学計算で現在最も利用されている GGA 交換汎関数 である。この汎関数は，電子密度勾配が大きい領域の汎関数形を**長距離 (遠核) 漸近相互作用条件** (付録 A 参照) を満たすように開発された。

$$K_\sigma^{\text{B88}} = K_\sigma^{\text{LDA}} + \frac{2\zeta x_\sigma^2}{1 + 6\zeta x_\sigma \sinh^{-1} x_\sigma} \tag{5.3}$$

$$K_\sigma^{\text{LDA}} = 3\left(\frac{3}{4\pi}\right)^{1/3} \tag{5.4}$$

半経験的パラメータは $\zeta = 0.0042$ の 1 個である。この汎関数の特長は，交換エネルギーの高い再現性にある。特に原子・分子の交換エネルギーの再現性は，それまでに開発されていたあらゆる交換汎関数と比べて飛躍的に高かった。そのため，この汎関数は結果的に DFT が量子化学計算において爆発的に普及する原因となった。ただ，長距離 (遠核) 漸近相互作用条件以外の基礎物理条件は基本的に考慮していないので，基礎物理条件をさほど満たさない (付録 A 参照)。

PW91 交換汎関数 [Perdew, 1991; Perdew and Wang, 1992] は，B88 交換汎関数を基礎物理条件をできるだけ多く満足するように変形した汎関数である。

$$\begin{aligned}K_\sigma^{\text{PW91}} = K_\sigma^{\text{LDA}} &\left[\frac{1 + 6\zeta x_\sigma \sinh^{-1} x_\sigma}{1 + 6\zeta x_\sigma \sinh^{-1} x_\sigma + 0.004 x_\sigma^4/(48\pi^2)^{4/3}}\right.\\ &\left.+ \frac{(0.2743 - 0.1508\exp[-100 x_\sigma^2/(48\pi^2)^{2/3}])x_\sigma^2/(48\pi^2)^{2/3}}{1 + 6\zeta x_\sigma \sinh^{-1} x_\sigma + 0.004 x_\sigma^4/(48\pi^2)^{4/3}}\right]\end{aligned} \tag{5.5}$$

この汎関数には，基礎物理条件を満足するための付加項と B88 交換汎関数由来の 1 個の半経験的パラメータ ζ，および基礎物理条件を満たすために 4 個のパラメータを使っている。ちなみに，基礎物理条件を満たすように決定されたパラメータは**基礎物理定数** (fundamental constant) と称され，プランク定数のような本来の意味での普遍的な物理定数ではないにもかかわらず，パラメータに含めないこともある。この汎関数の特長は B88 交換汎関数よりも多

くの基礎物理条件を満たすことである。しかし，それと引き換えに複雑な定式を与えている。また，図 5.3 に示すように，この汎関数は式 (5.2) の x_σ が大きい場合に交換エネルギーが急速にゼロに近づく。このふるまいがしばしば物性計算において問題を引き起こす。

PBE 交換汎関数 [Perdew et al., 1996] は，満たすべき基礎物理条件を重要なものだけに制限し，基礎物理定数を 2 個まで減らして，PW91 交換汎関数の定式を簡単にした汎関数である。

$$K_\sigma^{\mathrm{PBE}} = K_\sigma^{\mathrm{LDA}} \left[1 + \kappa - \frac{\kappa}{1 + \mu x_\sigma^2/(48\pi^2)^{2/3}\kappa} \right] \tag{5.6}$$

基礎物理定数は $\mu = 0.21951$ と $\kappa = 0.804$ である。図 5.3 に示すように，この汎関数の K_σ は x_σ が大きい場合に定値に近づくため，低密度や高密度勾配の場合に全く寄与しなくなる。このことは，物理的には必ずしも正しくないが，分散力が支配的な場合や高スピンを取り扱う場合に有効であるようである。**revPBE 交換汎関数** [Zhang and Yang, 1998] はこの PBE 交換汎関数のパラメータ値を修正 ($\mu = 0.967$，$\kappa = 0.235$) した汎関数であり，PBE 交換汎関数と同じ特徴をもつ。

以上のように，現在主に利用されている GGA 交換汎関数 は，B88 交換汎関数とそれを基礎物理条件を満足するように改良した汎関数である。ここで，これらの汎関数とは全く違う視点から開発された交換汎関数として**無変数** (Parameter-free, PF) **交換汎関数** [Tsuneda and Hirao, 2000] を紹介したい。この汎関数は，フェルミ運動量

$$k_{\mathrm{F}\sigma} = (6\pi^2 \rho_\sigma)^{1/3} \tag{5.7}$$

に関する密度行列の展開式 [Negele and Vautherin, 1972]

$$\begin{aligned} &P_\sigma(\mathbf{r}_1, \mathbf{r}_2) \\ &= \frac{3 j_1(k_{\mathrm{F}\sigma} r_{12})}{k_{\mathrm{F}\sigma} r_{12}} \rho_\sigma(\mathbf{r}) + \frac{35 j_3(k_{\mathrm{F}\sigma} r_{12})}{2 k_{\mathrm{F}\sigma}^3 r_{12}} \left(\frac{\nabla^2 \rho_\sigma(\mathbf{r})}{4} - 2\tau_\sigma(\mathbf{r}) + \frac{3}{5} k_{\mathrm{F}\sigma}^2 \rho_\sigma(\mathbf{r}) \right) \\ &\quad + \cdots \end{aligned} \tag{5.8}$$

から直接導いた交換汎関数である。右辺では $\mathbf{r} = (\mathbf{r}_1 + \mathbf{r}_2)/2$ と置いている。j_n は球ベッセル関数である。フェルミ運動量とは，電子運動を運動量空間で

考えたときの最大の運動量を指す．汎関数の導出においては，フェルミ運動量を運動エネルギー密度 τ_σ で

$$k_{F\sigma} = \sqrt{\frac{10\tau_\sigma}{3\rho_\sigma}} \tag{5.9}$$

と計算している．結果として，運動エネルギー密度を自然に含む

$$K_\sigma^{\mathrm{PF}} = \frac{27\pi}{5\tau_\sigma}\rho_\sigma^{5/3}\left(1 + \frac{7x_\sigma^2 \rho_\sigma^{5/3}}{216\tau_\sigma}\right) \tag{5.10}$$

という定式が導かれる．この汎関数には，半経験的パラメータも基礎物理定数もなく，調整可能な部分は運動エネルギー密度だけである．この運動エネルギー密度に独立電子近似の厳密な値を使うと，この汎関数には発散する領域が出てきて使えない．しかし，運動エネルギーの厳密な密度勾配展開であるトーマス・フェルミ・ワイツゼッカー (TFW) GGA 運動エネルギー汎関数 を使うと，パラメータを一切含んでいないにもかかわらず，原子の交換エネルギーの 97.8 % (平均絶対誤差 0.154 原子単位) を与えることがわかった [Tsuneda and Hirao, 2000]．さらに驚くことに，運動エネルギーの基礎物理条件をこの運動エネルギー密度に課すと，交換エネルギーに対するほとんどの基礎物理条件を満足することも明らかになった．ちなみに，この汎関数は GGA 交換汎関数 の項目に記述したが，実際には運動エネルギー密度に GGA 汎関数だけでなくさまざまな運動エネルギー汎関数を使えるため，併用する汎関数によって形を変える**プログレッシブ汎関数**である．

5.3 LDA・GGA 相関汎関数

交換汎関数の場合と違い，**相関汎関数には厳密な LDA 汎関数に相当するものが存在しない**．厳密な LDA 相関汎関数を解析的に求める試みは長年なされており，たとえば，LDA 相関エネルギーの高密度極限表現 [Gell-Mann and Brueckner, 1957] や低密度極限表現 [Carr, 1961]，あるいは乱雑位相近似表現 [Hedin and Lundqvist, 1971] などが提案されてきた．しかし，高・低密度極限条件はその中間の現実的な電子密度の領域についてはなんら制限しないう

え，乱雑位相近似はその極限条件を満たさないという問題があった。LDA 相関汎関数としては，量子化学計算でよく使われるボスコ・ウィルク・ヌセア (VWN) LDA 汎関数 [Vosko et al., 1980] と，固体物性計算でよく使われるパーデュー・ワン LDA 汎関数 [Perdew and Wang, 1992] の 2 種類が主に利用される。

VWN-LDA 相関汎関数 [Vosko et al., 1980] は，乱雑位相近似表現が高・低密度極限条件を満足するように開発された LDA 汎関数であり，量子モンテカルロ法による均一電子ガスの厳密な電子相関エネルギーを与えるように，パデ近似内挿法で帰納的にパラメータを決めて導出された汎関数である。

$$\begin{aligned}
E_{\rm c}^{\rm VWN} &= \int d^3\mathbf{r} \left\{ \epsilon_0^{\rm VWN}(x_{01}, a_1, b_1, c_1) \right. \\
&+ \epsilon_0^{\rm VWN}(x_{02}, a_2, b_2, c_2) \left(\frac{9(f_1[\zeta] - 2)}{2} \right) (1 - \zeta^4) \\
&+ \left. \left[\epsilon_0^{\rm VWN}(x_{03}, a_3, b_3, c_3) - \epsilon_0^{\rm VWN}(x_{01}, a_1, b_1, c_1) \right] \frac{f_1(\zeta) - 2}{2^{1/3} - 1} \zeta^4 \right\}
\end{aligned} \tag{5.11}$$

である。$\epsilon_0^{\rm VWN}$ は，

$$\begin{aligned}
&\epsilon_0^{\rm VWN}(x_0, a, b, c) \\
&= \frac{a}{2} \left\{ \ln\left(\frac{r_{\rm s}}{r_{\rm s} + b\sqrt{r_{\rm s}} + c} \right) + \frac{2b}{\sqrt{4c - b^2}} \tan^{-1}\left(\frac{\sqrt{4c - b^2}}{2\sqrt{r_{\rm s}} + b} \right) \right. \\
&\quad - \frac{bx_0}{x_0^2 + bx_0 + c} \left[\ln\left(\frac{(\sqrt{r_{\rm s}} - x_0)^2}{r_{\rm s} + b\sqrt{r_{\rm s}} + c} \right) \right. \\
&\quad \left. \left. + \frac{2(b + 2x_0)}{\sqrt{4c - b^2}} \tan^{-1}\left(\frac{\sqrt{4c - b^2}}{2\sqrt{r_{\rm s}} + b} \right) \right] \right\}
\end{aligned} \tag{5.12}$$

と表わされる。式 (5.11) において，

$$f_1[\zeta] = \frac{(1 + \zeta)^{4/3} + (1 - \zeta)^{4/3}}{2} \tag{5.13}$$

$$\zeta = \frac{\rho_\alpha - \rho_\beta}{\rho_\alpha + \rho_\beta} \tag{5.14}$$

である。また，r_s はウィグナー・ザイツ (Wigner-Seitz) 半径とよばれ，

$$\frac{4}{3}\pi r_\mathrm{s}^3 = \frac{1}{\rho} \tag{5.15}$$

と定義される量である。VWN-LDA 相関汎関数はパラメータを x_{0i}, a_i, b_i, c_i が各 3 個 (i=1～3) の計 12 個含む。これらのパラメータの組み合わせは 5 種類あるので注意が必要である (通常，ver. 5 が利用される。パラメータ値は [Vosko et al., 1980] 参照)。

PW-LDA 相関汎関数 [Perdew and Wang, 1992] は，VWN 汎関数をより多くの基礎物理条件を満足するように改編した LDA 汎関数であり，定式は単純化され，パラメータの数も減らしてある。

$$\begin{aligned}&E_\mathrm{c}^\mathrm{PW-LDA}[\rho]\\&= -2a\int d^3\mathbf{r}\rho\,(1-\alpha r_\mathrm{s})\ln\left[1+\frac{1}{2a\left(\beta_1 r_\mathrm{s}^{1/2}+\beta_2 r_\mathrm{s}+\beta_3 r_\mathrm{s}^{3/2}+\beta_4 r_\mathrm{s}^2\right)}\right]\end{aligned} \tag{5.16}$$

パラメータは，$a = 0.031097$, $\alpha = 0.21370$, $\beta_1 = 7.5957$, $\beta_2 = 3.5876$, $\beta_3 = 1.6382$, $\beta_4 = 0.49294$ の計 6 個である。

これらの LDA 相関汎関数は，固体物性分野においてさまざまな物性計算に利用されてきた。しかし注意が必要なのは，**これらの LDA 汎関数は厳密表現ではなく，帰納的に求められた近似汎関数にすぎない**ことである。実際，量子モンテカルロ法による均一電子ガスの厳密相関エネルギーは高密度極限で $O(\rho)$，低密度極限で $O(\rho^{4/3})$ という電子密度への依存性をもつ [Ceperley and Alder, 1980] が，これらの LDA 相関汎関数は少なくともどちらかの極限を満たさない [Tsuneda et al., 2001]。

GGA 相関汎関数は，主に**密度勾配展開型相関汎関数**とコール・サルベッティ **(CS) 型相関汎関数**の 2 種類に大別される。

密度勾配展開型相関汎関数は，**LDA 汎関数を密度勾配補正する従来型の汎関数**である。この型の GGA 相関汎関数は，一般的に相関エネルギーに対する基礎物理条件 (付録 A 参照) を満たすように基本的な定式を決定した後，それらの条件に合わせてパラメータをフィッティングして導出されている。こ

の型の汎関数については，GGA 交換汎関数と同様に PW91 汎関数や PBE 汎関数がよく利用される。密度勾配展開型汎関数の特長は当然ながら多くの基礎物理条件を満たすことであり，問題点は定式の複雑さとパラメータの多さにある。

PW91 相関汎関数 [Perdew and Wang, 1992] は，PW-LDA 相関汎関数に GGA 項を足し合わせ，**基礎物理条件をなるべく多く満たすようにパラメータを決めた汎関数**である。

$$E_c^{\mathrm{PW91}}[\rho, s, t] = E_c^{\mathrm{PW-LDA}}[\rho] + \int d^3 \mathbf{r} \rho H[\rho, s, t] \tag{5.17}$$

$$\begin{aligned}
H[\rho, s, t] &= \frac{\beta^2}{2\alpha} \ln\left[1 + \frac{2\alpha}{\beta} \frac{t^2 + At^4}{1 + At^2 + A^2 t^4}\right] \\
&\quad + C_{c_0}\left[C_1 + \frac{C_2 + C_3 r_s + C_4 r_s^2}{1 + C_5 r_s + C_6 r_s^2 + C_7 r_s^3} - C_{c_1}\right] \\
&\quad \times t^2 \exp(-100 s^2)
\end{aligned} \tag{5.18}$$

係数 A と無次元パラメータ s と t は，

$$A = \frac{2\alpha}{\beta}\left[\exp\left(\frac{-2\alpha \bar{E}_c^{\mathrm{PW-LDA}}[\rho]}{\beta^2 \rho}\right) - 1\right]^{-1} \tag{5.19}$$

$$s = \frac{|\nabla \rho|}{2 k_{\mathrm{F}} \rho}, \quad t = \frac{|\nabla \rho|}{2 k_{\mathrm{s}} \rho} \tag{5.20}$$

である。$k_{\mathrm{F}} = (3\pi^2 \rho)^{1/3}$，$k_{\mathrm{s}} = (4 k_{\mathrm{F}}/\pi)^{1/2}$ であり，$\bar{E}_c^{\mathrm{PW-LDA}}$ は PW-LDA 相関汎関数の積分核である。この汎関数の GGA 項には，α，β，C_{c_0}，C_{c_1}，C_i (i=1～7) の計 11 個もの基礎物理定数が含まれており，それぞれが物理条件を満足するように決められている (値は [Perdew et al., 1996] 参照)。この汎関数は比較的多くの基礎物理条件を満たすが，同時にいくつか問題が指摘されている。その 1 つはパラメータの多さであり，それに起因する物性計算における問題が開発者自身により指摘されている [Perdew et al., 1996]。さらに，導出に用いた基礎物理条件の 1 つである高密度勾配・低密度の極限での相関エネルギーに対する条件 [Ma and Brueckner, 1968] (付録 A 参照) 自体を次元解析すると交換エネルギーの次数をもつという根本的な問題もある。これは，この条件が LDA 交換汎関数にもとづいて導出された条件であるた

め，相関エネルギーに不足分の交換エネルギーが取りこまれていることが原因であると考えられる。結果として，**PW91 相関汎関数には交換エネルギーの効果が取りこまれている**。これに対する反論として，この効果は静的電子相関だという意見があると考えられる。しかし，もしそうであれば，その効果は交換汎関数にも取りこまれているはず (4.5 節参照) なので，新たに電子相関の二重計算の問題を生み出してしまう。

PBE 相関汎関数 [Perdew et al., 1996] は，**PW91 相関汎関数のさまざまな問題を解決するために開発された汎関数**であり，使用するパラメータを 2 個まで大幅に減らし，重要な 3 つの基礎物理条件のみ満たすように導出された。

$$E_c^{PBE}[\rho,\zeta,t] = E_c^{PW-LDA}[\rho] + \int d^3\mathbf{r}\rho H[\rho,\zeta,t] \tag{5.21}$$

$$H[\rho,\zeta,t] = \gamma\phi^3 \ln\left[1 + \frac{\beta}{\gamma}t'^2\left(\frac{1+At'^2}{1+At'^2+A^2t'^4}\right)\right] \tag{5.22}$$

$$A = \frac{\beta}{\gamma}\left[\exp\left(-\frac{\bar{E}_c^{PW-LDA}[\rho]}{\gamma\phi^2\rho}\right) - 1\right]^{-1} \tag{5.23}$$

$$\phi = \frac{1}{2}\left[(1+\zeta)^{2/3} + (1-\zeta)^{2/3}\right] \tag{5.24}$$

ζ は式 (5.14) で与えられている。$\bar{E}_c^{PW-LDA}$ は PW-LDA 相関汎関数の積分核である。この汎関数は，基礎物理定数の数が 2 個 ($\gamma = (1-\ln 2)/\pi^2 = 0.031091$ と $\beta = 0.066725$，ただし PW-LDA 汎関数のものを除く) しか含まず，また定式も簡単であるという意味で，PW91 相関汎関数より明らかに優れた汎関数である。しかし，この汎関数においても，残念ながら PW91 相関汎関数で利用された交換エネルギーの次数をもつ高密度勾配・低密度の極限での相関エネルギー条件 [Ma and Brueckner, 1968] が導出に利用されている。この条件は，他の基礎物理条件である均一座標スケーリング条件 (付録 A 参照) と矛盾するという問題もあり，**汎関数形でその矛盾を解消するために不自然な形を取らざるを得なくなっている**。

CS 型相関汎関数 [Colle and Salvetti, 1975] は，3.2 節で示した短距離電子間の相関カスプ条件を満たす相関孔を与える相関関数を，動的電子相関を含まない波動関数に掛けた相関波動関数より導出された汎関数である。図 5.4 にその相関関数の一般的形状を示した。この型の汎関数には，リー・ヤン・

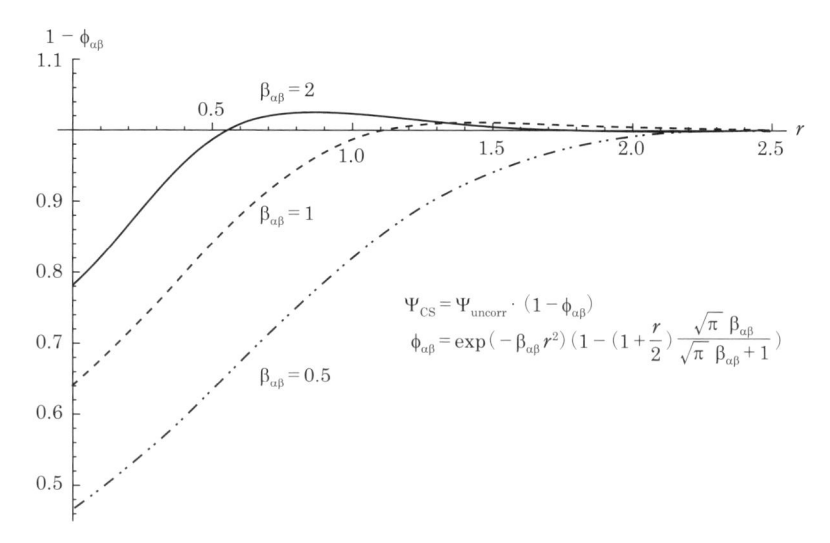

図 5.4 コール・サルベッティ型相関汎関数の相関関数の形。Ψ_uncorr は電子相関の効果を含まない波動関数

パール (LYP) 汎関数 [Lee et al., 1988] や 1 変数プログレッシブ (OP) 汎関数 [Tsuneda et al., 1999] などが含まれる。この汎関数形の特長は，相関関数を掛けるだけのモデルの単純さと分子の相関エネルギーの再現性の高さにある。問題点は，密度勾配展開型相関汎関数と異なり，導出において基礎物理条件が全く考慮されていないため，OP 相関汎関数を除く汎関数については，基礎物理条件をほとんど満たさないことである。

オリジナルの **CS 相関汎関数**は，ハートリー・フォック法に対する補正として，1975 年に提案された [Colle and Salvetti, 1975]。相関孔で電子が取り除かれる領域の体積 (排除体積) がウィグナーの排除体積 [Wigner, 1934; Wigner and Seitz, 1933] に比例するとし，次の式を導出した。

$$E_\mathrm{c}^\mathrm{CS}[\rho, \nabla_\mathbf{r}^2 P_\mathrm{2HF}] = -\int d^3\mathbf{r} \frac{a}{1+d\beta}\rho\left[1+bW\exp(-c/\beta)\right] \quad (5.25)$$

$$W = \rho^{-8/3}\left[\nabla_\mathbf{r}^2 P_\mathrm{2HF}\left(\mathbf{r}-\frac{\mathbf{s}}{2},\mathbf{r}+\frac{\mathbf{s}}{2}\right)\right]_{\mathbf{s}=\mathbf{0}} \quad (5.26)$$

$$\beta = q\rho^{1/3} \quad (5.27)$$

5.3 LDA・GGA 相関汎関数

半経験的パラメータは $a = 0.04918$, $b = 0.06598$, $c = 0.58$, $d = 0.8$, $q = 2.29$ の5つである。基礎物理定数は含まない。この汎関数は原子や小分子の相関エネルギーを高精度に再現する。しかし，ハートリー・フォック波動関数にもとづくため，交換汎関数を利用するコーン・シャム法では相関エネルギーを正しく再現する保証はない。また，2電子密度行列の2次導関数を含むことも実用上問題である。

CS 相関汎関数を実用的にしたのが **LYP 相関汎関数** [Lee et al., 1988] である。その特長は，CS 相関汎関数の2電子密度行列の2次導関数項を密度勾配で記述することにより，電子密度とその勾配だけで表現される汎関数形をしていることである。それにより，計算プログラムへの導入が簡単になり，計算時間も短縮された。

$$E_\text{c}^\text{LYP}[\rho, \boldsymbol{\nabla}\rho, \boldsymbol{\nabla}^2\rho]$$
$$= -\int d^3\mathbf{r} \frac{a}{1+d\rho^{-1/3}}$$
$$\left\{ \rho + b\rho^{-2/3} \left[C_\text{F}\rho^{5/3} - 2t_\text{W} + \frac{1}{9}\left(t_\text{W} + \frac{1}{2}\boldsymbol{\nabla}^2\rho\right) \right] \exp\left(-c\rho^{-1/3}\right) \right\} \tag{5.28}$$

$$t_\text{W} = \frac{1}{8}\left(\frac{|\boldsymbol{\nabla}\rho|^2}{\rho} - \boldsymbol{\nabla}^2\rho\right) \tag{5.29}$$

β は式 (5.27)，C_F は式 (4.2) でそれぞれ与えられている。半経験的パラメータは $a = 0.04918$, $b = 0.7628$, $c = 0.58$, $d = 0.8$, $q = 2.29$ の5つであり，基礎物理定数は含んでいない。LYP 相関汎関数は，分子の物性計算においてきわめて高精度な相関エネルギーを与えるため，執筆現在では量子化学計算で最もよく利用される相関汎関数となっている。密度ラプラシアン項 $\boldsymbol{\nabla}^2\rho$ を含むため，LYP 相関汎関数は GGA 相関汎関数ではないように見える。しかし，密度ラプラシアン項は部分積分によって密度勾配項に変換できるので，LYP 相関汎関数は GGA 相関汎関数として利用される。見落とされがちな問題点として，**2電子密度行列の2次導関数項の符号が逆になっている**ことがある [Tsuneda et al., 1999]。これは相関エネルギー値を合わせるためと考えられるが，付録 A で述べるように，基礎物理条件を満足しない原因の1つとなっ

ている。基礎物理条件を満足しないことは，固体物性計算で **LYP** 相関汎関数がほとんど利用されない有力な理由となっている。

OP 相関汎関数 [Tsuneda et al., 1999] は，相関孔の排除体積が交換汎関数で決まる交換孔の排除体積に比例するとすることで，**CS** 型相関汎関数の物理的な妥当性を獲得した汎関数である。この汎関数では，反対スピン電子間の電子相関のみがあらわに取りこまれ，同スピン電子間は交換汎関数の存在によって副次的にしか取りこまれない。また，半経験的パラメータを最低限の 1 つしか使わないように開発された。その結果，簡単な定式の相関汎関数が導出された。

$$E_c^{\mathrm{OP}} = -\int d^3\mathbf{r} \rho_\alpha \rho_\beta \frac{1.5214\beta_{\alpha\beta} + 0.5764}{\beta_{\alpha\beta}^4 + 1.1284\beta_{\alpha\beta}^3 + 0.3183\beta_{\alpha\beta}^2} \tag{5.30}$$

$$\beta_{\alpha\beta} = q_{\alpha\beta} \left(\rho_\alpha^{-1/3} K_\alpha^{-1} + \rho_\beta^{-1/3} K_\beta^{-1} \right)^{-1} \tag{5.31}$$

K_σ は式 (5.1) で定義される交換汎関数項である。半経験的パラメータは $q_{\alpha\beta}$ の 1 つであり，基礎物理定数は含まない。$q_{\alpha\beta}$ は併用する交換汎関数によって異なり，たとえば B88 交換汎関数や PBE 交換汎関数と併用する場合は $q_{\alpha\beta} = 2.367$ である。OP 汎関数は，交換汎関数項 K_σ 以外には密度勾配項すら含まないので，交換汎関数が LDA 交換汎関数であれば LDA 相関汎関数，GGA 交換汎関数であれば GGA 相関汎関数といったように，**併用する交換汎関数によって形を変えるプログレッシブ汎関数**である。OP 汎関数は，簡単な定式でパラメータも 1 つしかないが，LYP 相関汎関数と同じ精度の相関エネルギーを与える。またこの汎関数は，密度勾配展開型汎関数と違って基礎物理条件を導出の際に全く使っていないが，**あらゆる相関汎関数のなかで最も基礎物理条件を満足する** (付録 A 参照)。

CS 型相関汎関数には他に，**Lap** 系メタ相関汎関数 (5.4 節参照) などがある。

5.4 メタ GGA 汎関数

メタ (Meta) GGA 汎関数とは，運動エネルギー密度 τ を使って GGA

5.4 メタ GGA 汎関数

汎関数の近似を高めた汎関数である．実際，式 (5.8) に示したように，密度行列をフェルミ運動量のまわりで展開すると，密度勾配項の次に続くのは運動エネルギー密度 τ と密度ラプラシアン $\nabla^2 \rho$ の項である [Negele and Vautherin, 1972]．交換エネルギーは密度行列で表現されるので，運動エネルギー密度が次の補正として現れる．ちなみに，運動エネルギー密度自体を展開すると，トーマス・フェルミ (TF) LDA 運動エネルギー汎関数とワイツゼッカー補正項 (4.1 節参照) に続く項は密度ラプラシアン項であるため，運動エネルギー密度に密度ラプラシアンの効果は含まれている．

$$\tau = \sum_\sigma \tau_\sigma = \frac{1}{2} \sum_\sigma \sum_i |\nabla \phi_{i\sigma}|^2 \tag{5.32}$$

$$= \sum_\sigma \left[C_F \rho_\sigma^{5/3} + \frac{1}{72} \frac{|\nabla \rho_\sigma|^2}{\rho_\sigma} + \frac{1}{6} \nabla^2 \rho_\sigma + O(\nabla^4) \right] \tag{5.33}$$

C_F はスピンを考慮した場合の TF-LDA 運動エネルギー汎関数 (式 (4.2)) の係数であり，

$$C_F = \frac{3}{10}(6\pi^2)^{2/3} \tag{5.34}$$

である．したがって，「ヤコビのはしご」 (5.1 節参照) において密度勾配補正の次の段として運動エネルギー密度補正を考えるのは自然ななりゆきである．主要なメタ GGA 汎関数には，ヴァンブーアヒス・スクーゼリア 1998 (VS98) メタ交換・相関 [van Voorhis and Scuseria, 1998]，パーデュー・クルト・ズーパン・ブラーハ (PKZB) メタ交換・相関 [Perdew et al., 1999]，タオ・パーデュー・スタロヴェロフ・スクーゼリア (TPSS) メタ交換・相関 [Tao et al., 2008] の各汎関数などがある．

筆者の知る限り，最初のメタ GGA 汎関数は **Lap 系メタ相関汎関数** [Proynov et al., 1995] である．この汎関数は，CS 型相関汎関数 (5.3 節参照) でもあり，CS 相関汎関数の排除体積の大きさを運動量で表現し，その運動量を運動エネルギー密度で書くことによって，運動エネルギー密度に依存した CS 型相関汎関数を導出した．

$$E_{c\alpha\beta}^{\mathrm{Lap1}} = \int d^3\mathbf{r} \rho_\alpha \rho_\beta Q_{\alpha\beta} \tag{5.35}$$

$$E_{\text{c}\sigma\sigma}^{\text{Lap1}} = \int d^3\mathbf{r}\rho\left(1 - \frac{1}{n_\sigma}\right)\frac{\rho_\sigma^2}{\rho}C_{\text{p}}Q_{\sigma\sigma} \tag{5.36}$$

$$Q_{\sigma\sigma'} = -\frac{b_1}{1+b_2 k_{\sigma\sigma'}} + \frac{b_3}{k_{\sigma\sigma'}}\ln\left(\frac{b_4+k_{\sigma\sigma'}}{k_{\sigma\sigma'}}\right) + \frac{b_5}{k_{\sigma\sigma'}} - \frac{b_6}{k_{\sigma\sigma'}^2} \tag{5.37}$$

$$k_{\sigma\sigma'} = \frac{2k_\sigma k_{\sigma'}}{k_\sigma + k_{\sigma'}} \tag{5.38}$$

$$k_\sigma = \alpha_{\text{e}}\sqrt{\frac{2\tau_\sigma}{3\rho_\sigma}} \tag{5.39}$$

n_σ は σ 電子の数である。半経験的パラメータは，b_i (i=1〜6) と α_{e}, C_{p} の計 8 個である (値は [Proynov et al., 1995] 参照)。これを **Lap1 相関汎関数**とよんでいる。のちにさらに 2 次密度行列の近似を高めた **Lap3 相関汎関数** [Proynov et al., 1997] も開発された。これらの汎関数は運動エネルギー密度を最初に導入した汎関数として意義が大きい。しかし，基礎物理条件を満足しないという CS 型相関汎関数の問題は解決していないうえ，半経験的パラメータが多いことも問題である。

VS98 メタ交換・相関汎関数 [van Voorhis and Scuseria, 1998] は，交換汎関数に運動エネルギー密度を導入した最初の汎関数である。この汎関数は，PF 交換汎関数 (5.2 節参照) と同様に，式 (5.8) の密度行列の解析的展開式 [Negele and Vautherin, 1972] から導出されている。

$$E_{\text{x}}^{\text{VS98}} = \sum_\sigma \int d^3\mathbf{r}\rho_\sigma^{4/3}h_\sigma(x_\sigma, z_\sigma) \tag{5.40}$$

$$E_{\text{c}\sigma\sigma'}^{\text{VS98}} = \int d^3\mathbf{r}\hat{E}_{\text{c}\sigma\sigma'}^{\text{LDA}}h_\sigma(\sqrt{x_\alpha^2+x_\beta^2}, z_\alpha+z_\beta) \tag{5.41}$$

$$E_{\text{c}\sigma\sigma}^{\text{VS98}} = \int d^3\mathbf{r}\hat{E}_{\text{c}\sigma\sigma}^{\text{LDA}}h_\sigma(x_\sigma, z_\sigma) \tag{5.42}$$

$$h_\sigma(x_\sigma, z_\sigma) = \frac{a}{\gamma_\sigma(x_\sigma, z_\sigma)} + \frac{bx_\sigma^2 + cz_\sigma}{\gamma_\sigma^2(x_\sigma, z_\sigma)} + \frac{dx_\sigma^4 + ex_\sigma^2 z_\sigma + fz_\sigma^2}{\gamma_\sigma^3(x_\sigma, z_\sigma)} \tag{5.43}$$

$$\gamma_\sigma(x_\sigma, z_\sigma) = 1 + \alpha(x_\sigma^2 + z_\sigma) \tag{5.44}$$

$\hat{E}_{\text{c}\sigma_1\sigma_2}^{\text{LDA}}$ は $\sigma_1\sigma_2$ スピン対の LDA 相関汎関数の積分核である。x_σ と z_σ は次元をもたないパラメータであり，x_σ は式 (5.2) で与えられ，z_σ は運動エネルギー密度を導入して次のように新たに設定された。

$$z_\sigma = \frac{\tau_\sigma - \tau_\sigma^{\text{TF}}}{\rho_\sigma^{5/3}} = \frac{\tau_\sigma}{\rho_\sigma^{5/3}} - C_{\text{F}} \tag{5.45}$$

半経験的パラメータとして交換,相関汎関数それぞれについて a から f と α の 7 個,計 21 個も含む (値は [van Voorhis and Scuseria, 1998] を参照)。したがって,半経験的汎関数 (5.6 節参照) にも分類され,実際,この汎関数は z_σ を使った最初のメタ GGA 系半経験的汎関数とも位置づけられている。この汎関数は,運動エネルギー密度 τ_σ を含むだけでなく,相関汎関数に交換汎関数と同じ項 h_σ で表現させて両者を関係づけている点でも特徴的である。

最初に「メタ GGA 汎関数」との名称が使われたのは,1999 年に提案された **PKZB メタ交換・相関汎関数** [Perdew et al., 1999] からである。PKZB 交換汎関数は,密度ラプラシアンまで拡張した基礎物理条件をもとに,運動エネルギー密度を使って PBE 汎関数の近似を高めることを目的に開発された。

$$E_{\text{x}}^{\text{PKZB}} = \sum_\sigma \int d^3\mathbf{r}\, \bar{E}_{\text{x}}^{\text{LDA}}[2\rho_\sigma] \left\{ 1 + \kappa - \frac{\kappa}{1+x/\kappa} \right\} \tag{5.46}$$

$$x = \frac{10}{81}p + \frac{146}{2025}\tilde{q}^2 - \frac{73}{405}\tilde{q}p + \left[D + \frac{1}{\kappa}\left(\frac{10}{81}\right)^2 \right]p^2 \tag{5.47}$$

$$\tilde{q} = \frac{3\tau_\sigma}{2(3\pi^2)^{2/3}\rho_\sigma^{5/3}} - \frac{9}{20} - \frac{p}{12} \tag{5.48}$$

$$p = \frac{|\boldsymbol{\nabla}\rho_\sigma|^2}{4(6\pi^2)^{2/3}\rho_\sigma^{8/3}} \tag{5.49}$$

半経験的パラメータは,$D = 0.113$,$\kappa = 0.804$ の 2 個である。PKZB 相関汎関数は,PBE 相関汎関数の自己相関誤差 (6.2 節参照) を取り除くため,電子が自己相互作用する場合 ($\tau = \tau^{\text{W}}$) に 1 電子自己相関を与えるように PBE 相関汎関数を修正した汎関数である。

$$\begin{aligned} E_{\text{c}}^{\text{PKZB}} = \int d^3\mathbf{r} &\left\{ \bar{E}_{\text{c}}^{\text{PBE}}(\rho_\alpha, \rho_\beta, \boldsymbol{\nabla}\rho_\alpha, \boldsymbol{\nabla}\rho_\beta) \left[1 + C \left(\frac{\sum_\sigma \tau_\sigma^{\text{W}}}{\sum_\sigma \tau_\sigma} \right)^2 \right] \right. \\ &\left. -(1+C)\sum_\sigma \left(\frac{\tau_\sigma^{\text{W}}}{\tau_\sigma} \right)^2 \bar{E}_{\text{c}}^{\text{PBE}}(\rho_\sigma, 0, \boldsymbol{\nabla}\rho_\sigma, 0) \right\} \end{aligned} \tag{5.50}$$

半経験的パラメータは $C = 0.53$ の 1 個である。τ_σ^{W} はワイツゼッカー運動エ

ネルギー密度で，式 (4.4) のワイツゼッカー運動エネルギーを使って

$$T_{\mathrm{W}} = \int d^3\mathbf{r}\tau^{\mathrm{W}} = \sum_\sigma \int d^3\mathbf{r}\tau^{\mathrm{W}}_\sigma = \frac{1}{8}\sum_\sigma \int d^3\mathbf{r}\frac{|\boldsymbol{\nabla}\rho_\sigma(\mathbf{r})|^2}{\rho_\sigma(\mathbf{r})} \tag{5.51}$$

と定義される。PKZB メタ交換・相関汎関数の特長は，PBE 交換・相関汎関数の物理的背景をもつ拡張である点である。それにより，PBE 交換・相関汎関数より高精度な交換・相関エネルギーを与えることができ，運動エネルギー密度項の寄与の大きさを考察することもできる。しかし，半経験的パラメータを含む点が固体物性計算において敬遠される理由となっている。

TPSS メタ交換・相関汎関数 [Tao et al., 2008] は，PKZB 汎関数に含まれていた半経験的パラメータをなくし，非経験的なメタ GGA 汎関数を構築する目的で開発された。

$$E_{\mathrm{c}}^{\mathrm{TPSS}} = \int d^3\mathbf{r}\bar{E}_{\mathrm{c}}^{\mathrm{revPKZB}}\left[1 + d\left(\frac{\tau^{\mathrm{W}}}{\tau}\right)^3\right] \tag{5.52}$$

$$\bar{E}_{\mathrm{c}}^{\mathrm{revPKZB}} = \bar{E}_{\mathrm{c}}^{\mathrm{PBE}}[\rho_\alpha, \rho_\beta, \boldsymbol{\nabla}\rho_\alpha, \boldsymbol{\nabla}\rho_\beta]\left[1 + C(\zeta,\xi)\left(\frac{\tau^{\mathrm{W}}}{\tau}\right)^2\right]$$

$$- [1 + C(\zeta,\xi)]\left(\frac{\tau^{\mathrm{W}}}{\tau}\right)^2 \sum_\sigma \frac{\rho_\sigma}{\rho}\bar{E}_{\mathrm{c}}^{\mathrm{max}} \tag{5.53}$$

$$C(\zeta,\xi) = \frac{0.53 + 0.87\zeta^2 + 0.50\zeta^4 + 2.26\zeta^6}{\left\{1 + \xi^2\left[(1+\zeta)^{-4/3} + (1-\zeta)^{-4/3}\right]/2\right\}^4} \tag{5.54}$$

$$\bar{E}_{\mathrm{c}}^{\mathrm{max}} = \max\{\bar{E}_{\mathrm{c}}^{\mathrm{PBE}}[\rho_\sigma, 0, \boldsymbol{\nabla}\rho_\sigma, 0], \bar{E}_{\mathrm{c}}^{\mathrm{PBE}}[\rho_\alpha, \rho_\beta, \boldsymbol{\nabla}\rho_\alpha, \boldsymbol{\nabla}\rho_\beta]\} \tag{5.55}$$

$\xi = |\boldsymbol{\nabla}\zeta|/2(3\pi^2\rho)^{1/3}$, $\zeta = (\rho_\alpha - \rho_\beta)/\rho$, $C(0,0) = 0.53$, $d = 2.8$ である。この汎関数には半経験的パラメータは含まれないが，自己相互作用誤差 (6.2 節参照) を取り除くために，$C(\zeta,\xi)$ に含まれる 4 個など計 6 個の基礎物理定数をフィッティングしている。

メタ GGA 汎関数には相関汎関数が多く，他にもフィラトフ・シール 1998 (**FT98**) メタ相関汎関数 [Filatov and Thiel, 1998]，クリーガー・チェン・アイアフレート・サヴィン (**KCIS**) メタ相関汎関数 [Krieger et al., 1999] などがある。

5.5 混成汎関数

混成 (**Hybrid**) 汎関数とは，独立電子モデルにもとづくコーン・シャムエネルギーを完全に相互作用する場合のエネルギーに近づけるという**断熱接続的な考え方**のもと，交換汎関数に一定の割合でハートリー・フォック交換積分を混合した汎関数である．すなわち，独立粒子モデルの交換エネルギーを交換汎関数，相互作用する場合の交換エネルギーをハートリー・フォック交換積分と設定し，それを一定の割合で混合することによって構築された汎関数を混成汎関数という．

$$E_{\mathrm{x}} = \int_0^1 d\lambda E_{\mathrm{x}}^\lambda \approx E_{\mathrm{x}}^{\mathrm{GGA}} + \lambda \left(E_{\mathrm{x}}^{\mathrm{HF}} - E_{\mathrm{x}}^{\mathrm{GGA}} \right) \tag{5.56}$$

電子相関の部分は別個に取り扱っており，その部分は必ずしも断熱接続の考え方に沿っていない．混成汎関数とは交換汎関数にハートリー・フォック交換積分を組み合わせた汎関数の総称であると説明している文献を見かけるが，それは誤りである．**混成汎関数とは，ハートリー・フォック交換と GGA 交換との間に厳密交換が存在しているという ansatz が基本にある汎関数**を指す．つまり，ハートリー・フォック交換の混成は補正ではない．混成汎関数には，ここで挙げた B3LYP 混成汎関数 [Becke, 1993] と PBE0 混成汎関数 [Adamo and Barone, 1999]，ヘイド・スクーゼリア・エルンザーホフ (HSE) 混成汎関数 [Heyd et al., 2003] 以外にもその混合の割合やパラメータの数によってきわめて多様な汎関数がある．

B3LYP 混成汎関数 [Becke, 1993] は，最初の混成汎関数であり，**量子化学計算においてすべての汎関数のなかで (あるいはすべての理論のなかで) 最も利用されてきた汎関数 (あるいは理論)** である．この汎関数には，ハートリー・フォック交換積分の混合率だけではなく，B88 交換汎関数，LYP 相関汎関数，そして LDA 交換・相関汎関数 からの差のそれぞれの混合率の計 3 個のパラメータを含む (B3LYP の「3」はその意味)．これらの混合率は，数十種類の原子や小分子からなる G2 ベンチマークセットの物性値 [Curtiss et al., 1991] を与えるようにフィッティングされている．

$$E_{\text{xc}}^{\text{B3LYP}} = E_{\text{xc}}^{\text{LDA}} + a_1 \left(E_{\text{x}}^{\text{HF}} - E_{\text{x}}^{\text{LDA}} \right) + a_2 \Delta E_{\text{x}}^{\text{B88}}$$
$$+ a_3 \left(E_{\text{c}}^{\text{LYP}} - E_{\text{c}}^{\text{VWN-LDA}} \right) \tag{5.57}$$

半経験的パラメータは,交換・相関汎関数に含まれるものを除いて,$a_1 = 0.2$,$a_2 = 0.72$,$a_3 = 0.81$ の 3 つである.ちなみに,ハートリー・フォック交換積分の混合については,化学結合を強く見積もりすぎる原因である LDA 交換汎関数の不十分さを,一部ハートリー・フォック交換積分で置き換えることによって回復させるのが目的とされている.この汎関数は,小分子の化学物性計算における驚くほど高い精度の結果によって,より計算時間のかかる *ab initio* 波動関数法の計算結果の正当化にも使われることすらある.しかし,化学反応計算や大規模分子の化学物性計算においては,さまざまな問題が指摘されているので注意が必要である [Pieniazek et al., 2008; Wheeler et al., 2009; Grimme and Korth, 2007; Dreuw et al., 2003; Champagne et al., 2000].

PBE0 混成汎関数 [Adamo and Barone, 1999] は,PBE 交換・相関汎関数を拡張することを目的とした混成汎関数である.PBE 交換・相関汎関数を参照関数とした断熱近似にもとづき,交換汎関数とハートリー・フォック交換積分とのエネルギー差を摂動として展開し,その 3 次展開項として PBE 交換の 4 分の 1 をハートリー・フォック交換積分で置き換えている.

$$E_{\text{xc}}^{\text{PBE0}} = E_{\text{xc}}^{\text{PBE}} + \frac{1}{4} \left(E_{\text{x}}^{\text{HF}} - E_{\text{x}}^{\text{PBE}} \right) \tag{5.58}$$

この汎関数については,パラメータを使っていないとされている (「0」はその意味) が,PBE 交換・相関汎関数には基礎物理定数が含まれる.その特長は,定式が単純であること,パラメータが少ないこと,そして化学物性値の再現性の高さにある.しかし,この汎関数においても,B3LYP 汎関数と同様の問題が指摘されている.

HSE 混成汎関数 [Heyd et al., 2003] は,ハートリー・フォック交換積分を短距離交換のみに混合することにより,PBE 交換・相関汎関数を拡張した汎関数である.6.1 節で述べるように,GGA 交換汎関数 の問題として長距離交換の欠如があることが確かめられている.しかし,GGA 交換汎関数をハートリー・フォック交換積分の長距離部分で補正すると,固体バンド計算において

HOMO-LUMO ギャップがバンドギャップよりずっと大きくなることが指摘されてきた。この汎関数は，**GGA** 交換汎関数にハートリー・フォック交換積分の短距離部分のみを混合することで，本来励起状態計算が必要なバンドギャップの HOMO-LUMO ギャップによるより高精度な再現を可能にすることを目的としている。

$$E_{\text{xc}}^{\text{HSE}} = aE_{\text{x}}^{\text{SR-HF}} + (1-a)E_{\text{x}}^{\text{PBE}} + E_{\text{c}}^{\text{PBE}} \tag{5.59}$$

$E_{\text{x}}^{\text{SR-HF}}$ は誤差関数で分割されたハートリー・フォック交換積分の短距離部分である (6.1 節参照)。上記の PBE0 汎関数と同じ理由で $a = 1/4$ を使っている。この汎関数の特長は，半導体バンド計算における高精度さである。実際，さまざまな半導体について，LDA 汎関数 のバンドギャップ値を維持もしくは改善しながら，LDA 汎関数 で問題とされてきた格子定数などの固体物性を大きく改善することが確認されている。問題点は，長距離交換を無視するモデルを物理的に正当化するのが難しいことである。ハートリー・フォック交換積分の長距離部分がバンドギャップを広げることは，同時に，長距離交換が重要であることを意味するはずである。

それ以外によく利用される主要な混成汎関数としては，ハートリー・フォック交換積分を GGA 交換汎関数と半々で混合した **BHHLYP** 汎関数, B3LYP の物理的妥当性を高めるために PW91 交換・相関汎関数にもとづいて作り直した **mPW1PW91** 汎関数 [Adamo and Barone, 1998] などがある。

5.6 半経験的汎関数

半経験的汎関数とは，半経験的パラメータを無際限に使っても物性値を高精度に再現することを目的とした汎関数である。この考え方のもとになるのは，タンパク質の折りたたみ構造など生体高分子の構造を決定するために生物物理分野の分子動力学計算で利用されている CHARmm[Brooks et al., 1983] や Amber[Pearlman et al., 1995] などの分子力学の力場であろう。力場の開発において重視されているのは，ほとんどの場合，構造を高精度に再現するポテンシャルを与えることのみである。交換・相関汎関数をこれと同じ目的で開

発しようとしているのが半経験的汎関数である。ただし，半経験的汎関数にも開発の作法が存在する。それは，無次元パラメータである x_σ (式 (5.2)) と z_σ (式 (5.45)) を使って表現すること，そして汎関数形は既存の半経験的汎関数の拡張もしくは改良であることである。半経験的汎関数には，B97 汎関数 [Becke, 1997]，ハンプレヒト・コーエン・トーザー・ハンディ (HCTH) 半経験的汎関数 [Hamprecht et al., 1998]，それらをもとにした B97 系半経験的汎関数，Mx 系半経験的汎関数などさまざまな汎関数がある。

B97 半経験的汎関数 [Becke, 1997] は，最初の半経験的汎関数として 1997 年に開発された汎関数であり，現在ある半経験的汎関数の基礎となっている。

$$E_{xc}^{B97} = E_x^{B97} + E_c^{B97} + c_x E_x^{HF} \tag{5.60}$$

$$E_x^{B97} = \sum_\sigma \int d^3\mathbf{r} \bar{E}_{x\sigma}^{LDA}[\rho_\sigma] g_{x\sigma}(x_\sigma^2) \tag{5.61}$$

$$g_{x\sigma} = \sum_i^m C_{x\sigma i} \left[\gamma_{x\sigma} x_\sigma^2 \left(1 + \gamma_{x\sigma} x_\sigma^2\right)^{-1} \right]^i \tag{5.62}$$

$$E_c^{B97} = \sum_\sigma \int d^3\mathbf{r} \bar{E}_{c\sigma\sigma}^{LDA}[\rho_\sigma] g_{c\sigma\sigma}(x_\sigma^2)$$
$$+ \int d^3\mathbf{r} \bar{E}_{c\alpha\beta}^{LDA}[\rho_\alpha, \rho_\beta] g_{c\alpha\beta} \left(\frac{x_\alpha^2 + x_\beta^2}{2} \right) \tag{5.63}$$

$$g_{c\sigma\sigma} = \sum_i^m C_{c\sigma\sigma i} \left[\gamma_{c\sigma\sigma} x_\sigma^2 \left(1 + \gamma_{c\sigma\sigma} x_\sigma^2\right)^{-1} \right]^i \tag{5.64}$$

$$g_{c\alpha\beta} = \sum_i^m C_{c\alpha\beta i} \left[\frac{1}{2} \gamma_{c\alpha\beta}(x_\alpha^2 + x_\beta^2) \left(1 + \frac{1}{2}\gamma_{c\alpha\beta}(x_\alpha^2 + x_\beta^2)\right)^{-1} \right]^i \tag{5.65}$$

$\gamma_{x\sigma} = 0.004$，$\gamma_{c\sigma\sigma} = 0.2$，$\gamma_{c\alpha\beta} = 0.006$ である。半経験的パラメータはこの 3 つ以外に，c_x および $c_{x\sigma i}$，$c_{c\sigma\sigma i}$，$c_{x\alpha\beta i}$ が $i = 0, 1, 2$ の 3 通りあり，計 13 個である (値は [Becke, 1997] 参照)。この汎関数はハートリー・フォック交換積分を一定割合混合しているので混成汎関数でもある。B97 汎関数の半経験的パラメータのうち，c_x を取り除き，$c_{x\sigma i}$，$c_{c\sigma\sigma i}$，$c_{x\alpha\beta i}$ を $i = 0$ から 4 に増加させた汎関数が **HCTH 半経験的汎関数** [Hamprecht et al., 1998] である。半経験的パラメータの数は計 15 個である。HCTH 汎関数はハートリー・

フォック交換積分を混合しないので，GGA 汎関数である。**B97 系半経験的汎関数**はこの汎関数を補正あるいは改良した汎関数である。たとえば，**B97-1 汎関数**は半経験的パラメータの値が違う汎関数，**B97-D 汎関数** [Antony and Grimme, 2006] は分散力補正した汎関数 (6.3 節参照)，ω**B97 汎関数** [Chai and Head-Gordon, 2008a] は長距離補正した汎関数 (6.1 節参照) である。

Mx 系半経験的汎関数 [Zhao and Truhlar, 2006, 2008] は，PBE 交換汎関数と B97 相関汎関数を運動エネルギー密度項で補正した混成メタ GGA 汎関数である (Mx の「M」はメタの意味，x は開発西暦年の下 2 桁)。たとえば M06 汎関数は，PBE 交換汎関数を運動エネルギー密度で補正した M05 交換汎関数と上記の B97 相関汎関数を，メタ GGA 汎関数の VS98 交換・相関汎関数 (5.4 節) と組み合わせたのち，それをハートリー・フォック交換積分と混成させた汎関数である。

$$E_\mathrm{x}^\mathrm{M06} = \frac{X}{100} E_\mathrm{x}^\mathrm{HF} + \left(1 - \frac{X}{100}\right) E_\mathrm{x}^\mathrm{M06-DFT} \tag{5.66}$$

$$E_\mathrm{x}^\mathrm{M06-DFT} = E_\mathrm{x}^\mathrm{revM05} + E_\mathrm{x}^\mathrm{revVS98} \tag{5.67}$$

$$E_\mathrm{c}^\mathrm{M06} = E_{\mathrm{c}\sigma\sigma}^\mathrm{revB97-SIC} + E_{\mathrm{c}\sigma\sigma}^\mathrm{revVS98-SIC} + E_{\mathrm{c}\alpha\beta}^\mathrm{revB97} + E_{\mathrm{c}\alpha\beta}^\mathrm{revVS98} \tag{5.68}$$

$$E_\mathrm{x}^\mathrm{revM05} = \sum_\sigma \int d^3\mathbf{r} \bar{E}_\mathrm{x\sigma}^\mathrm{PBE}[\rho_\sigma] f_{\mathrm{x}\sigma}(w_\sigma) \tag{5.69}$$

$$f_{\mathrm{x}\sigma}(w_\sigma) = \sum_i^m C_{\mathrm{x}\sigma i} \left(\frac{\tau_\sigma^\mathrm{LDA} - \tau_\sigma}{\tau_\sigma^\mathrm{LDA} + \tau_\sigma}\right)^i \tag{5.70}$$

$$E_{\mathrm{c}\sigma\sigma}^\mathrm{M06} = \int d^3\mathbf{r} D_\sigma \left(\bar{E}_{\mathrm{c}\sigma\sigma}^\mathrm{revB97-SIC} + \bar{E}_{\mathrm{c}\sigma\sigma}^\mathrm{revVS98-SIC}\right) \tag{5.71}$$

$$D_\sigma = 1 - \frac{x_\sigma^2}{4(z_\sigma + C_\mathrm{F})} \tag{5.72}$$

$\tau_\sigma^\mathrm{LDA} = C_\mathrm{F} \rho_\sigma^{5/3}$ である。「rev」は半経験的パラメータを修正したことを意味する。D_σ は自己相互作用補正項である。半経験的パラメータは，X，$\gamma_{\mathrm{c}\sigma\sigma}$，$\gamma_{\mathrm{c}\alpha\beta}$，$C_{\mathrm{x}\sigma i}$ (i= 0〜11)，$c_{\mathrm{c}\sigma\sigma i}$ (i= 0〜4)，$c_{\mathrm{x}\alpha\beta i}$ (i= 0〜4)，d_i (i= 0〜2)，$d_{\mathrm{c}\sigma\sigma i}$ (i= 0〜4)，$d_{\mathrm{c}\alpha\beta i}$ (i= 0〜4) の計 38 個である (値は [Zhao and Truhlar, 2008] 参照)。**M06-2x 汎関数**は，M06 交換汎関数から VS98 メタ交換汎関数部分を取り除いた汎関数で，半経験的パラメータは d_i ($i = 0$〜2) の 3 つ

減って計 35 個である (値は [Zhao and Truhlar, 2008] 参照)。Mx 系汎関数としてはほかに，ハートリー・フォック交換積分を混成しない **M06-L 汎関数** (半経験的パラメータ 38 個)，ハートリー・フォック交換積分を全部使った **M06-HF 汎関数** (半経験的パラメータ 38 個) がある。

他の半経験的汎関数としては，B97 汎関数を自己相互作用補正したボーズ・マーティン動力学 (**BMK**) **半経験的汎関数** [Boese and Martin, 2004] などがある。

以上の半経験的汎関数は，もちろん化学物性や化学反応の再現性に優れている。高い再現性のみを目的としているので当然であるが，それにもかかわらず，全く再現できない化学反応が報告されはじめている [Song et al., 2010]。また，さらに重大な問題として，計算結果が半経験的パラメータの値や組み合わせに依存しているため，どの相互作用がどのように寄与しているかは全くわからないことがある。その結果，実験結果のない物性の場合，本当に正しい結果なのか判断がつかない。この問題は，膨大な数の半経験的パラメータを使う場合にかならず生じる問題である。以上のことから，**半経験的汎関数は洗練された汎関数が開発されるまでの過渡的な汎関数**であると考えてよいだろう。

5.7　交換・相関汎関数の妥当性

最後に，各交換・相関汎関数の特長と問題点を明らかにするために，5.1 節で示した基準を含む汎関数の汎用性を評価するうえで重要な基準に照らして考えてみよう。表 5.1 に各汎関数のさまざまな基準の達成度をまとめた。表より，LDA・GGA 汎関数は物理的な妥当性に優れているが物性の再現性に劣ること，半経験的汎関数は逆に物性の再現性に優れているが物理的に問題があることがわかる。メタ GGA は，LDA・GGA 汎関数よりは小分子の物性の再現性がやや高まるが，そのために物理的に意味のない付加項を追加している場合が多く，やや物理的妥当性に劣る。混成汎関数は，小分子の物性をきわめてよく再現するが，混成自体の物理的な正当性に対して疑問が残るうえ，大規模分子の物性は全く再現できない。このように，**これまでの交換・相関汎関数はそれぞれ特長と問題点をもっており，何に重点を置くかによって**

表 5.1 汎用性に対する基準に対する各交換・相関汎関数の達成度

基準	LDA・GGA	メタ GGA	混成	半経験的
物理的な正当性	○	○	△	×
小分子の物性の再現性	×	△	○	○
大規模分子の物性の再現性	×	×	×	△
半経験的パラメータの少なさ	○	△	△	×
人為的な付加項の有無	○	△	△	×
操作なしの物理的補正の可否	○	○	△	×

決まるトレードオフで成り立ってきた面がある．したがって，年を経るごとにヤコビのはしご (図 5.2) を上るように普遍的な汎関数に着実に近づいており，結果として最新の汎関数のほうが優れている，と考えるのはあまりにも楽観的すぎるといえる．

Fundamentals of
Density Functional Theory

第6章

汎関数に対する補正

この章では，前章で紹介した交換・相関汎関数に含まれていない物理的な効果を取りこむために行なう補正について紹介する。この章で紹介する補正に共通するのは，物理的な意味が明らかである効果に対する補正であることであり，単純に物性の再現性を高めるための経験的な付加項とは一線を画する。したがって，あらゆる交換・相関汎関数に対して，補正に対応する物理的な効果を含んでいるかどうかをあらかじめ判断することができる上，含んでいない場合は等しく補正することができる。

6.1 長距離補正

最初に紹介するのは**長距離補正**である。長距離補正とは，**交換汎関数に取りこまれていない長距離電子間の交換相互作用を取りこむ補正**のことを指す。前章で述べたように，交換汎関数は通常，電子密度の汎関数として表わされている。しかし，電子密度は各電子の分布によって決まる量であり，2電子間のあらわな相互作用の情報は含んでいない。また，式 (5.1) に示したように，一般的な交換汎関数は1電子座標に関する積分で計算される。したがって，**交換汎関数に長距離電子間相互作用が取りこまれる理由はなく，つねに長距離相互作用誤差が存在する**。一方，式 (2.45) のハートリー・フォック交換積分は，あらわな2電子積分として交換相互作用を計算するため，長距離交換相互作用が自然に取りこまれる。2001年筆者らは，交換相互作用を短距離電子間部分と長距離電子間部分とに分割し，短距離部分を一般的な交換汎関数，長距離部分をハートリー・フォック交換積分で計算して組み合わせる**長距離補正 (LC) 法**を提案した [Iikura et al., 2001]。この方法では，2電子演算子 $1/r_{12}$ を誤差関数で分割する。

$$\frac{1}{r_{12}} = \frac{1-\mathrm{erf}(\mu r_{12})}{r_{12}} + \frac{\mathrm{erf}(\mu r_{12})}{r_{12}} \tag{6.1}$$

しかし，ほとんどの交換汎関数は対応する密度行列をもたないため，式 (6.1) による分割は一般的に難しい。筆者らは，交換汎関数の違いはすべて運動量 k_σ に反映されると仮定し，式 (5.1) の一般的な交換汎関数に適用できる短距離相互作用の定式を導いた。

$$E_\mathrm{x}^{\mathrm{LC(sr)}} = -\frac{1}{2}\sum_\sigma \int d^3\mathbf{r}\rho_\sigma^{4/3} K_\sigma \left\{1 - \frac{8}{3}a_\sigma\left[\sqrt{\pi}\mathrm{erf}\left(\frac{1}{2a_\sigma}\right) + 2a_\sigma(b_\sigma - c_\sigma)\right]\right\} \tag{6.2}$$

$a_\sigma,\ b_\sigma,\ c_\sigma$ はそれぞれ,

$$a_\sigma = \frac{\mu}{2k_\sigma} = \frac{\mu K_\sigma^{1/2}}{6\sqrt{\pi}\rho_\sigma^{1/3}} \tag{6.3}$$

$$b_\sigma = \exp\left(-\frac{1}{4a_\sigma^2}\right) - 1 \tag{6.4}$$

$$c_\sigma = 2a_\sigma^2 b_\sigma + \frac{1}{2} \tag{6.5}$$

重要なのは,式 (5.4) の LDA 交換汎関数を使う場合に,運動量 k_σ がフェルミ運動量を与えるように次の定式をもつことである。

$$k_\sigma = \left(\frac{9\pi}{K_\sigma}\right)^{1/2}\rho_\sigma^{1/3} \tag{6.6}$$

これにより,LDA 交換汎関数を使う場合はサビンにより提案されていた定式 [Savin, 1996] と一致する。また,ハートリー・フォック交換積分を利用する長距離相互作用部分は式 (2.43),(2.45) の交換積分に誤差関数をつけ,

$$E_\mathrm{x}^{\mathrm{LC(lr)}} = -\frac{1}{2}\sum_\sigma\sum_i^n\sum_j^n \iint d^3\mathbf{r}_1 d^3\mathbf{r}_2 \phi_{i\sigma}^*(\mathbf{r}_1)\phi_{j\sigma}(\mathbf{r}_1)\frac{\mathrm{erf}(\mu r_{12})}{r_{12}}\phi_{i\sigma}(\mathbf{r}_2)\phi_{j\sigma}^*(\mathbf{r}_2) \tag{6.7}$$

と与えられる。以上の定式に含まれる唯一のパラメータである μ は,用いる交換汎関数によって異なる値をもつ。たとえば,B88 交換汎関数や PBE 交換汎関数の場合は,平衡構造付近の電子基底状態を取り扱う場合は $\mu=0.47$,それ以外は $\mu=0.33$ が最適であることが確かめられている。

長距離補正はコーン・シャム計算で報告されてきたきわめて広範囲の問題を解決する。長距離補正が特に顕著に解決するのは,ファンデルワールス結合,電子励起スペクトル,光学応答物性,そして軌道エネルギーである。ファ

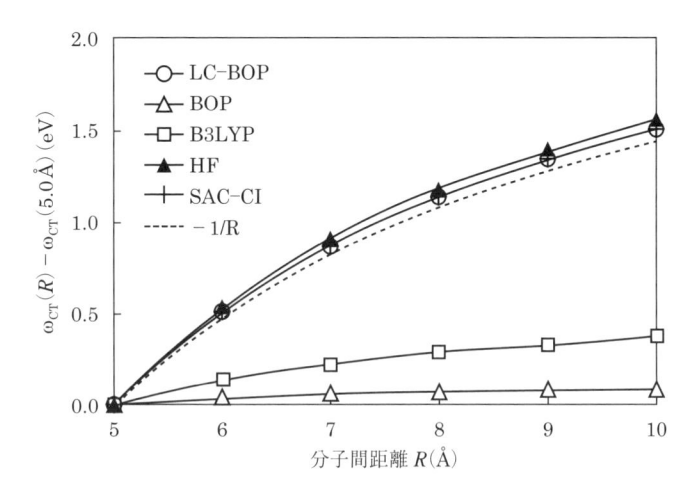

図 6.1 ethylene-tetrafluoroethylene 2 量体の分子間距離による最低電荷移動励起エネルギーの変化 (eV)。分子間距離 5Å における値をゼロと置いている。厳密には，$-1/R$ の曲線よりわずかに上の値を与えなければならない。文献 [Tawada et al., 2004] 参照

ンデルワールス結合については 6.3 節，軌道エネルギーについては 7.9 節で詳しく述べるので，ここでは電子励起スペクトルと光学応答について考えてみよう。まず，電子励起スペクトルについては，時間依存コーン・シャム方程式 (4.6 節参照) の計算において電荷移動励起 [Dreuw et al., 2003; Dreuw and Head-Gordon, 2004]・リュードベリ励起 [Tozer and Handy, 1998] の各励起エネルギーの過小評価と振動子強度の過小評価 [van Gisbergen et al., 1998] が報告されてきた。また，超分極率などの光学応答についても，長鎖ポリエン分子の Coupled perturbed コーン・シャム法あるいは有限場法 (4.7 節参照) の計算において，鎖が長くなるにつれて著しく過大評価される問題が指摘されていた [Champagne et al., 2000]。図 6.1 と図 6.2 に示すように，これら**電子励起スペクトルと光学応答の問題は交換汎関数を長距離補正することにより解決する** [Tawada et al., 2004; Kamiya et al., 2005]。このことは，**問題の原因が軌道エネルギーと交換・相関積分核の再現性にある**ことを示している。時間依存コーン・シャム法と Coupled perturbed コーン・シャム法の共

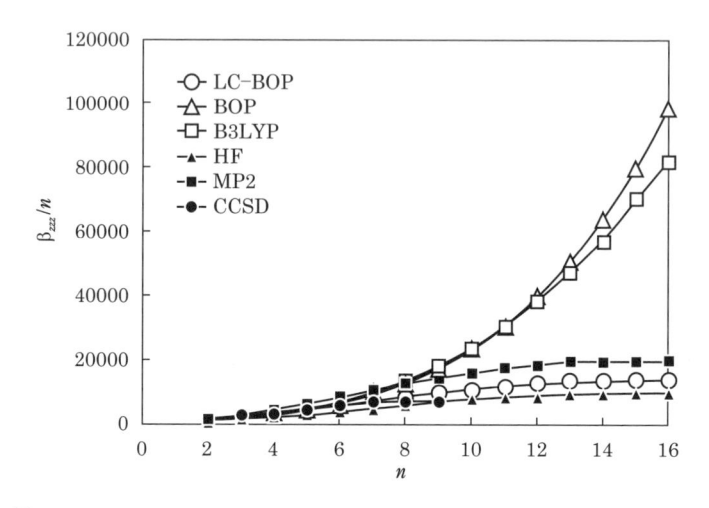

図 6.2 α,ω-nitro,amino-polyacetylene $O_2N(C_2H_2)_n NH_2$ の縦超分極率のユニット数 n による変化。文献 [Kamiya et al., 2005] 参照

通点は，両方とも応答量を取り扱っていることである。式 (4.37)，(4.38) および (4.62) の行列要素からわかるように，これらの方程式は軌道エネルギー差を含む。また，両者において利用されている行列 K は，式 (4.41) のように交換・相関積分核に関する積分を含む。7 章で詳しく説明するように，長距離補正しない限り，どのような汎関数を使っても軌道エネルギー差と交換・相関積分核は両方とも大きく過小評価される。しかし，**軌道エネルギー差が正の値なのに対し，交換・相関積分核は負の値なので，誤差相殺によって全体として正しい値に近づくことがある**。その**最も顕著な例が小分子の価電子励起**であり，励起前後の軌道の形状が似通っているため，長距離補正しない汎関数でも誤差相殺で励起エネルギーがかなり高精度に得られる。しかし，電荷移動励起やリュードベリ励起の場合，励起前後の軌道の形状が著しく異なるために，交換・相関積分核の項が著しく小さい。それによって，軌道エネルギー差の過小評価がそのまま励起エネルギーの誤差として現れるわけである。光学応答についても，小分子では誤差相殺で正しく見える結果を与えるが，長鎖分子のように形状が著しく異なる軌道がエネルギー的に近接している場合は明らか

な誤差として現れる．振動子強度についても同様に軌道エネルギー差で決まるので，過小評価が誤差として現れる．4.7 節に示したように，**分光物性のほとんどは励起エネルギーや光学応答と同じ応答量であるため，その計算には長距離補正が必要である**ことがわかる．

　長距離補正の適用性の高さは，さまざまな長距離補正汎関数を生み出す結果となった．Gaussian09 プログラムに搭載されている LC-DFT 以外の主要な長距離補正汎関数としては，クーロン減衰 (CAM)-B3LYP，LC-ωPBE，ωB97X の各汎関数がある．**CAM-B3LYP 長距離補正混成汎関数** [Yanai et al., 2004] は，式 (6.1) の分割のかわりに，

$$\frac{1}{r_{12}} = \frac{1 - [\alpha + \beta \cdot \mathrm{erf}(\mu r_{12})]}{r_{12}} + \frac{\alpha + \beta \cdot \mathrm{erf}(\mu r_{12})}{r_{12}}, \tag{6.8}$$

という分割を使い，B3LYP 混成汎関数 (5.5 節参照) を長距離補正した汎関数である．α と β の値にはさまざまあるが，$\alpha = 0.19$ と $\beta = 0.46$ がよく利用される．この汎関数では，長距離交換は完全には入らないかわりに，混成汎関数のように短距離交換にもハートリー・フォック交換が一定の割合で含まれている．相関汎関数には，B3LYP と同様に 0.19 倍の VWN 相関汎関数と 0.81 倍の LYP 相関汎関数の和が利用される．CAM-B3LYP は，**LC-DFT の最大の問題点である原子化エネルギーの再現性の悪さは，補正されていない短距離交換が原因**だという考えにもとづいて開発された．その結果，長距離交換があらわに効く系の計算以外において LC-DFT の特長を維持しながら，原子化エネルギーの問題を解消している．**LC-ωPBE 長距離補正汎関数** [Vydrov et al., 2006] は，LC-DFT が対応する密度行列をもたないほとんどの交換汎関数のために運動量を変換したのに対し，PBE 交換汎関数に対応する交換孔 [Ernzerhof and Perdew, 1998] (3.1 節参照) を使って対処した汎関数である．

$$E_{\mathrm{x}}^{\mathrm{LC}-\omega\mathrm{PBE(sr)}}(\omega) = 2\pi \int d^3 \mathbf{r} \rho(\mathbf{r}) \int_0^\infty dr_{12} \left[1 - \mathrm{erf}(\omega r_{12})\right] r_{12} h_{\mathrm{x}}^{\mathrm{PBE}}(\mathbf{r}, r_{12}) \tag{6.9}$$

ω は LC-DFT の μ と同じものであり，$\omega = 0.4$ と与えられている．この方法は，オリジナルよりは若干ベンチマーク計算結果は悪いが，**LC-DFT よりさ**

らに物理的に裏づけのある短距離交換を与えている。ω**B97X** 長距離補正半経験的汎関数 [Chai and Head-Gordon, 2008a] は，B97 半経験的汎関数 (5.6 節参照) を長距離補正した汎関数である。

$$E_{\text{xc}}^{\omega\text{B97X}} = E_{\text{x}}^{\text{LC(lr)}} + c_{\text{x}} E_{\text{x}}^{\text{HF(sr)}} + E_{\text{x}}^{\text{B97(sr)}} + E_{\text{c}}^{\text{B97}} \tag{6.10}$$

$c_{\text{x}} = 0$ のときは X なしの ωB97 とよぶ。ωB97X 汎関数の半経験的パラメータは ω を入れて 17 個 (ωB97 汎関数は 16 個) である。この汎関数は，半経験的パラメータが多く適用性の広さには疑問が残るが，原子化エネルギーの問題も解消し，さまざまなベンチマーク計算で LC-DFT を若干上回る高精度な物性値を与えている。長距離補正汎関数にはほかにも，ガウス型関数で短距離交換にハートリー・フォック交換を混ぜる **erfgau** 長距離補正汎関数 [Toulouse et al., 2004] とその修正版の **LCgau-BOP** 長距離補正汎関数 [Song et al., 2007]，混成汎関数の断熱接続の考え方 (5.5 節参照) にもとづいて開発されたモリサンチェス・コーエン・ヤン (**MCY**) 長距離補正汎関数 [Cohen et al., 2007]，長距離補正 LDA 交換汎関数を減衰させて LYP 相関汎関数と組み合わせたベア・ノイハウザー・リフシッツ (**BNL**) 長距離補正汎関数 [Livshits and Baer, 2007] などが存在する。これらの長距離補正汎関数はほとんどの場合，ファンデルワールス結合，電子スペクトル，光学応答物性，そして軌道エネルギーについてきわめて高い再現性を示すオリジナルの **LC-DFT** の特長を備えている場合がほとんどである。

6.2　自己相互作用補正

汎関数に対する補正として最もよく知られているのは自己相互作用補正であろう。DFT において，自己相互作用補正とは交換汎関数の自己相互作用誤差を取り除く補正を指す。自己相互作用誤差とは，コーン・シャム方程式の交換部分にハートリー・フォック交換積分ではなく交換汎関数が利用されているために，交換自己相互作用と相殺されるべきであるのに残ってしまったクーロン自己相互作用のことを指す。

$$\Delta E^{\mathrm{SIE}} = \sum_{i}^{n} (J_{ii} + E_{\mathrm{xc}}[\rho_i]) \tag{6.11}$$

自己相互作用補正の歴史は意外と古く，1928 年にはハートリーが原子について行なっている [Hartree, 1928]。1934 年には，フェルミとアマルディがトーマス・フェルミ理論 (4.1 節参照) のクーロン相互作用に対する補正法として提案している [Fermi and Amaldi, 1934]。よく利用されるのはクーロンポテンシャルに対する補正としてであり，

$$V_J^{\mathrm{FA}}[\rho] = 2\left(1 - \frac{1}{n}\right) \sum_{j}^{n} \hat{J}_j[\rho] \tag{6.12}$$

と書く。この補正は，固体の伝導バンドの電子のように同種の電子だけが存在していると仮定し，そのなかの電子 1 個分のクーロン相互作用を取り除く自己相互作用補正である。この自己相互作用補正のポテンシャルはきわめて粗い仮定にもとづいているが，化学においてもたとえば電子密度から交換・相関ポテンシャルを導く ZMP 法 (4.5 節参照) において利用されている。

最も利用されている自己相互作用補正は，1981 年に開発された**パーデュー・ズンガーの自己相互作用補正法**である [Perdew and Zunger, 1981]。この補正は単純であり，全電子エネルギーから自己相互作用誤差をそのまま取り除く。

$$E = E^{\mathrm{KS}} - \sum_{i}^{n} (J_{ii} + E_{\mathrm{xc}}[\rho_i]) \tag{6.13}$$

ポテンシャルについても同様に求めた自己相互作用誤差を差し引く。すなわち，交換ポテンシャルは結局，

$$V_{\mathrm{x}}(\mathbf{r}) = \frac{\delta E_{\mathrm{x}}}{\delta \rho} - \sum_{i}^{n} \left(\hat{J}_i + \frac{\delta E_{\mathrm{x}}}{\delta \rho}[\rho_i(\mathbf{r})]\right) \tag{6.14}$$

となる。この補正法における問題点は，ハートリー・フォック方程式と違って，コーン・シャム方程式では補正後でも占有軌道に対するユニタリ変換について不変ではないことである。ハートリー・フォック方程式では，占有軌道のユニタリ変換による交換相互作用のエネルギーやポテンシャルの変化はクーロン相互作用のエネルギーやポテンシャルの変化とそれぞれ相殺するが，

コーン・シャム方程式では補正後でもそうならない。したがって，ユニタリ変換による占有軌道の違いは，自己相互作用補正値の違いを生み出す。この問題を解決するために，自己相互作用補正を行なう前にあらかじめ軌道を局在化する方法が通常とられる [Johnson et al., 1994]。しかし，軌道の局在化法にはさまざまな種類があり，自己相互作用誤差の大きさはその方法に依存する。この問題の解決に最も効果的なのは，最適化有効ポテンシャル (OEP) 法 (7.5 節参照) と組み合わせる方法であろう。この方法を使えば，自己相互作用誤差のない局所ポテンシャルを画一的に与えることができる。

自己相互作用誤差は相関汎関数にも含まれることが多い。相関汎関数の自己相互作用誤差は，1 電子系で本来ゼロであるべき相関エネルギーを与えるかどうかで確かめられる。たとえば，一般的に利用される LDA 相関汎関数 (5.3 節参照) には同スピン電子間の電子相関が含まれ，1 電子系でも相関エネルギーを与えるため，自己相互作用誤差が含まれる。密度勾配展開型相関汎関数にはこの LDA 相関汎関数が含まれるため，補正されていなければ自己相互作用誤差が含まれる。LYP 相関汎関数も定式的には 1 電子系に対して電子相関を与える。ただし，汎関数に 1 電子系で電子相関を与えないように付加項が掛けられている。OP 相関汎関数は，式 (5.30) からわかるように反対スピン相関しか含まないので，少なくとも直接的な自己相互作用誤差は含まない。しかし，交換汎関数項に含まれる自己相互作用誤差からくる間接的な誤差は，無視できるレベルであろうが存在する可能性はある。以上のように，相関汎関数には自己相互作用誤差がある場合がほとんどだが，その誤差は交換汎関数の誤差と比べて十分に小さいと解釈され，**相関汎関数に自己相互作用補正が加えられることはまれである。**

自己相互作用補正は主に固体物性計算で利用されてきた。特に固体バンド計算においては，通常の汎関数を使ったコーン・シャム法計算によって過小評価されたバンドギャップを改善するために自己相互作用補正が利用されてきた。というのは，自己相互作用補正は占有軌道の交換エネルギーだけを大きくする効果があるからである。実際，LDA 汎関数を利用すると過小評価されることの多いバンドギャップは，自己相互作用補正によって大きく実験値に近づくという報告がなされてきた [Svane and Gunnarsson, 1990]。しかし，内殻

軌道をより正しく扱った方法では，**半導体のバンドギャップ**は自己相互作用補正なしの汎関数でもある程度再現できるという報告がなされており [Gerber et al., 2007]，**自己相互作用補正するとむしろ過大評価**してしまう。また，**絶縁体のバンドギャップも自己相互作用補正すると過大評価**することが報告されてきた [Arai and Fujiwara, 1995]。絶縁体のバンドギャップの問題は**長距離相互作用誤差** (7.9 節参照) **が原因**とされている [Gerber et al., 2007]。

　自己相互作用補正は，バンドのような価電子軌道よりむしろ，内殻軌道に対して重要である。自己相互作用する (つまり，2 電子間の相互作用のない) σ スピン電子の密度行列は次のように書ける。

$$P_\sigma(\mathbf{r}_1, \mathbf{r}_2) = \rho_\sigma^{1/2}(\mathbf{r}_1)\rho_\sigma^{1/2}(\mathbf{r}_2) \tag{6.15}$$

この密度行列を使うと，運動エネルギー密度 τ は式 (4.4) に対応するワイツゼッカー運動エネルギー密度 τ^{W} となる [Dreizler and Gross, 1990]。

$$\tau = -\sum_\sigma \nabla^2 P_\sigma(\mathbf{r}_1, \mathbf{r}_2)\bigg|_{\mathbf{r}_1=\mathbf{r}_2} = \sum_\sigma \frac{1}{4}\frac{|\nabla \rho_\sigma|^2}{\rho_\sigma} = \tau^{\mathrm{W}} \tag{6.16}$$

また，交換エネルギー密度は付録 A の式 (A.26) の**長距離 (遠核) 漸近相互作用条件**を満たす。

$$\bar{E}_{\mathrm{x}\sigma}(\mathbf{r}) = -\frac{1}{2}\int d^3\mathbf{r}'\frac{|P_\sigma(\mathbf{r},\mathbf{r}')|^2}{|\mathbf{r}-\mathbf{r}'|} \xrightarrow{r\to\infty} -\frac{1}{2r}\rho_\sigma(\mathbf{r}) \tag{6.17}$$

さらに，同スピン電子に関する対密度行列 (2 次密度行列の対角項) がゼロになるため，同スピン電子間の相関エネルギー密度はゼロになると考えられる。

$$P_{2\sigma\sigma}(\mathbf{r}_1, \mathbf{r}_2) = \frac{1}{2}\left[\rho_\sigma(\mathbf{r}_1)\rho_\sigma(\mathbf{r}_2) - |P_\sigma(\mathbf{r}_1,\mathbf{r}_2)|^2\right] = 0 \Longrightarrow \bar{E}_{\mathrm{c}\sigma\sigma} = 0 \tag{6.18}$$

この関係性を使うと，自己相互作用する電子が存在する領域である**自己相互作用領域** [Tsuneda et al., 2001] を特定することができる。すなわち，**ワイツゼッカー運動エネルギー密度が全運動エネルギー密度に近い領域が自己相互作用領域**である。ワイツゼッカー運動エネルギーは運動エネルギーの最低値であり，全運動エネルギーを超えない。したがって，ワイツゼッカー運動エネルギー密度の全運動エネルギー密度に対する比を見れば，分子のどの領域が

6.2 自己相互作用補正

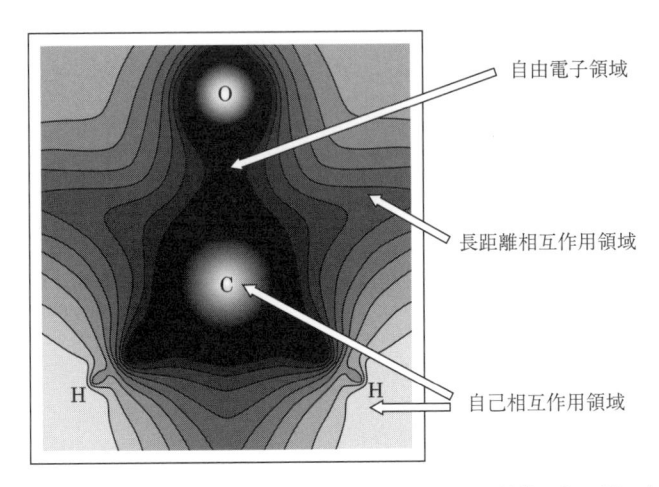

[figure: ホルムアルデヒド分子内の等高線図。O、C、H、Hの位置が示され、矢印で「自由電子領域」「長距離相互作用領域」「自己相互作用領域」が指示されている。]

図 6.3 ホルムアルデヒド分子のなかのワイツゼッカー運動エネルギー密度と全運動エネルギー密度との比のプロットと 3 つの領域

自己相互作用領域かを知ることができる．図 6.3 はホルムアルデヒド分子においてこの比を図示したものである [Tsuneda et al., 2003]．自己相互作用領域にあたる比が 1 付近の領域は，原子核近くの領域と水素原子の結合と反対の領域のみであることがわかる．すなわち，**自己相互作用する電子は内殻軌道と価電子 1s 軌道の非結合側のみに存在**する．それ以外の領域については，比が 1 からかなり離れた結合付近に存在する領域と比が 1 からそれほど離れていない結合と違う方向に存在する領域に分けられる．比が 1 からかなり離れた領域は，電子が遷移金属の自由電子に似た運動をする**自由電子領域** [Tsuneda et al., 2001] と解釈できる．この領域の交換・相関ポテンシャルは電子密度の汎関数として書けると考えられる．実際，この領域の電子密度はゆっくりと変化するため，運動・交換・相関の各成分エネルギーが式 (5.2) の無次元パラメータの展開として記述でき，結果として**運動・交換・相関エネルギーは横断的な物理的関係性をもつ**ことがわかっている [Tsuneda et al., 2001]．また，比が 1 からそれほど離れていない中間領域は，距離が十分離れている電子どうしの相互作用が支配的な領域，すなわち**長距離相互作用領域**と解釈するの

が適当であろう．図 6.3 において長距離相互作用領域は内殻軌道から遠く離れているが，長距離補正が内殻軌道にほとんど影響しないという計算結果と一致するからである (6.1 節参照)．さらに，この解釈は長距離交換と長距離相関が自己相互作用補正以外に化学結合を正確に記述するのに必要とする解析結果にも裏づけられる [Gräfenstein et al., 2004]．以上のことから，**汎関数には長距離補正と自己相互作用補正の両方が必要**であることが示唆されている [Nakata et al., 2010; Nakata and Tsuneda, 2013]．

6.3 ファンデルワールス (分散力) 補正

ほとんどの相関汎関数において考慮されていない電子相関として**ファンデルワールス力**がある [Tsuneda and Sato, 2009]．ファンデルワールス力 は双極子－双極子相互作用，双極子－誘起双極子相互作用，および分散力の総称である [Israelachvili, 1992]．**双極子－双極子相互作用**は極性系の永久双極子間の相互作用であり，ポテンシャルは系 A-B 間について古典的に次のように与えられる．

$$V_{\mu-\mu}(\mathbf{r}) = -\frac{\mu_A \mu_B}{R_{AB}^3} \tag{6.19}$$

μ_X は系 X の永久双極子モーメント，R_{AB} は系 A-B 間の距離である．この相互作用はコーン・シャム方程式に 2 電子間の静電相互作用として取りこまれている．**双極子－誘起双極子相互作用**は，極性系と無極性系の相互作用であり，極性系 A の永久双極子モーメントを μ_A，無極性系 B の分極率 (誘起双極子モーメントを生み出す電場に対する線形応答) を α_B とすると，古典的なポテンシャルは

$$V_{\mu-\alpha}(\mathbf{r}) = -\frac{\mu_A^2 \alpha_B}{R_{AB}^6} \tag{6.20}$$

と与えられる [Israelachvili, 1992]．この相互作用はかなり弱く，極性分子が無極性溶媒に溶解しにくい原因となっている．この相互作用も SCF 計算によってコーン・シャム法計算に取りこまれている．**分散力**は，電荷や多極子モーメントをもたない物体間にもはたらく普遍的な相互作用である．古典的

な表現としては，ロンドンが摂動論を使って提案した2個の異種原子・分子間のポテンシャル関数が利用される [London, 1930]．

$$V_{\text{disp}}^{\text{London}}(\mathbf{r}) = -\frac{3}{2}\frac{\alpha_A \alpha_B}{R_{AB}^6}\frac{I_A I_B}{I_A + I_B} \tag{6.21}$$

I_X は部分系 X のイオン化ポテンシャルである．分散力は，電子分布のゆらぎによる瞬間的な双極子モーメントと，それが作る電場によって誘起された双極子モーメントとの間の相互作用と解釈される．つまり，空間的に隔てられた2つの電子分布が，それぞれの平衡分布のまわりで相関して振動し，2体間に相互作用を生じるのである．したがって，分散力は1体の平均場近似では取りこまれない純粋な2体間の電子相関効果であり，遠く離れた電子対の間にあらわにはたらく長距離相関である．この**分散力のみがこれまでの相関汎関数を使ったコーン・シャム法で取りこむことのできないファンデルワールス力**である．

分散力は本来，相関汎関数に含まれているべき効果である．しかし，5.3節に示したように，相関汎関数は LDA 相関汎関数を密度勾配補正するか，もしくは相関カスプ由来の動的電子相関を与えるように開発されており，分散力のような離れた電子間の電子相関は取りこまれていない．したがって，コーン・シャム方程式には何らかの方法で分散力をあらわに取りこむ必要があり，さまざまな分散力補正法が提案されてきた．これまでの補止法は主に，交換・相関汎関数の改編，古典的ポテンシャル，線形応答理論，ファンデルワールス(分散力)汎関数，および摂動法の5種類による補正に大別できる．

交換・相関汎関数の改編は，主に半経験的汎関数 (5.6節参照) において分散力を取りこむように半経験的パラメータを決める手法であり，B97-D 汎関数 [Antony and Grimme, 2006] などの **DFT-D 汎関数**や M06-2x 汎関数 [Zhao and Truhlar, 2008] などがある．この方法では，汎関数のみで分散力を取りこめるために簡便であるが，パラメータの決め方に計算結果が大きく依存したり，分散力の R^{-6} 減衰が記述できないなどの問題も報告されている．

最も簡単な分散力補正法として，ロンドンの古典的な原子間分散力ポテンシャルにより，コーン・シャムエネルギーを経験的に補正する方法がある [Wu and Yang, 2001]。

$$E = E^{\mathrm{KS}} - \sum_{\mathrm{A>B}} \frac{C_6^{\mathrm{AB}}}{R_{\mathrm{AB}}^6} f_{\mathrm{damp}}(R_{\mathrm{AB}}) \tag{6.22}$$

A,B は原子のラベル,C_6^{AB} は原子間の分散力係数,f_{damp} は短距離部分を取り除くための減衰関数である。この方法の特長は,追加の計算時間をほとんど必要とせずに分散力計算ができる点であり,分散力係数をうまく選ぶと実験結果をよく再現する。しかし,この方法は情報のない新たな系の計算に使うのは難しく,さらに併用する交換・相関汎関数によって大きく異なる結果を与えることも報告されている。そのため,たとえば上記の DFT-D 汎関数のように,式 (6.22) の右辺第 2 項にパラメータを掛け,汎関数ごとに分散力を調整する方法も提案されているが,あまりにも経験的で汎用性に欠ける。この問題を解決するために,ベッケらは交換孔双極子モーメント (exchange-hole dipole moment, **XDM**) 法を開発した [Becke and Johnson, 2005a,b]。この方法では,式 (6.22) の C_6^{AB} 係数を

$$C_6^{\mathrm{AB}} = \frac{\langle d_\mathrm{x}^2 \rangle_\mathrm{A} \langle d_\mathrm{x}^2 \rangle_\mathrm{B} \alpha_\mathrm{A} \alpha_\mathrm{B}}{\langle d_\mathrm{x}^2 \rangle_\mathrm{A} \alpha_\mathrm{B} + \langle d_\mathrm{x}^2 \rangle_\mathrm{B} \alpha_\mathrm{A}} \tag{6.23}$$

$$\langle d_\mathrm{x}^2 \rangle_A = \sum_\sigma \int d^3 \mathbf{r} \rho_\sigma(\mathbf{r}) d_{\mathrm{x}\sigma}^2(\mathbf{r}) \tag{6.24}$$

$$\mathbf{d}_{\mathrm{x}\sigma}(\mathbf{r}) = \left\{ \frac{1}{\rho_\sigma(\mathbf{r})} \sum_{ij} \left[\int d^3 \mathbf{r}' \mathbf{r}' \phi_{i\sigma}(\mathbf{r}') \phi_{j\sigma}(\mathbf{r}') \right] \phi_{i\sigma} \phi_{j\sigma} \right\} - \mathbf{r} \tag{6.25}$$

として計算する。系 A,B の分極率 α_A,α_B については文献値を利用する。したがって,この方法も経験的な手法ではあるが,これまでの経験的な方法と比較すると物理的な正当性はあり,単純にロンドンの古典的分散力ポテンシャルを単純に足し合わせる方法よりは数値的な再現性も高い。

コーン・シャム法にもとづく**厳密な分散力計算法**として,線形応答理論にもとづく**断熱接続・揺動散逸定理 (AC/FDT) 法**がある [Langreth and Perdew, 1975]。この AC/FDT 法は,電子相関を電子間相互作用を摂動として生じた電子運動の自発的なゆらぎによるエネルギー応答量とし,

$$E_c = -\int_0^1 d\lambda \iint d^3\mathbf{r} d^3\mathbf{r}' \frac{1}{|\mathbf{r}-\mathbf{r}'|}$$
$$\times \left[\frac{1}{2\pi}\int_0^\infty du\{\chi_\lambda(\mathbf{r},\mathbf{r}',iu) - \chi_0(\mathbf{r},\mathbf{r}',iu)\}\right] \quad (6.26)$$

と求める。$\mathbf{r}$ と $\mathbf{r}'$ は電子の位置ベクトルである。χ_λ と χ_0 はそれぞれ相互作用系と独立電子近似系の電子密度応答関数であり，次のダイソン方程式を解いて求める。

$$\chi_\lambda(\mathbf{r},\mathbf{r}',\omega) = \chi_0(\mathbf{r},\mathbf{r}',\omega)$$
$$+ \iint d^3\mathbf{r}_1 d^3\mathbf{r}_2 \chi_0(\mathbf{r},\mathbf{r}_1,\omega)$$
$$\times \left\{\frac{\lambda}{|\mathbf{r}_1-\mathbf{r}_2|} + f_{xc}^\lambda(\mathbf{r}_1,\mathbf{r}_2,\omega)\right\}\chi_\lambda(\mathbf{r}_2,\mathbf{r}',\omega) \quad (6.27)$$

f_{xc}^λ は相互作用系に対する式 (4.31) の交換・相関積分核である。こうして求めた電子相関には分散力が含まれるため，この相関エネルギーの長距離部分は **RPAx 分散力補正**と称されて利用されることもある [Zhu et al., 2010]。この一連の計算法は時間依存応答コーン・シャム法 (4.6 節参照) に似ているが，実際の計算でも振動数依存の TDDFT 行列方程式を解いて相関エネルギーを得る。この AC/FDT 相関エネルギーは静的電子相関の一部を含むことも示されている [Bleiziffer et al., 2012]。以上のように，AC/FDT 法は **1 電子 SCF 計算の枠内で分散力を厳密に計算できる手法として重要**である。しかし，実際の計算にはさまざまな近似を必要とし，通常，コーン・シャム計算の 1000 倍以上という膨大な計算時間を必要とする。

AC/FDT 法の厳密さと古典的ポテンシャルの便利さをあわせもつ分散力計算法として開発されたのが，ファンデルワールス (分散力) 汎関数である。1996 年，ルントクヴィストらは，AC/FDT 法の電子密度応答関数に局所密度近似を課すことで，分散力汎関数を提案した [Andersson et al., 1996]。

$$E_{\text{disp}}^{\text{ALL}}[\rho] = -\frac{6}{4\pi^{3/2}} \int_{V_1} d^3\mathbf{r}_1 \int_{V_2} d^3\mathbf{r}_2 \frac{\sqrt{\rho(\mathbf{r}_1)}\sqrt{\rho(\mathbf{r}_1)}}{\sqrt{\rho(\mathbf{r}_1)}+\sqrt{\rho(\mathbf{r}_1)}}\frac{1}{r_{12}^6} \quad (6.28)$$

ほぼ同じ汎関数として，**局所応答近似**にもとづく汎関数が同年にドブソンらによって独立に提案されている [Dobson and Dinte, 1996]。これらの汎関数

の定式にはあらわな数値的 2 電子積分が含まれており計算時間がかかるように見えるが，実際の計算では運動量の変化が小さい空間領域や内殻領域を無視できるので，計算時間はコーン・シャム計算の計算時間を超えない。しかし，この汎関数には，電子分布の重なりの小さい 2 体間にしか適用できないという問題があり，近距離電子間では式 (6.22) のような減衰関数を必要とする。この問題を解決するため，電子分布に重なりが生じる領域にも適用可能な分散力汎関数の開発が多くの研究者により試みられてきた。ルントクヴィストら自身により提案された分散力汎関数は，任意の構造に対してこの要求を満たす [Dion et al., 2004]。この汎関数は，2 電子の空間座標，2 点における電子密度と密度勾配からなる $\phi(\mathbf{r}_1, \mathbf{r}_2)$ 関数を使った次の複雑な定式をもつ。

$$E_{\mathrm{disp}}^{\mathrm{DRSLL}}[\rho] = \int d^3\mathbf{r}_1 \int d^3\mathbf{r}_2 \rho(\mathbf{r}_1) \phi(\mathbf{r}_1, \mathbf{r}_2) \rho(\mathbf{r}_2) \tag{6.29}$$

$$\phi(\mathbf{r}_1, \mathbf{r}_2) = \frac{2}{\pi^2} \int_0^\infty da\, a^2 \int db\, b^2 W(a,b) T\left(\nu_1(a), \nu_1(b), \nu_2(a), \nu_2(b)\right) \tag{6.30}$$

$$T(w,x,y,z) = \frac{1}{2}\left[\frac{1}{w+x}+\frac{1}{y+x}\right]\left[\frac{1}{(w+y)(x+z)}+\frac{1}{(w+z)(y+x)}\right] \tag{6.31}$$

$$W(a,b) = \frac{2}{a^3 b^2}\left[(3-a^2)b\cos b \sin a + (3-b^2)a\cos a \sin b \right.$$
$$\left. + (a^2+b^2-3)\sin a \sin b - 3ab\cos a \cos b\right] \tag{6.32}$$

$\nu_i(y) = y^2/2\left(1-\exp(-4\pi y^2/9d_i^2)\right)$ であり，$d_i = r_{12} q_0(\mathbf{r}_i)$ である。さらに，q_0 はフェルミ運動量 $k_{\mathrm{F}} = (3\pi^2\rho)^{1/3}$ を使って，

$$q_0(\mathbf{r}) = k_{\mathrm{F}}(\mathbf{r})\left[1 + 0.09434\left(\frac{\boldsymbol{\nabla}\rho(\mathbf{r})}{2k_{\mathrm{F}}(\mathbf{r})\rho(\mathbf{r})}\right)^2\right] \tag{6.33}$$

である。この汎関数は，近距離電子間で自然にゼロに近づくため，減衰関数を必要としない。また，分子内分散力も算出することができる。この分散力汎関数は，たとえば **vdW-DF 分散力補正法** [Dion et al., 2004] において revPBE 汎関数 (5.2 節参照) と組み合わせて利用されている。さらに，ドブソンらの局所応答近似汎関数 [Dobson and Dinte, 1996] に実空間カットオフを平滑化

する誘電体モデル [Vydrov and van Voorhis, 2009] を組み合わせた局所応答分散 (local response dispersion, **LRD**) 汎関数を佐藤と中井が提案している [Sato and Nakai, 2009]。この汎関数も分子内分散力を取り扱え，長距離補正汎関数と組み合わせた LC+vdW 法により，これまでのコーン・シャム法で取り扱えなかった光化学反応 [Nakatsuka et al., 2011] や過小評価されてきた反応エンタルピーの大幅な改善 [Song et al., 2010] に成功している。

　分散力を比較的少ない計算時間で再現できる *ab initio* 波動関数法として MP2 法などの摂動法 (3.2 節参照) がある。この**摂動法をコーン・シャム法と組み合わせれば，分散力を再現できるはずである**。この考えにもとづく方法の 1 つとして，コーン・シャム分子軌道にもとづく **DFT 対称適合摂動法 (DFT-SAPT)** がある [Williams and Chabalowski, 2001]。*ab initio* 波動関数法の SAPT では，分子間および分子内の電子相関をともに多体摂動論により扱うが，DFT-SAPT では分子内の電子相関はコーン・シャム法で取りこむ。それにより，SAPT と同等の計算精度を維持して計算コストを数桁削減することに成功した。DFT-SAPT は，部分系をはっきり定義できる系に対して最も有望な方法の 1 つとなっているが，**分子内分散力は再現できない**。また，*ab initio* 波動関数法の SAPT よりは格段に高速だが，コーン・シャム法と比べると最も低次の **DFT-SAPT2** でもかなり長い計算時間が必要であり，計算機性能が著しく高まっている 2012 年現在でも計算できるのは数十原子程度の系までである。また，これに関連して，摂動法を混成汎関数として取りこむ**二重混成 (double-hybrid) 汎関数**がある [Schwabe and Grimme, 2007]。これは，混成汎関数 (5.5 節参照) を相関汎関数に拡張した汎関数であり，**相関汎関数を MP2 相関と混成させる**。

$$E_{xc} = (1 - a_x)E_x + a_x E_{HF} + (1 - a_c)E_c + a_c E_{MP2} \tag{6.34}$$

E_{MP2} は式 (3.13) で与えられる MP2 電子相関エネルギーである。二重混成汎関数を利用した方法に **B2PLYP 汎関数**がある。この方法は電子間がさほど離れていない中距離電子間の電子相関の効果を与えられるが，分散力をすべて取りこむことができないため，分散力計算法としては不向きである。

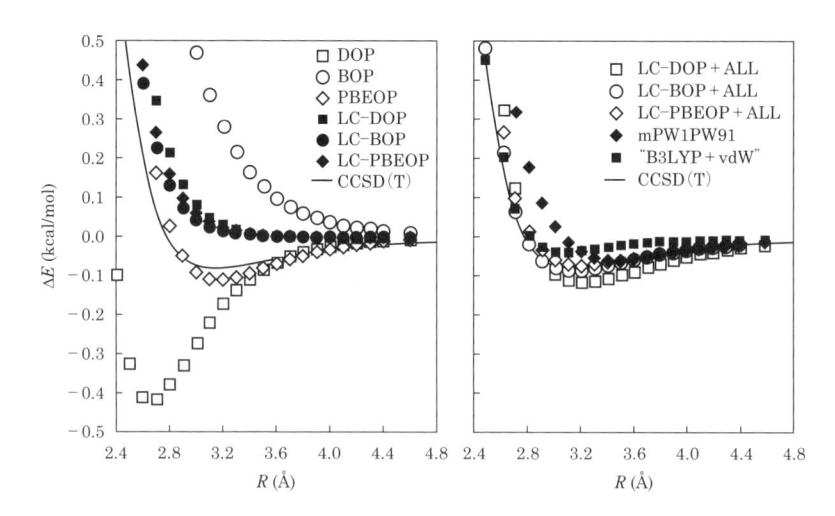

図 6.4　ネオン 2 量体の原子間距離による全エネルギーの変化 (kcal/mol)
文献 [Tsuneda and Sato, 2009] 参照。

　分散力計算において見落とされがちだが重要なのは，分散力と釣り合う長距離交換相互作用である．図 6.4 に分散力のみで結合しているアルゴン 2 量体の解離ポテンシャル曲線を，さまざまな交換汎関数を利用した場合について示した [Kamiya et al., 2002]．図より，この分散力結合の解離ポテンシャルは，交換汎関数の違いに大きく影響されていることがわかる．一方，長距離補正した交換汎関数 (6.1 節参照) を使うと，交換汎関数による違いはほとんどなくなる．このことは，**分散力結合の再現には分散力に引力と釣り合う長距離交換相互作用による斥力が不可欠**であることを意味する．この傾向は，タンパク質などの大規模系のように，原子間距離が長く弱い結合を含む場合により顕著であると考えられる．さらに，**分散力結合の結合角はほぼ長距離交換相互作用によって決まる**こともわかっている [Sato et al., 2007]．ちなみに，解離ポテンシャルは用いる相関汎関数によっても大きく異なり (5.3 節参照)，OP 相関汎関数 [Tsuneda et al., 1999] を使うと反発的だが，LYP 相関汎関数を使うと結合を与える．しかし，LYP 相関汎関数を含むこれまでの相関汎関数のほとんどは分散力を考慮していないため，分散力補正なしに分散

力結合を与えるのはおかしい。これは，分散力結合のような弱い結合の計算では，相関汎関数は相関エネルギーの高密度勾配・低密度極限条件 (付録 A の式 (A.8)) を満たす必要があることに起因している [Kamiya et al., 2002]。LYP 相関汎関数のようにこの条件を満たさない相関汎関数を使うと，分散力結合のエネルギーがつねに過大評価されることには注意が必要である。

　長距離交換と分散力を取りこんだコーン・シャム方程式は，分散力結合を高精度に再現することができる。図 6.4 において，さまざまな汎関数によるネオン 2 量体の分散力結合計算の結果も比較した。図で「LC-BOP+ALL」として示されている曲線が，長距離補正汎関数 (6.1 節参照) と分散力汎関数の ALL 汎関数 (6.3 節参照) を組み合わせた **LC+vdW 法**による解離ポテンシャルである。図より，LC+vdW 法は高精度な $ab\ initio$ 波動関数法の CCSD(T) 法による結果 [Giese et al., 2003] に重なるきわめて高精度な解離ポテンシャルエネルギー曲線を与えていることがわかる。ちなみに LC+vdW 法は，小分子系から分散力結晶に至るまでさまざまなファンデルワールス結合や弱い水素結合の計算においてきわめて高い結合の再現性が報告されている [Sato et al., 2007]。したがって，**分散力計算には分散力のほかに長距離交換と高密度勾配・低密度極限条件を満たす電子相関が必要**であるといえる。

　分散力補正の定量的評価のためのベンチマーク系として，ホブザらは 22 種の弱い結合による二量体からなる **S22 ベンチマーク系** [Jurecka et al., 2006] を提案した。この S22 ベンチマーク系は，水素結合，分散力結合，およびその混合の錯体の CCSD(T)/完全基底関数 (CBS) 極限の結果を与える [Riley et al., 2010]。その便利さから，このベンチマーク系は分散力補正計算の精度のテストのみならず，半経験的汎関数の半経験的パラメータのフィッティングにも利用される。表 6.1 は S22 ベンチマーク系に対するさまざまな分散力補正 DFT 計算の平均絶対誤差 (MAD) を小さい順に並べたものである。表によると，組み合わせる分散力補正によらず，LC+vdW 法は半経験的汎関数より高精度な結果を与えていることがわかる。特に，純粋汎関数の revPBE 交換汎関数やハートリー・フォック交換積分を vdW 汎関数と組み合わせる vdW-DF 法は，相対的に精度の低い結果を与えている。それゆえ，長距離交換相互作用がファンデルワールス結合においてきわめて重要であることがこ

表 6.1 さまざまな分散力補正を使ったコーン・シャム計算による S22 ベンチマーク系の結合エネルギー計算値の平均絶対誤差（MAD, kcal/mol）。MP2 法/CBS 極限の MAD も比較のため載せている。

方法	補正法	MAD
ωB97X-D[a]	LC + 半経験的汎関数	0.22
BLYP-D3[b]	半経験的汎関数	0.23
ωB97X-2[c]	LC + 摂動法	0.26
LC-BOP+LRD[d]	LC + vdW 汎関数	0.27
B2PLYP-D3[b]	半経験的汎関数 + 摂動法	0.29
RSH+RPAx-SO2[e]	LC + AC/FDT	0.41
M06-2x[f]	半経験的汎関数	0.44
BLYP-D[g]	半経験的汎関数	0.55
B97-D[g]	半経験的汎関数	0.61
B3LYP-D[g]	半経験的汎関数	0.70
MP2/CBS[b]	摂動法	0.78
HF+VV09[h]	vdW 汎関数	0.89
M05-2x[f]	半経験的汎関数	0.90
vdW-DF(rPW86)[h]	vdW 汎関数	1.03
rPW86+VV09[h]	vdW 汎関数	1.20
vdW-DF(revPBE)[h]	vdW 汎関数	1.44
vdW-DF(HF)[h]	vdW 汎関数	2.80

[a] [Chai and Head-Gordon, 2008b], [b] [Grimme et al., 2010], [c] [Chai and Head-Gordon, 2009], [d] [Sato and Nakai, 2009], [e] [Toulouse et al., 2011], [f] [Pernal et al., 2009], [g] [Antony and Grimme, 2006], [h] [Vydrov and Van Voorhis, 2010].

の表からも裏づけられる。

最新の第一原理計算法を分散力結合計算に必要な各種条件への適用性の観点から検証してみよう。表 6.2 に，汎用性のある分散力結合計算のために，計算法に求められる厳格な条件とその達成度をまとめた。表では，LC+vdW 法の

表 6.2 分散力結合計算に必要な条件とさまざまな分散力計算法の達成度

条件	B97-D	M06-2x	AC/FDT	vdW-DF	DFT-SAPT	LC+vdW
水素結合の再現性	○	○	$-^a$	△	○	○
電子相関の二重計算回避	×	○	○	△	○	△
厳密な漸近的ふるまい r^{-6}	○	×	○	○	○	○
半経験的パラメータの少なさ	×	×	○	○	○	○
系の分割の不要さ	○	○	○	○	×	○
必要な計算時間の短さ	○	○	×	○	×	△

^{a} 水素結合計算の例がない。

ほか，高精度な分散力計算が報告されている方法として，半経験的汎関数のB97-D 汎関数と M06-2x 汎関数，厳密な計算法である AC/FDT 法や摂動法にもとづく DFT-SAPT 法，および分散力汎関数を利用した vdW-DF 法について比較した。表より，**分散力汎関数を使った LC+vdW 法と vdW-DF 法の達成度が最も高い**ことがわかる。これらの方法の共通の問題点として，分散力汎関数と相関汎関数とで電子相関を二重に計算している可能性が挙げられるが，多くの相関汎関数は短距離相関のみを再現するように開発されている (5.3 節参照) ので，そのような汎関数を使えばさほど重大な問題ではないと考えられる。それぞれの問題として，LC+vdW 法は交換積分計算を要するために固体などの大規模系計算に比較的時間を費やすこと，vdW-DF 法は水素結合エネルギーを過大評価すること，数値積分のグリッド数が少ないと著しくでこぼこのポテンシャル曲線を与えることがあること [Vydrov et al., 2008] が挙げられる。それ以外の方法については，B97-D や M06-2x は，半経験的パラメータを多く含むために，物理的妥当性や汎用性に欠ける。物理的な妥

当性の高い AC/FDT 法や DFT-SAPT については，膨大な計算時間を要する問題が避けられない。以上のように，**現時点では分散力汎関数を使う方法が分散力計算には優れている**といえる。しかし，分散力は大規模系において重要であるため，高い計算精度と短い計算時間の両方を兼ね備えた計算法が必要であり，生体高分子など大規模な系の分散力を再現するには計算アルゴリズムの線形スケーリング化が必要である。

6.4　相対論的補正

化学を考える上で欠かすことのできない重大な効果として**相対論的効果**がある。ここまで，相対論的効果について考えずにきたが，重原子の特に周期律表の第 4 列以降の原子を含む分子の電子状態は，相対論的効果なしに再現することはできない。相対論的効果とは，電子の運動に与えられる**相対性理論**にもとづく効果のことを指す。相対性理論とは，アインシュタインが提案した特殊相対論 [Einstein, 1905b] と一般相対論 [Einstein, 1916] の総称である。特殊相対論とは，ローレンツ変換に対して**物理法則の形は不変とする相対性原理**と，**互いに等速運動する座標系で光速度は常に一定とする光速度不変則**の 2 つにもとづく理論であり，等速で運動する系をミンコフスキーの 4 次元空間座標系で考える。一般相対論とは，特殊相対論を加速系へ拡張するために**重力と慣性力とは同等とする等価原理**を導入した理論であり，重力方程式の解である計量テンソルをもつリーマン空間座標系で考える。電子の運動状態は中心力加速運動だが等速運動とみなせるため，化学において重要なのは特殊相対論である。特殊相対論のもとづくローレンツ変換とは，電磁気学と古典力学との矛盾を解消するためにラーモア (J. Larmor) とローレンツ (H. A. Lorentz) が提案した変換であり，系の運動状態を空間座標 (x, y, z) と時間座標 (ct) の変化を同等とした時空座標 $((cdt)^2 - (dx)^2 - (dy)^2 - (dz)^2 = 0)$ で考える。アインシュタインは，光速が座標系によらずに一定であることをこの変換に課せば，高速で動く座標系で 2 点間の距離が縮むことを示した。たとえば，慣性系 S の時空座標 (t, x, y, z) と，x 軸にそって相対速度 v で運動する慣性系 S' の時空座標 (t', x', y', z') との関係性は，

$$(t', x', y', z') = \left(\frac{t - vx/c^2}{\sqrt{1 - v^2/c^2}}, \frac{x - vt}{\sqrt{1 - v^2/c^2}}, y, z \right) \tag{6.35}$$

となる。

重要なのは，シュレーディンガー方程式は相対論的には正しくないことである。時間依存のシュレーディンガー方程式

$$\hat{H}\Psi = \left[-\frac{1}{2} \left(\frac{\partial^2}{\partial x^2} + \frac{\partial^2}{\partial y^2} + \frac{\partial^2}{\partial z^2} \right) + V \right] \Psi = i \frac{\partial \Psi}{\partial t} \tag{6.36}$$

を考えてみよう。この方程式では，中辺の運動エネルギーが空間座標について 2 次導関数であるのに対し，右辺は時間について 1 次導関数であり，空間座標と時間座標の変化が同等ではない。したがって，シュレーディンガー方程式はローレンツ変換について不変ではなく，相対論的に正しくない。

シュレーディンガー方程式の運動エネルギー部分をローレンツ変換に対して不変にした方程式がディラック方程式である。ディラック方程式 [Dirac, 1928] は次の定式をもつ。

$$\hat{H}^{\mathrm{D}}\Psi = \left[c\boldsymbol{\alpha} \cdot \hat{\mathbf{p}} + \boldsymbol{\beta} mc^2 + V \right] \Psi = i \frac{\partial \Psi}{\partial t} \tag{6.37}$$

$$\beta = \begin{pmatrix} \mathbf{I} & \mathbf{0} \\ \mathbf{0} & -\mathbf{I} \end{pmatrix}, \ \mathbf{I} = \begin{pmatrix} 1 & 0 \\ 0 & 1 \end{pmatrix} \tag{6.38}$$

$$\alpha_w = \begin{pmatrix} \mathbf{0} & \boldsymbol{\sigma}_w \\ \boldsymbol{\sigma}_w & \mathbf{0} \end{pmatrix} \ (w = x, y, z) \tag{6.39}$$

$$\boldsymbol{\sigma}_x = \begin{pmatrix} 0 & 1 \\ 1 & 0 \end{pmatrix}, \ \boldsymbol{\sigma}_y = \begin{pmatrix} 0 & -i \\ i & 0 \end{pmatrix}, \ \boldsymbol{\sigma}_z = \begin{pmatrix} 1 & 0 \\ 0 & -1 \end{pmatrix} \tag{6.40}$$

ただし，方程式の理解のため，この節と次の節では原子単位では 1 である電子質量 m や光速 c をそのまま書き出す。σ をパウリのスピン行列 [Pauli, 1925] という。この方程式は，運動量 $\hat{\mathbf{p}} = -i\boldsymbol{\nabla}$ は空間について 1 次の導関数であるため，ローレンツ変換に対して不変であることに注意すべきである。この方程式においてさらに重要なのは，**波動関数が 4 成分になる**ことである。

$$\Psi = \begin{pmatrix} \Psi_\alpha^{\mathrm{L}} \\ \Psi_\beta^{\mathrm{L}} \\ \Psi_\alpha^{\mathrm{S}} \\ \Psi_\beta^{\mathrm{S}} \end{pmatrix} \tag{6.41}$$

ところで，式 (6.37) のディラック方程式の左辺第 2 項の β の項はきわめて大きく，静止エネルギーが $5.11 \times 10^5 \mathrm{eV}$ もあるために，せいぜい数 eV 程度のエネルギーを取り扱う化学を取り扱うのには不都合である．したがって，β は

$$\beta' = \begin{pmatrix} 0 & 0 \\ 0 & -2\mathbf{I} \end{pmatrix} \tag{6.42}$$

で置き換えられる．この置き換えにより $-2mc^2$ 以下のエネルギーに連続状態が存在することになるが，この状態には電子の反電子である**陽電子**が無数に占有されているとする**空孔理論**をディラックは提唱した．ディラックは，さらに第 2 量子化を導入して相対論的場の量子論を構築し，それが量子電気力学へとつながった．空孔理論はその量子電気力学によって否定されたが，陽電子は量子電気力学の完成 [Fermi, 1932] と同じ年にアンダーソン（Carl David Anderson）により発見されている．式 (6.41) の 4 成分波動関数は陽電子にもとづいて解釈され，Ψ^L は **Large** 成分とよばれて電子運動の波動関数を指すのに対し，Ψ^S は **Small** 成分とよばれて陽電子運動との相互作用が電子運動に与える影響を指すとされるが，実際には両成分ともその混合であり，混合の度合いは重原子になるほど増す．

ディラック方程式とシュレーディンガー方程式とは容易に関係づけられる．時間非依存のディラック方程式は，

$$\left[c\boldsymbol{\alpha} \cdot \hat{\mathbf{p}} + \boldsymbol{\beta}' mc^2 + V \right] \Psi = E\Psi \tag{6.43}$$

これを書き下すと，

$$c(\boldsymbol{\sigma} \cdot \hat{\mathbf{p}})\Psi^\mathrm{S} + V\Psi^\mathrm{L} = E\Psi^\mathrm{L} \tag{6.44}$$

$$c(\boldsymbol{\sigma} \cdot \hat{\mathbf{p}})\Psi^\mathrm{L} + (-2mc^2 + V)\Psi^\mathrm{S} = E\Psi^\mathrm{S} \tag{6.45}$$

となるので，小成分の波動関数は式 (6.45) を使って大成分の波動関数 Ψ^L で表わせる．

$$\Psi^\mathrm{S} = (E + 2mc^2 - V)^{-1} c(\boldsymbol{\sigma} \cdot \hat{\mathbf{p}})\Psi^\mathrm{L} = \hat{K} \cdot \frac{\boldsymbol{\sigma} \cdot \hat{\mathbf{p}}}{2mc} \Psi^\mathrm{L} \tag{6.46}$$

$\hat{K}$ は，

$$\hat{K} = \left(1 + \frac{E-V}{2mc^2}\right)^{-1} \tag{6.47}$$

である．したがって，ディラック方程式は，

$$\left[\frac{1}{2m}(\boldsymbol{\sigma}\cdot\hat{\mathbf{p}})\hat{K}(\boldsymbol{\sigma}\cdot\hat{\mathbf{p}}) + V\right]\Psi^{\mathrm{L}} = E\Psi^{\mathrm{L}} \tag{6.48}$$

となる．光速が無限大と仮定すると，$\hat{K}=1$ と $(\boldsymbol{\sigma}\cdot\hat{\mathbf{p}})(\boldsymbol{\sigma}\cdot\hat{\mathbf{p}}) = \hat{\mathbf{p}}^2$ より，この方程式は非相対論的なシュレーディンガー方程式を与える．

$$\left[\frac{\hat{\mathbf{p}}^2}{2m} + V\right]\Psi^{\mathrm{L}} = E\Psi^{\mathrm{L}} \tag{6.49}$$

式 (6.48)，(6.49) を比較すればわかるように，**運動量の違いがディラック方程式とシュレーディンガー方程式との違い**である．

　ディラック方程式はシュレーディンガー方程式の運動エネルギー部分を相対論的にしたが，ポテンシャル部分も相対論的に正しくない．最もエネルギーの大きい**静電ポテンシャル (核電子ポテンシャルと電子間ポテンシャル)** は $1/r_{12}$ であるが，距離のみに依存していて時間には依存しておらず，ローレンツ変換に対して不変ではない．これは，力が光速より速く瞬間的にはたらくことを仮定しているのと同じであるが，本来は長距離相互作用は短距離相互作用よりも遅く相互作用しているはずである．しかし，この**相互作用の遅延効果を記述するには，荷電粒子間の光子の交換を含む量子電気力学**によるきわめて**複雑**な定式が必要である．したがって，電子間ポテンシャルに対する微細構造定数 $1/c$ に関するテイラー展開により得られる次の比較的簡単な定式がよく利用される．

$$V_{\mathrm{ee}}(\mathbf{r}_{12}) = \frac{1}{r_{12}} - \frac{1}{r_{12}}\left[\boldsymbol{\alpha}_1\cdot\boldsymbol{\alpha}_2 + \frac{(\boldsymbol{\alpha}_1\times\mathbf{r}_{12})(\boldsymbol{\alpha}_1\times\mathbf{r}_{12})}{r_{12}^2}\right] \tag{6.50}$$

$$= \frac{1}{r_{12}} - \frac{1}{2r_{12}}\left[\boldsymbol{\alpha}_1\cdot\boldsymbol{\alpha}_2 + \frac{(\boldsymbol{\alpha}_1\cdot\mathbf{r}_{12})(\boldsymbol{\alpha}_1\cdot\mathbf{r}_{12})}{r_{12}^2}\right] \tag{6.51}$$

$\boldsymbol{\alpha}_i$ は各粒子 i に対する α 行列 (式 (6.39)) である．核電子ポテンシャルについては，相対論補正は $1/c^3$ のオーダーなので通常無視する．電子間ポテンシャルに与えられる相対論補正は**ブライト相互作用** [Breit, 1929] とよばれ，そのうち $-\boldsymbol{\alpha}_1\cdot\boldsymbol{\alpha}_2/r_{12}$ はガウント相互作用 [Gaunt, 1929] とよばれる．この

ブライト相互作用は，$1/c$ のオーダーの項が存在しないので $1/c^2$ のオーダーである。ブライト相互作用がもたらす項は摂動的に書き表わすことができるが，高次になるとかなり複雑である。また，複雑で計算時間がかかる割には，化学反応や物性に与える効果は小さいので，無視されることが多い。

　ディラック方程式の運動エネルギーに対する相対論補正はもちろん，コーン・シャム方程式にも適用できる。これをディラック・コーン・シャム方程式 [Rajagopal, 1978; MacDonald and Vosko, 1979] という。ディラック・コーン・シャム方程式は，量子電気力学にもとづいてホーエンベルク・コーン定理を相対論的に拡張したラジャゴパル・キャラウェイ定理 [Rajagopal and Callaway, 1972] に基礎をおく。この定理は，4 成分外場ポテンシャル（ベクトルポテンシャルを拡張）が 4 成分電流密度（電子密度に電流密度を拡張）で決定されることを保証した第 1 定理と，あらゆる 4 成分電流密度について常に変分原理が成り立つことを保証した第 2 定理からなる (ベクトルポテンシャルと電流密度については 6.5 節参照)。したがって，ディラック・コーン・シャム方程式の解も 4 成分軌道で表わされる。これは「分子スピノル」とよばれることが多いが，1 電子 SCF 方程式の解としての「軌道 (orbital)」の意味は含まれないうえ，計算対象は分子に限らないので，適切な名称ではない。したがって，本書では**軌道スピノル (orbital spinor)** とよぶことにする。ディラック・コーン・シャム波動関数は，軌道スピノルで表わされたスレーター行列式 (2.3 節参照) で書かれる。軌道スピノル自身は，ローターン法 (2.5 節参照) にならい，4 成分の基底スピノル関数 $\{\chi_p\}$ の線形結合で与えられる。

$$\psi_i = \begin{pmatrix} \psi_i^{\rm L} \\ \psi_i^{\rm S} \end{pmatrix} = \begin{pmatrix} \sum_p C_{pi}^{\rm L} \chi_p^{\rm L} \\ \sum_p C_{pi}^{\rm S} \chi_p^{\rm S} \end{pmatrix} \tag{6.52}$$

この基底スピノル関数表現にもとづき，ディラック・コーン・シャム方程式は式 (4.13) のコーン・シャム方程式と同様に，

$$\mathbf{FC}_i = \epsilon_i \mathbf{SC}_i \tag{6.53}$$

と与えられる。ただし，$\mathbf{C}_i$ は基底スピノル関数の展開係数，ϵ_i は軌道スピノ

ルエネルギーである。また，フォック行列 $\mathbf{F}$ と重なり行列 $\mathbf{S}$ は次のように書ける [Nakajima, 2009]。

$$F_{pq} = \begin{pmatrix} h_{pq}^{\mathrm{LL}} + J_{pq}^{\mathrm{LL}} + (V_{\mathrm{xc}})_{pq}^{\mathrm{LL}} & h_{pq}^{\mathrm{LS}} + (V_{\mathrm{xc}})_{pq}^{\mathrm{LS}} \\ h_{pq}^{\mathrm{SL}} + (V_{\mathrm{xc}})_{pq}^{\mathrm{SL}} & h_{pq}^{\mathrm{SS}} + J_{pq}^{\mathrm{SS}} + (V_{\mathrm{xc}})_{pq}^{\mathrm{SS}} \end{pmatrix} \quad (6.54)$$

$$S_{pq} = \begin{pmatrix} S_{pq}^{\mathrm{LL}} & 0 \\ 0 & S_{pq}^{\mathrm{SS}} \end{pmatrix} \quad (6.55)$$

行列の各成分については，X と X$'$ を Large 成分（L）か Small 成分（S）とすると，次のように与えられる。まず，1 電子項については，

$$h_{pq}^{\mathrm{LL}} = V_{pq}^{\mathrm{LL}} \quad (6.56)$$

$$h_{pq}^{\mathrm{SL}} = c\Pi_{pq}^{\mathrm{SL}} = h_{pq}^{\mathrm{LS}*} \quad (6.57)$$

$$h_{pq}^{\mathrm{SS}} = V_{pq}^{\mathrm{SS}} - 2c^2 S_{pq}^{\mathrm{SS}} \quad (6.58)$$

である。ここで，重なり積分行列 $\mathbf{S}^{\mathrm{XX}}$，核電子ポテンシャル積分行列 $\mathbf{V}^{\mathrm{XX}}$，運動エネルギー積分行列 $\mathbf{\Pi}^{XX'}$ の要素はそれぞれ，

$$S_{pq}^{\mathrm{XX}} = \int d^3\mathbf{r} \chi_p^{\mathrm{X}*}(\mathbf{r}) \chi_q^{\mathrm{X}}(\mathbf{r}) \quad (6.59)$$

$$V_{pq}^{\mathrm{XX}} = \int d^3\mathbf{r} \chi_p^{\mathrm{X}*}(\mathbf{r}) V_{\mathrm{ne}} \chi_q^{\mathrm{X}}(\mathbf{r}) \quad (6.60)$$

$$\Pi_{pq}^{\mathrm{XX}'} = \int d^3\mathbf{r} \chi_p^{\mathrm{X}*}(\mathbf{r}) (\sigma \cdot \hat{\mathbf{p}}) \chi_q^{\mathrm{X}'}(\mathbf{r}) \quad (6.61)$$

である。残りのクーロン相互作用ポテンシャル積分と交換相関ポテンシャル積分は

$$J_{pq}^{\mathrm{XX}} = \sum_{r,s=1}^{n_{\mathrm{basis}}} \left(P_{pq}^{\mathrm{XX}} J_{pqrs}^{\mathrm{XX}} + P_{pq}^{\mathrm{X}'\mathrm{X}'} J_{pqrs}^{\mathrm{XX}'} \right) \quad (6.62)$$

$$J_{pqrs}^{\mathrm{XX}'} = \int d^3\mathbf{r}_1 d^3\mathbf{r}_2 \chi_p^{\mathrm{X}*}(\mathbf{r}_1) \chi_q^{\mathrm{X}*}(\mathbf{r}_2) \frac{1}{r_{12}} \chi_r^{\mathrm{X}}(\mathbf{r}_1) \chi_s^{\mathrm{X}'}(\mathbf{r}_2) \quad (6.63)$$

$$(V_{\mathrm{xc}})_{pq}^{\mathrm{XX}'} = \int d^3\mathbf{r} \chi_p^{\mathrm{X}*}(\mathbf{r}) V_{\mathrm{xc}} \chi_q^{\mathrm{X}'}(\mathbf{r}) \quad (6.64)$$

であり，密度行列は

$$P_{pq}^{\mathrm{XX}'} = \sum_i C_{pi}^{\mathrm{X}*} C_{qi}^{\mathrm{X}'} \quad (6.65)$$

と書ける。以上の成分を使って，式 (6.53) のディラック・コーン・シャム方程式を解けばよい。しかし，この方程式をこのまま解くと，陽電子状態からの寄与が含まれるために電子状態に関する変分原理が成り立たないため，最安定電子状態は出せない。この問題を解くために，大成分と小成分の基底スピノル関数については，

$$\chi^S = \frac{\boldsymbol{\sigma}\cdot\hat{\mathbf{p}}}{2c}\chi^L \tag{6.66}$$

と置くことによってバランスをとる。これを**運動 (エネルギー) バランス条件** [McLean and Lee, 1982] という。この条件づけには，大成分の基底スピノル関数に通常の形の基底関数を使えるという特長もある。しかし，小成分の基底スピノル関数は，大成分と同じ関数以外にその導関数も必要となるので，数が大成分の 2 倍になる。その結果，大成分・小成分および小成分・小成分の組み合わせの 2 電子積分の数が大成分・大成分のそれぞれ 8 倍，16 倍になり，**計 25 倍の計算時間を積分計算に必要とする**ことになる。相対論的効果が重要なのは，電子数の多い重原子系であるにもかかわらずである。そのため，2012 年現在においても，4 成分ディラック・コーン・シャム方程式の計算は原子系か数原子分子系にとどまっている。

ディラック・コーン・シャム方程式の膨大な計算時間の原因は，波動関数の大成分と小成分とのカップリングのために重要でない小成分を計算していることにある。これを回避するために提案されたのが **2 成分相対論近似**であり，相対論的補正の主流となっている。1929 年ブライトは，電子運動が光速より十分に遅い通常の場合について，$\hat{K}$ が

$$\hat{K} = \left(1 + \frac{E-V}{2mc^2}\right)^{-1} \approx 1 - \frac{E-V}{2mc^2} + \cdots \tag{6.67}$$

と展開できることを利用し，ディラック方程式を次のように書き表わした。

$$\left[\frac{\hat{\mathbf{p}}^2}{2m} + V - \frac{\hat{\mathbf{p}}^4}{8m^3c^2} + \frac{Z\hat{\mathbf{s}}\cdot\hat{\mathbf{l}}}{2m^2c^2r^3} + \frac{Z\pi\delta(\mathbf{r})}{2m^2c^2}\right]\Psi^L = E\Psi^L \tag{6.68}$$

$\hat{\mathbf{l}}$ は軌道角運動量演算子，δ はデルタ関数である。この方程式はパウリにより先に提案されていたため，**ブライト・パウリ方程式** [Breit, 1929] とよばれる。

この方程式には大成分の 2 成分波動関数しか含まれない。式 (6.49) のシュレーディンガー方程式にはない項のなかで，左辺第 3 項は速度が質量に与える効果である**質量速度補正**，第 4 項は電子のスピンと軌道との磁気的相互作用である**スピン・軌道相互作用**，第 5 項は平衡位置近くでの電子運動の高振動によるダーウィン補正である。質量速度補正とダーウィン補正はまとめて**スカラー相対論補正**ともよばれる。しかし，この $\hat{K}$ の展開は，核近傍でポテンシャルが発散 $(V \to \infty)$ するので成り立たない。これを回避するため，

$$(E + 2mc^2 - V)^{-1} = (2mc^2 - V)^{-1}\left(1 + \frac{E}{2mc^2 - V}\right)^{-1}$$
$$= (2mc^2 - V)^{-1}\hat{K}' \tag{6.69}$$

と定義される $\hat{K}'$ で置き換える方法が使われる。そうすることにより，$E/(2mc^2 - V) \ll 1$ なので，展開がいつも妥当になる。さらには $\hat{K}' = 1$ とおくこともかなり妥当である。これを**ゼロ次正規近似 (ZORA)** という。

2 成分近似のもう 1 つの方法として，**フォルディ・ヴォートホイゼン変換** [Foldy and Wouthuysen, 1950] というディラックハミルトニアン演算子 $\hat{H}_\mathrm{D}$ をユニタリ変換によって大成分と小成分を線形独立にする方法がある。

$$\hat{\mathbf{H}}^\mathrm{FW} = U\hat{\mathbf{H}}^\mathrm{D} U^\dagger = \begin{pmatrix} \hat{H}^\mathrm{L} & 0 \\ 0 & \hat{H}^\mathrm{S} \end{pmatrix} \tag{6.70}$$

この変換ではユニタリ変換に $U = \exp(-imc^2)$ を使っていたが，ポテンシャル V がある場合は特異点が存在してうまくいかないため，適用は自由電子 $(V = 0)$ の場合に限られる。自由電子の場合，この変換は

$$U_0 = A_p(1 + \beta R_p) \tag{6.71}$$

$$A_p = \left(\frac{E_p + mc^2}{2E_p}\right)^{1/2} \tag{6.72}$$

$$E_p = \left(\hat{\mathbf{p}}^2 c^2 + m^2 c^4\right)^{1/2} \tag{6.73}$$

$$R_p = \frac{c\boldsymbol{\alpha} \cdot \hat{\mathbf{p}}}{E_p + mc^2} \tag{6.74}$$

と書くことができる。この変換により，ポテンシャルがある場合のハミルトニアン演算子は，

$$\hat{\mathbf{H}}^{\mathrm{FW}} = U_0 \hat{\mathbf{H}}^{\mathrm{D}} U_0^\dagger = \mathcal{E}_0 + \mathcal{E}_1 + \mathcal{O}_1 \tag{6.75}$$
$$\mathcal{E}_0 = \beta E_p - mc^2 \tag{6.76}$$
$$\mathcal{E}_1 = A_p(V + R_p V R_p) A_p \tag{6.77}$$
$$\mathcal{O}_1 = \beta A_p [R_p, V] A_p \tag{6.78}$$

となる。この定式には，特異点の原因となるハミルトニアン演算子行列の最低次数の非対角項 $\mathcal{O}_1$ が含まれるが，適切なユニタリ変換をさらに続けることによってハミルトニアン演算子から消すことができる。その方法でフォルディ・ヴォートホイゼン変換の問題を解決したのが**ダグラス・クロール変換** [Douglas and Kroll, 1974] である。

$$\hat{\mathbf{H}}^{\mathrm{DK}} = U \hat{\mathbf{H}}^{\mathrm{D}} U^\dagger = \cdots U_4 U_3 U_2 U_1 \hat{\mathbf{H}}^{\mathrm{FW}} U_1^\dagger U_2^\dagger U_3^\dagger U_4^\dagger \cdots$$
$$= \sum_{i=0}^{\infty} \mathcal{E}_i \tag{6.79}$$

実際には無限数の和は不可能なので適当なところで打ち切られ，ユニタリ変換の数によって 2 個なら DK2，3 個なら DK3，… とよばれる。この変換はヘスらによって修正された [Jansen and Hess, 1989] ため，ダグラス・クロール・ヘス変換ともよばれる。

　相対論的効果が原子・分子の電子運動の状態に与える影響をまとめてみよう。まず，光速に近い速度で運動する 1s 軌道の電子の質量が重くなるため，**1s 軌道の大きさが収縮**する。それにともない，直交性によって **2s 軌道以上の s 軌道も収縮**し，結果的に核電荷がよりしゃへいされる。それにより，**d 軌道や f 軌道など高角運動量軌道の大きさが逆に拡大し分散**する。p 軌道は s 軌道とのスピン・軌道相互作用のためにさほど大きくならない。そのスピン・軌道相互作用により，軌道が α, β スピン軌道でなくなり，スピンが混成した**軌道スピノル**になる。また，陽電子状態との相互作用項である**波動関数の小成分**により**軌道が変形**する。さらに，電子運動の速度の有限性により，**電子間相互作用のポテンシャルも変形**する。特に，ブライト相互作用とガウント相互作用が加わる。

6.5 ベクトルポテンシャル補正と電流密度

前節で相対論的効果にはスピン・軌道相互作用のような磁気的な効果が含まれることを述べた。外部磁場の効果を取りこむには，これまで考慮していなかった**ベクトルポテンシャル A** を運動量演算子に取りこむ必要がある [Jensen, 2006]。

$$\hat{\pi} = \hat{p} + A \tag{6.80}$$

この $\hat{\pi}$ を**一般化運動量演算子**という。ベクトルポテンシャルは外部磁場 **B** と

$$B = \nabla \times A \tag{6.81}$$

という関係をもち，

$$A = \frac{1}{2} B \times (r - R^G) \tag{6.82}$$

と書ける。R^G は**ゲージ (gauge) 中心**とよばれるベクトルポテンシャルの中心であり，通常，質点中心に置かれる。ベクトルポテンシャルは厳密計算ならばこのゲージ中心の位置に依存しないが，近似計算ならかならず依存するので注意が必要である。ベクトルポテンシャルを考慮した運動量演算子を使った時間非依存のディラック方程式は

$$\left[\frac{1}{2m}(\sigma \cdot \hat{\pi})\hat{K}(\sigma \cdot \hat{\pi}) + V\right]\Psi^L = E\Psi^L \tag{6.83}$$

である。この方程式は非相対論極限 $(c \to \infty)$ で，

$$\left\{\frac{1}{2m}\left[\hat{\pi}^2 + i\sigma \cdot (\pi \times \hat{\pi})\right] + V\right\}\Psi^L = E\Psi^L \tag{6.84}$$

となる。この左辺に含まれる虚数項の括弧については，

$$\begin{aligned}(\hat{\pi} \times \hat{\pi})\Psi^L &= (\hat{p} \times A + A \times \hat{p})\Psi^L \\ &= -i\nabla \times (A\Psi^L) - iA \times (\nabla\Psi^L) = -iB\Psi^L\end{aligned} \tag{6.85}$$

と導くことができるため，ディラック方程式の非相対論極限は，

$$\left(\frac{\hat{\boldsymbol{\pi}}^2}{2m} + V + \frac{\boldsymbol{\sigma} \cdot \mathbf{B}}{2m}\right) \Psi^{\mathrm{L}} = E \Psi^{\mathrm{L}} \tag{6.86}$$

となる。左辺の新たに増えた磁場に関する項を**ゼーマン (P. Zeeman) 相互作用項**といい，磁場がある場合にスペクトルを分裂させる効果，つまりゼーマン効果を与える項である。ところで，非相対論的な場合は電子のスピンは混成しないが，このとき式 (6.40) のパウリのスピン行列 $\boldsymbol{\sigma}$ は式 (2.91) のスピン演算子 $\hat{\mathbf{s}}$ のちょうど 2 倍の効果を与えることが容易に確かめられる。したがって，このゼーマン相互作用項は，

$$\frac{\boldsymbol{\sigma} \cdot \mathbf{B}}{2m} = g_{\mathrm{e}} \mu_{\mathrm{B}} \hat{\mathbf{s}} \cdot \mathbf{B} \tag{6.87}$$

と書けることがわかる。μ_{B} は**ボーア磁子**といい，$\mu_{\mathrm{B}} = 1/2m$ である。g_{e} はランデ (A. Landé) の g 因子とよばれるほぼ 2 の値であるが，量子電気力学によって量子場ゆらぎによる効果で実際には $g_{\mathrm{e}} = 2.0023$ と若干ずれることがわかっている。これが，核磁気共鳴 (NMR) スペクトルや電子スピン共鳴 (ESR) スペクトルで見られるスピン分裂である。

次に式 (6.86) の左辺第 1 項の運動エネルギーを考えてみよう。一般化運動量演算子 $\hat{\boldsymbol{\pi}}$ の 2 乗は次のように書き下せる。

$$\hat{\boldsymbol{\pi}}^2 = \hat{\mathbf{p}}^2 + \hat{\mathbf{p}} \cdot \mathbf{A} + \mathbf{A} \cdot \hat{\mathbf{p}} + \mathbf{A}^2 \tag{6.88}$$

$$(\hat{\mathbf{p}} \cdot \mathbf{A}) \Psi^{\mathrm{L}} = -i(\boldsymbol{\nabla} \cdot \mathbf{A}) \Psi^{\mathrm{L}} = -i \left[\mathbf{A} \cdot (\boldsymbol{\nabla} \Psi^{\mathrm{L}}) + \Psi^{\mathrm{L}} (\boldsymbol{\nabla} \cdot \mathbf{A})\right] \tag{6.89}$$

$$\mathbf{A} \cdot \hat{\mathbf{p}} = \left[\frac{1}{2} \mathbf{B} \times (\mathbf{r} - \mathbf{R}^{\mathrm{G}})\right] \cdot \hat{\mathbf{p}} = \frac{1}{2} \mathbf{B} \cdot (\mathbf{r} - \mathbf{R}^{\mathrm{G}}) \times \hat{\mathbf{p}} \tag{6.90}$$

$$\mathbf{A}^2 = \left[\frac{1}{2} \mathbf{B} \times (\mathbf{r} - \mathbf{R}^{\mathrm{G}})\right]^2$$
$$= \frac{1}{4} \left\{\mathbf{B}^2 \cdot (\mathbf{r} - \mathbf{R}^{\mathrm{G}})^2 - \left[\mathbf{B} \cdot (\mathbf{r} - \mathbf{R}^{\mathrm{G}})\right]^2\right\} \tag{6.91}$$

式 (6.87) のゼーマン相互作用項と式 (6.90) のベクトルポテンシャルと運動量の内積は，期待値が磁場に対するエネルギーの 1 次導関数の逆符号である**磁気双極子モーメント m** となる**磁化密度演算子** $\hat{\mathbf{m}}$ を使って，

$$\left[g_{\mathrm{e}} \mu_{\mathrm{B}} \hat{\mathbf{s}} + \frac{1}{4m} (\mathbf{r} - \mathbf{R}^{\mathrm{G}}) \times \hat{\mathbf{p}}\right] \cdot \mathbf{B} = -\int d^3 \mathbf{r} \, \hat{\mathbf{m}} \cdot \mathbf{B} \tag{6.92}$$

とまとめることができる。また，スレーター行列式で書かれる通常の非相対

論的な波動関数について，式 (6.89) の右辺は**常磁性電流密度**

$$\mathbf{j}_\mathrm{p}(\mathbf{r}) = \frac{i}{2m}\sum_n [\phi_n^*(\mathbf{r})\boldsymbol{\nabla}\phi_n(\mathbf{r}) - \phi_n(\mathbf{r})\boldsymbol{\nabla}\phi_n^*(\mathbf{r})] \tag{6.93}$$

を使って，

$$\frac{(\hat{\mathbf{p}}\cdot\mathbf{A})}{2m}\Psi^\mathrm{L} = -\left[\int d^3\mathbf{r}\,\mathbf{j}_\mathrm{p}(\mathbf{r})\cdot\mathbf{A}(\mathbf{r})\right]\Psi^\mathrm{L} \tag{6.94}$$

と書ける (たとえば，[Rajagopal and Callaway, 1972] 参照)。この常磁性電流密度 $\mathbf{j}_\mathrm{p}$ は全電流密度 $\mathbf{j}$ ではない。実際には，これに**反磁性電流密度** $\mathbf{j}_\mathrm{d}$ と**磁化電流密度** $\mathbf{j}_\mathrm{m}$ が加わる。

$$\begin{aligned}\mathbf{j}(\mathbf{r}) &= \mathbf{j}_\mathrm{p}(\mathbf{r}) + \mathbf{j}_\mathrm{d}(\mathbf{r}) + \mathbf{j}_\mathrm{m}(\mathbf{r}) \\ &= \mathbf{j}_\mathrm{p}(\mathbf{r}) - \frac{1}{m}\rho(\mathbf{r})\mathbf{A}(\mathbf{r}) + \boldsymbol{\nabla}\times\mathbf{m}(\mathbf{r})\end{aligned} \tag{6.95}$$

まとめると，外部磁場がある場合のディラック方程式の非相対論極限での方程式は

$$\left[\frac{\hat{\mathbf{p}}^2 + \mathbf{A}^2}{2m} + V - \int d^3\mathbf{r}\,(\mathbf{j}_\mathrm{p}\cdot\mathbf{A} + \hat{\mathbf{m}}\cdot\mathbf{B})\right]\Psi^\mathrm{L} = E\Psi^\mathrm{L} \tag{6.96}$$

と書ける。

ヴィグナールとラゾルトは，式 (6.86) の磁場の効果 (ゼーマン相互作用項) を無視した非相対論的なディラック方程式から，ベクトルポテンシャルを考慮したディラック・コーン・シャム方程式を導いた [Vignale and Rasolt, 1987, 1988]。

$$\left[\frac{(\hat{\mathbf{p}} + \mathbf{A} + \mathbf{A}_\mathrm{xc})^2}{2m} + V_\mathrm{ext} + \sum_j^n \hat{J}_j + V_\mathrm{xc}\right]\phi_i = \epsilon_i\phi_i \tag{6.97}$$

この方程式においては，交換・相関エネルギー汎関数 E_xc は電子密度と常磁性電流密度の汎関数とされ，交換・相関ポテンシャル V_xc と交換・相関ベクトルポテンシャル $\mathbf{A}_\mathrm{xc}$ が

$$V_\mathrm{xc} = \left.\frac{\delta E_\mathrm{xc}[\rho,\mathbf{j}_\mathrm{p}]}{\delta\rho(\mathbf{r})}\right|_{\delta\mathbf{j}_\mathrm{p}=0} \tag{6.98}$$

$$\mathbf{A}_{\mathrm{xc}} = \left. \frac{\delta E_{\mathrm{xc}}[\rho, \mathbf{j}_{\mathrm{p}}]}{\delta \mathbf{j}_{\mathrm{p}}(\mathbf{r})} \right|_{\delta\rho=0} \tag{6.99}$$

と表わされている。式 (6.97) にもとづく理論を (狭義の) **電流密度汎関数法**という。ここで重要なのは，**この方程式はベクトルポテンシャルのゲージ変換に対して不変ではないことである** [Takada, 2009]。量子論の場合は，ゲージ変換はハミルトニアン演算子と可換なポテンシャルの変換のことを指し，量子電気力学によるとベクトルポテンシャルの

$$\mathbf{A} \to \mathbf{A} + \boldsymbol{\nabla}\Lambda \tag{6.100}$$

という変換はゲージ変換である。Λ は任意のスカラー関数であり，この関数やその微分をゲージという。しかし，式 (6.100) のゲージ変換に対して，常磁性電流密度 $\mathbf{j}_\mathrm{p}$ は，

$$\mathbf{j}_{\mathrm{p}}(\mathbf{r}) \to \mathbf{j}_{\mathrm{p}}(\mathbf{r}) + \frac{1}{m}\rho(\mathbf{r})\boldsymbol{\nabla}\Lambda(\mathbf{r}) \tag{6.101}$$

と式 (6.95) で見られる反磁性電流密度を作り出してしまうため，不変ではない。したがって，電流密度を使った交換・相関汎関数もゲージ変換に対して不変ではなくなる。この問題を解決するため，交換・相関汎関数は常磁性電流密度のかわりに，ゲージ変換に対し不変である**渦度** (vorticity) $\boldsymbol{v}$ の汎関数として書くことがある。

$$\boldsymbol{v}(\mathbf{r}) = -\boldsymbol{\nabla} \times \left(\frac{\mathbf{j}_{\mathrm{p}}(\mathbf{r})}{\rho(\mathbf{r})} \right) \to -\boldsymbol{\nabla} \times \left(\frac{\mathbf{j}_{\mathrm{p}}(\mathbf{r})}{\rho(\mathbf{r})} + \frac{1}{m}\boldsymbol{\nabla}\Lambda(\mathbf{r}) \right) = \boldsymbol{v}(\mathbf{r}) \tag{6.102}$$

このとき，交換・相関ポテンシャルと交換・相関ベクトルポテンシャルは，

$$V_{\mathrm{xc}} = \left. \frac{\delta E_{\mathrm{xc}}[\rho, \boldsymbol{v}]}{\delta \rho(\mathbf{r})} \right|_{\delta\boldsymbol{v}=0} - \mathbf{A}_{\mathrm{xc}} \cdot \frac{\mathbf{j}_{\mathrm{p}}(\mathbf{r})}{\rho(\mathbf{r})} \tag{6.103}$$

$$\mathbf{A}_{\mathrm{xc}} = \frac{1}{\rho(\mathbf{r})} \boldsymbol{\nabla} \times \left. \frac{\delta E_{\mathrm{xc}}[\rho, \boldsymbol{v}]}{\delta \boldsymbol{v}(\mathbf{r})} \right|_{\delta\rho=0} \tag{6.104}$$

となる。

電流密度汎関数法が注目されたのは，ここまで述べてきた磁場に関する文脈においてではなく，**時間依存コーン・シャム法** (4.6 節参照) の文脈においてである。式 (4.27) の時間依存コーン・シャム方程式において，時間依存ベ

クトルポテンシャル $\mathbf{A}_{\text{eff}}$ を考慮すると，

$$i\frac{\partial}{\partial t}\phi_i(\mathbf{r},t) = \left[-\frac{1}{2}\left(-i\boldsymbol{\nabla}+\mathbf{A}_{\text{eff}}(\mathbf{r},t)\right)^2 + V_{\text{eff}}[\mathbf{r},t;\rho(\mathbf{r},t)]\right]\phi_i(\mathbf{r},t) \quad (6.105)$$

と書ける。ヴィグナールとコーンは，この時間依存ベクトルポテンシャルがフーリエ変換 ($t\to\omega$) すると，電流密度 $\mathbf{j}$ (通常は常磁性電流密度 $\mathbf{j}_{\text{p}}$) を使って，

$$\mathbf{A}_{\text{eff}} = \mathbf{A}_{\text{ext}} + \mathbf{A}_{\text{xc}} \quad (6.106)$$

$$\mathbf{A}_{\text{xc}}(\mathbf{r},\omega) = \int d^3\mathbf{r}' f_{\text{xc}}(\mathbf{r},\mathbf{r}',\omega)\cdot\mathbf{j}(\mathbf{r}',\omega) \quad (6.107)$$

と書けることを示し，この**時間依存ベクトルポテンシャルを使うことで，電子励起スペクトルを含む応答物性に影響する汎関数の局所性に起因すると考えられる時間依存線形応答の問題** (6.1 節参照) **を回避できる可能性を示唆**した [Vignale and Kohn, 1996]。f_{xc} は式 (4.31) の交換・相関積分核である。時間依存ベクトルポテンシャルを考慮しても，時間依存コーン・シャム方程式は式 (4.36) と同じ次の定式をもつ。

$$\Omega \mathbf{F}_{ia\sigma} = \omega_{ia\sigma}^2 \mathbf{F}_{ia\sigma} \quad (6.108)$$

$$\Omega_{ia\sigma,jb\tau}^{\text{singlet}} = \delta_{\sigma\tau}\delta_{ij}\delta_{ab}\left(\epsilon_{a\sigma}-\epsilon_{i\sigma}\right)^2$$
$$+2\left(\epsilon_{a\sigma}-\epsilon_{i\sigma}\right)^{1/2}\left(K_{ia,jb}^{\sigma\sigma}+K_{ia,jb}^{\sigma\sigma'}\right)\left(\epsilon_{b\sigma}-\epsilon_{j\sigma}\right)^{1/2} \quad (6.109)$$

$$\Omega_{ia\sigma,jb\tau}^{\text{triplet}} = \delta_{\sigma\tau}\delta_{ij}\delta_{ab}\left(\epsilon_{a\sigma}-\epsilon_{i\sigma}\right)^2$$
$$+2\left(\epsilon_{a\sigma}-\epsilon_{i\sigma}\right)^{1/2}\left(K_{ia,jb}^{\sigma\sigma}-K_{ia,jb}^{\sigma\sigma'}\right)\left(\epsilon_{b\sigma}-\epsilon_{j\sigma}\right)^{1/2} \quad (6.110)$$

ただし，式 (4.39) の応答行列 $\mathbf{F}_{ia\sigma}$ は

$$F_{ia\sigma} = \left(\epsilon_{a\sigma}-\epsilon_{i\sigma}\right)^{-1/2}\left(X_{ia\sigma}-X_{ai\sigma}\right) \quad (6.111)$$

$$X_{ia\sigma}(\omega) = \frac{-1}{\omega+(\epsilon_{a\sigma}-\epsilon_{i\sigma})}\left[\int d^3\mathbf{r}\phi_{i\sigma}^*(\mathbf{r})\delta\left(\sum_i^n \hat{J}_i + V_{\text{xc}}\right)(\mathbf{r},\omega)\phi_{a\sigma}(\mathbf{r})\right.$$
$$\left.+\frac{\omega}{\epsilon_{a\sigma}-\epsilon_{i\sigma}}\int d^3\mathbf{r}\phi_{i\sigma}^*(\mathbf{r})\hat{\mathbf{j}}\phi_{a\sigma}(\mathbf{r})\delta\mathbf{A}_{\text{eff},\sigma}(\mathbf{r},\omega)\right] \quad (6.112)$$

に，$K_{ia,jb}^{\sigma\tau}$ は

$$K_{ia,jb}^{\sigma\tau} = \langle ib|aj\rangle^{\sigma\tau}$$

$$+ \iint d^3\mathbf{r}_1 d^3\mathbf{r}_2 \phi_{i\sigma}^*(\mathbf{r}_1) \phi_{b\sigma}^*(\mathbf{r}_2) f_{\text{xc}}^{\sigma\tau}(\mathbf{r}_1,\mathbf{r}_2) \phi_{a\tau}(\mathbf{r}_1) \phi_{j\tau}(\mathbf{r}_2)$$
$$+ \left(\frac{\omega}{\epsilon_{a\sigma} - \epsilon_{i\sigma}}\right)^2 \iint d^3\mathbf{r}_1 d^3\mathbf{r}_2 \phi_{i\sigma}^*(\mathbf{r}_1) \hat{\mathbf{j}} \phi_{a\sigma}(\mathbf{r}_1)$$
$$\times f_{\text{xc}}^{\sigma\tau}(\mathbf{r},\mathbf{r}',\omega) \phi_{j\tau}(\mathbf{r}_2) \hat{\mathbf{j}} \phi_{b\tau}^*(\mathbf{r}_2) \tag{6.113}$$

に置き換えられる。この方程式を使った**時間依存電流密度汎関数法**によって励起エネルギー計算が行なわれた結果,一部の $\pi \to \pi^*$ 励起についてきわめて正確な励起エネルギーが与えられることがわかった [van Faassen and de Boeij, 2004]。しかし同時に,ある種の分子の電子励起について,きわめて精度の悪い励起エネルギーを与えることも確かめられている。一方で,109 分子の断熱励起エネルギーのベンチマーク計算により,ベクトルポテンシャル補正は励起エネルギーにほとんど影響しないという結果も報告されている [Bates and Furche, 2012]。

また,Coupled perturbed コーン・シャム法にも同じようにベクトルポテンシャルが導入された。式 (4.61) の行列 ($\mathbf{F}'$) に次の項を追加する。

$$(\mathbf{F}')_{ia}^{\text{vector}} = \frac{1}{2} \int d^3\mathbf{r} \phi_a^*(\mathbf{r}) \left(\hat{\mathbf{j}} \cdot \mathbf{A}_{\text{xc}}^{\text{viscoel}}(\mathbf{r},\omega) + \mathbf{A}_{\text{xc}}^{\text{viscoel}}(\mathbf{r},\omega) \cdot \hat{\mathbf{j}}\right) \phi_i(\mathbf{r}) \tag{6.114}$$

$\hat{\mathbf{j}}$ は電流密度演算子で,

$$\hat{\mathbf{j}} = -\frac{i}{2}\left(\nabla - \nabla^\dagger\right) \tag{6.115}$$

と与えられる。$\mathbf{A}_{\text{xc}}^{\text{viscoel}}$ は粘弾性場の交換・相関ベクトルポテンシャルとよばれる電子液体の粘弾性を取りこむためのベクトルポテンシャルであるが,きわめて複雑な定式をもつためここでは定式を明記しない [van Faassen et al., 2003]。この **Coupled perturbed 電流密度汎関数法**を長鎖分子の分極率計算に適用した結果,ベクトルポテンシャルなしでは大きく過大評価された分極率が,ベクトルポテンシャルを使うと過大評価しなくなることがわかった。しかし,超分極率など非線形光学応答物性を計算した例はまだない。

電流密度による補正について注目すべき応用例として,最後に原子軌道エネルギーについて紹介しよう。コーン・シャム計算には,**縮退すべき原子軌**

道について磁気量子数によって異なる軌道エネルギーを与える問題が存在する。ベッケは，この縮退の破れは電流密度を汎関数に取りこむことにより改善することを示した [Becke, 2002]。表 6.3 に，各原子についての縮退すべき最外殻 p 軌道のエネルギー差の計算例を示す [Becke, 2002; Maximoff et al., 2004]。名称に「j」が付いている汎関数が電流密度 j で補正した汎関数であり，

表 6.3 原子の縮退すべき最外殻 p 軌道の磁気量子数 1 と 0 の軌道のエネルギー差 ($E(m_l = 1) - E(m_l = 0)$, kcal/mol)。「jBRX」は電流密度 (j) を含むベッケ・ルーセル（BR）汎関数 [Becke and Roussel, 1989] を使っていることを示す。文献 [Becke, 2002] より抜粋

原子	LDAXC	B88XC	PBEXC	jBRX	jPBEXC
B	1.0	2.7	2.9	0.6	0.1
C	0.3	2.5	2.7	0.4	-0.2
O	1.6	4.6	6.1	0.9	-0.7
F	0.6	4.1	5.5	0.7	-0.7
Al	0.4	1.1	1.7	0.2	0.3
Si	-0.2	0.6	1.3	0.0	-0.1
S	0.2	1.3	2.8	0.1	0.2
Cl	-0.5	0.8	2.2	0.0	-0.2

具体的には j^2/ρ の項で補正している。表より，電流密度を考慮しないものに比べて，エネルギー差が減っていることがわかる。縮退すべき原子軌道が縮退しない原因については明らかになっていないため，この結果は注目された。しかし，原子軌道に関しては，厳密な時間依存電流密度汎関数法による次のような軌道間遷移エネルギー計算例がある。この結果によると，厳密な時間依存電流密度汎関数法において，電流密度の項は 2s → 2p 軌道間の遷移エネルギーを過大補正してしまう。したがって，**電流密度が縮退する原子の p 軌道エネルギーに影響するのは確かだが，それが本質的な補正であることには疑問が残る**。これまで紹介してきた方法はすべて式 (6.102) の渦度を使っているわけではないので，前に述べたゲージ変換不変性の問題が計算結果に影響し

表 6.4 ベリリウム原子の軌道間遷移エネルギー (eV) 文献 [van Faassen and de Boeij, 2004] より抜粋

遷移	実験値	ALDA1	jALDA1	ALDA2	jALDA2
2s → 2p	5.27	5.07	6.24	4.86	5.62
2s → 3s	6.77	5.62	5.67	5.65	5.63

ている可能性がある。

Fundamentals of
Density Functional Theory

第7章

軌道エネルギー

7.1 クープマンの定理:軌道エネルギーの意味

電子状態理論の根幹をなす方程式といえるハートリー・フォック方程式やコーン・シャム方程式において,軌道と軌道エネルギーは方程式の解にあたる。化学の分野においては軌道を重要な解析ツールとして利用してきた。たとえばフロンティア軌道理論 [Fukui et al., 1952] は,HOMO と LUMO の軌道分布をもとに,反応部位や反応性を解析する。しかし,軌道エネルギーについては重視されてこなかった。フロンティア軌道理論を含む初期の反応解析理論では,軌道エネルギーを重要な解析対象として取り扱っていた。現在においても,化学実験の検証において反応解析のツールとして軌道エネルギーを利用している。しかし,それは軌道エネルギーを反応の解釈のツールとして利用しているという意味であり,実際に計算で得られた軌道エネルギー値をもとに解析しているわけではない。それは,**ハートリー・フォック方程式でもコーン・シャム方程式でも軌道エネルギーを正しく再現することができなかったため,軌道エネルギーがもつ物理的な意味についても懐疑的にとらえ**られてきたからである。軌道とは系の電子運動の状態という明確な物理的意味をもつ。では,それに対応する軌道エネルギーとはそもそもどのような物理的意味をもつ量なのであろうか。

軌道エネルギーのもつ意味は**クープマンの定理** [Koopmans, 1934] によって明らかになる。分子軌道 ϕ_i について,ハートリー・フォック方程式の軌道エネルギーは,

$$\epsilon_i = \int d^3\mathbf{r}\phi_i^*(\mathbf{r})\hat{F}\phi_i(\mathbf{r}) = h_i + \sum_j^n (2J_{ij} - K_{ij}) \tag{7.1}$$

と書き表わすことができる。h_i, J_{ij}, K_{ij} はそれぞれ,式 (2.42),(2.44),(2.45) で与えられる 1,2 電子積分である。このとき,全エネルギーは,

$$E_0 = \sum_i^n h_i + \sum_{i<j}^n (2J_{ij} - K_{ij}) = \sum_i^n \epsilon_i - \sum_{i<j}^n (2J_{ij} - K_{ij}) \tag{7.2}$$

と与えられる。また,分子軌道 ϕ_i から電子を 1 個取り除いたときのエネ

ギー E' は，

$$E' = E_0 - h_i - \sum_{j}^{n} (2J_{ij} - K_{ij}) \tag{7.3}$$

である．したがって，E' と E_0 との差であるイオン化ポテンシャルは，

$$\mathrm{IP} = E' - E_0 = -h_i - \sum_{j}^{n} (2J_{ij} - K_{ij}) = -\epsilon_i \tag{7.4}$$

となる．すなわち，**占有分子軌道の軌道エネルギーはイオン化ポテンシャルの逆符号である**．これを**クープマンの定理**という．クープマンの定理について注意すべきは，その証明に SCF 計算が考慮されていないことである．実際，**ハートリー・フォック法がクープマンの定理を満たすのは SCF 計算を行なわない場合のみ**である．実際，SCF 計算後のハートリー・フォック軌道エネルギーは，垂直イオン化ポテンシャル(分子構造を固定したときのイオン化ポテンシャル)の逆符号よりかなり大きい．

クープマンの定理が電子の占有されていない「仮想分子軌道」にもあてはまることは容易に証明できる [Szabo and Ostlund, 1994]．仮想分子軌道 ϕ_a に電子を 1 個加えたときのエネルギー E'' は，式 (7.2) より，

$$E'' = E_0 + h_a + \sum_{j}^{n} (2J_{aj} - K_{uj}) \tag{7.5}$$

である．したがって，E_0 と E'' との差である電子親和力は，

$$\mathrm{EA} = E_0 - E'' = -h_a - \sum_{j}^{n} (2J_{aj} - K_{aj}) = -\epsilon_a \tag{7.6}$$

となり，**仮想分子軌道の軌道エネルギーは電子親和力の逆符号となる**．ハートリー・フォック法計算による最低空軌道 (LUMO) の軌道エネルギーは垂直電子親和力(分子構造を固定したときの電子親和力)の逆符号を高精度に与えることが確かめられている．これは，仮想分子軌道の場合は SCF 計算の効果(軌道緩和の効果)が小さいためであると考えられる．

関連して，**拡張クープマン定理**が存在する．この定理を使うと，各軌道から電子を取り除くときのイオン化ポテンシャルをイオン化状態を計算せずに算

出することができる。拡張クープマン定理はデイら [Day et al., 1974] とモレルら [Morrell et al., 1975] によって独立に証明されたが，ファインマンはそれより以前に同様な定理を超流動状態計算に利用していた [Feynman, 1954]。この方法では，次の方程式を解くことにより，垂直イオン化ポテンシャルを占有軌道から電子を取り除いた後の電子配置エネルギーを使って計算する。

$$\mathbf{F}^{\mathrm{IP}}\mathbf{C} = \boldsymbol{\Gamma}\mathbf{C}\iota \tag{7.7}$$

$\boldsymbol{\Gamma}$ は対角項が占有数，非対角項がゼロの計量行列であり，ι は垂直イオン化ポテンシャルである。遷移行列 $\mathbf{F}^{\mathrm{IP}}$ の要素は

$$F_{ji}^{\mathrm{IP}} = \langle \Phi | \hat{a}_j^\dagger \left[\hat{H}, \hat{a}_i \right] | \Phi \rangle, \tag{7.8}$$

と与えられる。$\hat{a}_i$ は i 番目の軌道電子に対する消滅演算子である。この方法は，イオン化ポテンシャルだけでなく電子親和力も与えられる [Piris et al., 2012] うえ，MP2 法のような 1 電子 SCF 法以外の方法にも使える [Bozkaya, 2013]。したがって，拡張クープマン定理を使えば，あらわに軌道を使わない方法の軌道エネルギーを仮想的ではあるが議論することができる。

7.2 ヤナクの定理

軌道エネルギーに関するもう 1 つの重要な定理として**ヤナクの定理** [Janak, 1978] がある。ヤナクの定理は，ハートリー・フォック方程式やコーン・シャム方程式だけではなく，式 (4.7) で書ける**独立電子近似にもとづくあらゆる 1 電子 SCF 方程式について成り立つ定理**である。ここでは，式 (4.6), (4.10) で示されるコーン・シャム方程式について考えてみよう。コーン・シャム方程式を各軌道の占有電子数 $\{n_i\}$ つきで考えると，

$$\left(-\frac{1}{2}\nabla^2 + V_{\mathrm{ext}} + 2\sum_j^n \hat{J}_j + V_{\mathrm{xc}} \right) \phi_i = \epsilon_i \phi_i \tag{7.9}$$

$$E = T + E_{\mathrm{ext}}[\rho] + J[\rho] + E_{\mathrm{xc}}[\rho] \tag{7.10}$$

と書ける。T, E_{ext}, J は運動エネルギー外場エネルギー，クーロン相互作用エネルギーであり，それぞれ

$$T = \sum_i^n n_i \int d^3\mathbf{r} \phi_i^*(\mathbf{r}) \left(-\frac{1}{2}\nabla^2\right) \phi_i(\mathbf{r}) = \sum_i n_i t_i \tag{7.11}$$

$$E_{\text{ext}}[\rho] = \int d^3\mathbf{r} \rho(\mathbf{r}) V_{\text{ext}} \tag{7.12}$$

$$J[\rho] = \frac{1}{2} \int d^3\mathbf{r}_1 d^3\mathbf{r}_2 \frac{\rho(\mathbf{r}_1)\rho(\mathbf{r}_2)}{r_{12}} \tag{7.13}$$

と与えられる。$\hat{J}_j$ は式 (2.48) で定義されている。電子密度はこの場合，

$$\rho = \sum_i^n n_i |\phi_i|^2 \tag{7.14}$$

である。このとき，電子エネルギー E の占有数にともなう変化は

$$\frac{\partial E}{\partial n_i} = \frac{\partial T}{\partial n_i} + \frac{\partial (E_{\text{ext}} + J + E_{\text{xc}})}{\partial \rho} \cdot \frac{\partial \rho}{\partial n_i} \tag{7.15}$$

$$= t_i + \sum_j^n n_j \frac{\partial t_j}{\partial n_i}$$

$$+ \int d^3\mathbf{r} \left(V_{\text{ext}} + \sum_j^n \hat{J}_j + V_{\text{xc}}\right) \cdot \left(|\phi_i|^2 + \sum_j^n n_j \frac{\partial |\phi_j|^2}{\partial n_i}\right) \tag{7.16}$$

と与えられるが，式 (7.9)，(7.11) より，

$$t_i = \epsilon_i - \int d^3\mathbf{r} \left(\sum_j^n \hat{J}_j + V_{\text{xc}}\right) |\phi_i|^2 \tag{7.17}$$

なので，これを式 (7.16) に代入すると，

$$\frac{\partial E}{\partial n_i} = \epsilon_i + \sum_j^n n_j \left[\frac{\partial t_j}{\partial n_i} + \int d^3\mathbf{r} \left(\sum_j^n \hat{J}_j + V_{\text{xc}}\right) \frac{\partial |\phi_j|^2}{\partial n_i}\right] \tag{7.18}$$

と与えられる。式 (7.11) より，

$$\frac{\partial t_j}{\partial n_i} = \int d^3\mathbf{r} \frac{\partial \phi_j^*}{\partial n_i} \left(-\frac{1}{2}\nabla^2\right) \phi_j + \int d^3\mathbf{r} \phi_j^* \left(-\frac{1}{2}\nabla^2\right) \frac{\partial \phi_j}{\partial n_i} \tag{7.19}$$

である．これを式 (7.18) に代入すると，任意の占有軌道 ϕ_i について，

$$\frac{\partial E}{\partial n_i} = \epsilon_i + \sum_j^n n_j \left[\int d^3\mathbf{r} \frac{\partial \phi_j^*}{\partial n_i} \left(-\frac{1}{2}\nabla^2 + \sum_j^n \hat{J}_j + V_{\mathrm{xc}} \right) \phi_j \right.$$

$$\left. + \int d^3\mathbf{r} \phi_j^* \left(-\frac{1}{2}\nabla^2 + \sum_j^n \hat{J}_j + V_{\mathrm{xc}} \right) \frac{\partial \phi_j}{\partial n_i} \right] \quad (7.20)$$

$$= \epsilon_i + \sum_j^n n_j \epsilon_j \left[\int d^3\mathbf{r} \frac{\partial}{\partial n_i} |\phi_i|^2 \right] \quad (7.21)$$

$$= \epsilon_i + \sum_j^n n_j \epsilon_j \left[\frac{\partial}{\partial n_i} \int d^3\mathbf{r} |\phi_i|^2 \right] = \epsilon_i \quad (7.22)$$

となるので，全電子エネルギーと軌道エネルギーとの関係式

$$\frac{\partial E}{\partial n_i} = \epsilon_i \quad (7.23)$$

が与えられる．すなわち，**ある軌道の占有電子数を変えたときの全電子エネルギーの変化はその軌道の軌道エネルギーに等しい**．これをヤナクの定理という．ヤナクの定理が成り立つことは，自然数ではない電子占有数である**分数占有数**の系の全電子エネルギーを計算すれば，数値的に容易に確かめられる．すなわち，各方法による占有数に関する全電子エネルギーの傾きは，その方法で計算された最外殻軌道の軌道エネルギーに等しい．興味深いことに，式 (7.23) を使うと全電子エネルギーを最外殻軌道エネルギーで次のように計算できる．

$$E = \sum_{i=1}^n \int_0^1 \epsilon_i^{\mathrm{outermost}}(n_i) dn_i. \quad (7.24)$$

この方程式は**スレーター・ヤナク定理** [Slater, 1978; Janak, 1978] とよばれ、きわめて正確な全電子エネルギーを与えることが示されている [Elkind and Staroverov, 2012]．

また，軌道エネルギーに深く関係する他の定理として，分数占有数の系のエネルギーに対する定理がある．パーデューらは，分数占有数の全電子エネルギーは直線的に変化することを示した [Perdew et al., 1982]．ヤンらは，汎

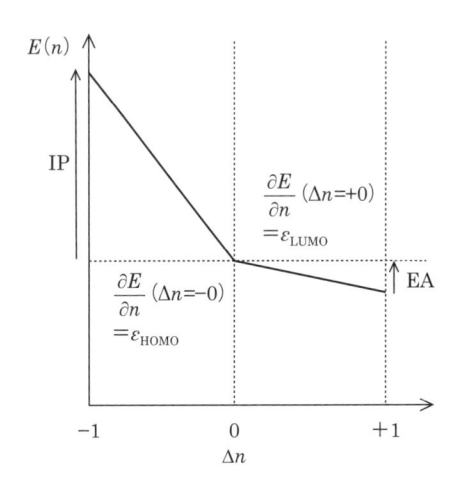

図 7.1 分数占有数に対する全電子エネルギーの依存性の模式図

関数の厳密性 (式 (4.5) の普遍的汎関数の存在), 大きさに対する無矛盾性 (3.3 節参照) およびエネルギーの並進不変性から同じ式を導いた [Yang et al., 2000]。すなわち,

$$E\left(n + \frac{q}{p}\right) = \frac{p}{q}E(n+1) + \frac{q-p}{q}E(n) \tag{7.25}$$

である。これを**分数占有数に対するエネルギー直線性定理**という。この定理は, ヤナクの定理と組み合わせることで重要な意味を与える。図 7.1 に分数占有数に対して全電子エネルギーをプロットした模式図を示した。図より, 全電子エネルギーが直線性定理を満たすのであれば, ヤナクの定理より **HOMO エネルギーがイオン化ポテンシャル, LUMO エネルギーが電子親和力のそれぞれ符号を変えた値であること**が明確にわかる [Perdew et al., 1982]。これは, クープマンの定理における軌道エネルギーの物理的意味に等しく (7.1 節参照), **一般的な 1 電子 SCF 方程式に対するクープマン定理である**といえる。この直線性定理は, 軌道エネルギーを正しく再現するために満たすべき定理であるため, 汎関数の軌道エネルギーの再現性の検証に用いられる。その具体的な検証については, 7.9 節で述べる。

7.3 軌道エネルギーが再現できない理由

コーン・シャム方程式で使われている交換・相関ポテンシャル汎関数にはある程度の電子相関が含まれているはずである (4.5 節参照)。にもかかわらず、軌道エネルギーを全く再現できないのはなぜだろうか。軌道エネルギーが正しく再現されない原因については、固体バンド理論においてバンドギャップが正しく再現されないという観点から、長年研究がなされてきた。式 (7.9) のコーン・シャム方程式を考えてみよう。パーデューらは、7.2 節で述べたヤナクの定理と分数占有数に対する直線性定理を使って、バンドギャップ (**HOMO-LUMO ギャップ**) が過小評価される原因が交換・相関ポテンシャルの一定の不連続性にあることを証明した [Perdew et al., 1982; Sham and Schlüter, 1985]。

$$V_{\text{xc}}^{n+\Delta n} - V_{\text{xc}}^{n-\Delta n} = \text{const.} > 0 \tag{7.26}$$

$V_{xc}^{n\pm\Delta n}$ は占有数 $n \pm \Delta n$ ($\Delta n \to 0$) に対する交換・相関ポテンシャルである。この不連続性は、エネルギー誤差

$$\Delta_{\text{xc}} = \{\text{IP} - \text{EA}\} - \{\epsilon_{n+1}(n) - \epsilon_n(n)\} \tag{7.27}$$

を導く [Perdew et al., 1982]。IP と EA はそれぞれイオン化ポテンシャルと電子親和力であり、$\epsilon_m(n)$ は n 電子系の m 番目の軌道エネルギーである。シャムとシュリューターは、このエネルギー誤差が最外殻軌道に電子を増やしたときのその軌道エネルギーの変化に対応することを証明した [Sham and Schlüter, 1985]。

$$\Delta_{\text{xc}} = \epsilon_{n+1}(n+1) - \epsilon_{n+1}(n) \tag{7.28}$$

この**最外殻軌道エネルギー不変則**は、汎関数の軌道エネルギーの再現性を判定する基準として使われている (7.9 節参照)。また、彼らはこのエネルギー誤差は交換・相関ポテンシャルと次の関係にあることも示した。

$$\Delta_{\text{xc}} = \int d^3\mathbf{r} \left(V_{\text{xc}}^{n+\Delta n} - V_{\text{xc}}^{n-\Delta n} \right) \rho_{n+1}(\mathbf{r}) \tag{7.29}$$

原論文では，式 (7.28) は固体の電子状態に見られるように電子数 n が十分大きいこと (つまり $\epsilon_{n+1}(n+1) - \epsilon_{n+1}(n) = O(n^{-1}) \to 0$) を仮定して証明されたが，分数占有でのヤナクの定理を考えることで容易に証明できる。

では，エネルギー誤差を交換と相関に分けて考えるとどうだろうか。パーデュー [Perdew, 1985] およびゲールリンクとレヴィ [Görling and Levy, 1995] は，**交換エネルギーにおけるエネルギー誤差の原因が HOMO と LUMO に関するエネルギー誤差にある**ことを示した。

$$\Delta_x = \int d^3\mathbf{r} d^3\mathbf{r}' \left[\phi_{n+1}^*(\mathbf{r})\phi_{n+1}(\mathbf{r}') - \phi_n^*(\mathbf{r})\phi_n(\mathbf{r}') \right] V_x^{nl}(\mathbf{r},\mathbf{r}')$$
$$- \int d^3\mathbf{r} \left[\rho_{n+1}(\mathbf{r}) - \rho_n(\mathbf{r}) \right] V_x(\mathbf{r}) \qquad (7.30)$$
$$V_x^{nl}(\mathbf{r},\mathbf{r}') = \sum_i^n \phi_i^*(\mathbf{r}) \frac{1}{|\mathbf{r}-\mathbf{r}'|} \phi_i(\mathbf{r}')$$

ゲールリンクとレヴィはさらに，**相関エネルギーにおけるエネルギー誤差の原因が，$n-1$, $n+1$ 電子系の n 電子系との摂動の差と，HOMO と LUMO に関する 3 次均一座標スケーリング** (付録 A 参照) **の極限での相関ポテンシャル汎関数の差にある**ことも示した。

$$\Delta_c = \sum_I^{\text{SD exc.}} \frac{\left| \langle \Psi_{\text{KS}}(n+1) | \hat{V}_{\text{pert}} | \Psi_I(n+1) \rangle \right|^2}{E_{\text{KS}}(n+1) - E_I(n+1)}$$
$$+ \sum_I^{\text{SD exc.}} \frac{\left| \langle \Psi_{\text{KS}}(n-1) | \hat{V}_{\text{pert}} | \Psi_I(n-1) \rangle \right|^2}{E_{\text{KS}}(n-1) - E_I(n-1)}$$
$$-2 \sum_I^{\text{SD exc.}} \frac{\left| \langle \Psi_{\text{KS}}(n) | \hat{V}_{\text{pert}} | \Psi_I(n) \rangle \right|^2}{E_{\text{KS}}(n) - E_I(n)}$$
$$- \int d^3\mathbf{r} \left[\rho_{n+1}(\mathbf{r}) - \rho_n(\mathbf{r}) \right] V_c^{\text{unif}}[\rho_n] \qquad (7.31)$$

ここで，$\Psi_{\text{KS}}(m)$ や $\Psi_I(m)$ はスレーター行列式で表わされた m 電子系の基底・励起電子配置を意味し，$E_{\text{KS}}(m)$ や $E_I(m)$ はそれぞれの全電子エネルギーである。また，「SD exc.」はコーン・シャム電子配置からの 1, 2 電子励起配置に関する和を示す。さらに，摂動ポテンシャル $\hat{V}_{\text{pert}}$ と 3 次均一座標ス

ケーリングの無限スケール極限での相関ポテンシャル汎関数 $V_\mathrm{c}^\mathrm{unif}$ は

$$\hat{V}_\mathrm{pert} = \hat{V}_\mathrm{ee} - \left(2 \sum_j^n \hat{J}_j + V_\mathrm{x} \right) \tag{7.32}$$

$$V_\mathrm{c}^\mathrm{unif} = \lim_{\lambda \to \infty} V_\mathrm{c}[\rho_\lambda] \tag{7.33}$$

と与えられる。重要なのは，3次元均一座標スケーリング条件を満たす相関汎関数を使えば，式 (A.13) より $V_\mathrm{c}^\mathrm{unif}$ はゼロであるはずなので，相関汎関数由来の軌道エネルギーの誤差はなくなることである。残りの摂動エネルギー項は，主に電子数の違いによる軌道緩和の効果の違いであると考えられる。つまり，1電子励起配置との配置間相互作用からくる効果の違いである。それは，2電子励起配置との配置間相互作用の大部分を占める動的電子相関は相関汎関数に含まれているはずだからである (4.5節参照)。シャンとサーニは，ハートリー・フォック近似の場合，つまり Δ_x が含まれない場合のエネルギー誤差を考え，相関エネルギーに含まれる運動エネルギー部分の効果の違いに原因があると結論づけた [Qian and Sahni, 2000]。相関エネルギーにおける運動エネルギーの効果は主に軌道緩和の効果であるため，上の説明を裏づけている。

7.4 軌道エネルギーにおける電子相関の効果

交換部分のエネルギー誤差の原因が自己相互作用誤差にあるのならば，ハートリー・フォック法で得られた SCF 計算後の軌道エネルギーが正しくないのは，電子相関の欠如が原因であるはずである。ピックアップとゴシンスキーは，グリーン関数法を使って**電子相関が軌道エネルギーに与える効果**を明らかにした [Pickup and Goscinski, 1973; Szabo and Ostlund, 1994]。それによると，フォック演算子の場合のグリーン関数の極として与えられる分子軌道 ϕ_k の軌道エネルギーと，その軌道から電子が取り去られたときのイオン化ポテンシャルとの差 $\Delta \epsilon_k$ は，

$$\begin{aligned}\Delta \epsilon_k &= \epsilon_k + \mathrm{IP} \\ &= \sum_{i \neq k}^{n_\mathrm{occ}} \sum_a^{n_\mathrm{vir}} \frac{|\langle ki|ka \rangle - \langle ki|ak \rangle|^2}{\epsilon_a - \epsilon_i} + \frac{1}{2} \sum_{i,j \neq k}^{n_\mathrm{occ}} \sum_a^{n_\mathrm{vir}} \frac{|\langle ij|ka \rangle - \langle ij|ak \rangle|^2}{\epsilon_a + \epsilon_k - \epsilon_i - \epsilon_j}\end{aligned}$$

$$-\frac{1}{2}\sum_{i\neq k}^{n_{\rm occ}}\sum_{a,b}^{n_{\rm vir}}\frac{|\langle ab|ki\rangle-\langle ab|ik\rangle|^2}{\epsilon_a+\epsilon_b-\epsilon_i-\epsilon_k} \tag{7.34}$$

である．右辺の第 1 項はイオン化した分子に対する SCF 計算による分子軌道の緩和，第 2 項はイオン化後の分子軌道 ϕ_i，ϕ_j を占有する電子対と空の分子軌道 ϕ_k との電子相関による電子対緩和，第 3 項はイオン化前のその電子対と占有された分子軌道 ϕ_k との電子相関による電子対除去に由来する項である．すなわち，ハートリー・フォック法計算における占有分子軌道の軌道エネルギーとイオン化ポテンシャルの逆符号との食い違いは，イオン化後の SCF 計算による軌道緩和と，分子軌道 ϕ_k の電子の有無による電子相関 (2 次の摂動効果) の差に起因すると考えられる．

また，彼らは電子が占有されていない「仮想分子軌道」の軌道エネルギーについても明らかにした．それによると，仮想分子軌道 ϕ_c に電子が占有される場合，グリーン関数の極である軌道エネルギーと電子親和力の逆符号との差 $\Delta\epsilon_c$ は，

$$\begin{aligned}\Delta\epsilon_c =&\epsilon_c+{\rm EA}\\=&\sum_{i}^{n_{\rm occ}}\sum_{a\neq c}^{n_{\rm vir}}\frac{|\langle ac|ci\rangle-\langle ac|ic\rangle|^2}{\epsilon_a-\epsilon_i}+\frac{1}{2}\sum_{i}^{n_{\rm occ}}\sum_{a,b\neq c}^{n_{\rm vir}}\frac{|\langle ab|ci\rangle-\langle ab|ic\rangle|^2}{\epsilon_a+\epsilon_b-\epsilon_i-\epsilon_c}\\&-\frac{1}{2}\sum_{i,j}^{n_{\rm occ}}\sum_{a\neq c}^{n_{\rm vir}}\frac{|\langle ij|ca\rangle-\langle ij|ac\rangle|^2}{\epsilon_a+\epsilon_c-\epsilon_i-\epsilon_j}\end{aligned} \tag{7.35}$$

である．占有軌道の場合と同じように，第 1 項はイオン化後の分子軌道の緩和，第 2 項はイオン化後の電子対除去，第 3 項はイオン化前の電子対緩和であり，食い違いはイオン化後の SCF 計算による軌道緩和と分子軌道 ϕ_c の電子の有無による電子相関 (2 次の摂動効果) の差に起因する．

しかし，注意すべきことは，グリーン関数法で式 (7.34) や式 (7.35) の項を加えて軌道エネルギーを補正しても，イオン化ポテンシャルや電子親和力を期待ほどには正しく与えることができないことである．このことは，2 次の摂動程度の電子相関を加えても，軌道エネルギーは精度よく再現できないことを意味する．**正しい軌道エネルギーの再現にはさらに高次の電子相関が必要**なのである．

7.5 最適化有効ポテンシャル法

軌道エネルギーを正しく再現するため，これまでさまざまな方法が提案されてきた。**最適化有効ポテンシャル (Optimized Effective Potential, OEP) 法**はその代表的な方法の 1 つである。OEP 法は**ポテンシャルをエネルギーと対応させる積分方程式を解いて求めた軌道依存な有効交換・相関ポテンシャルを使うコーン・シャム法**である。式 (4.12) で示したように，コーン・シャム法において利用される交換・相関ポテンシャル汎関数は，期待値が交換・相関エネルギーに対応しない。タルマンとシャドウィックは，それが軌道エネルギーを再現しない原因と考え，軌道依存な有効交換・相関ポテンシャルを求める方法である OEP 法を開発した [Talman and Shadwick, 1976]。OEP 方程式は，コーン・シャム方程式と同様に，

$$\left(-\frac{1}{2}\nabla^2 + V_{\text{OEP}}\right)\phi_i = \epsilon_i \phi_i \tag{7.36}$$

$$V_{\text{OEP}} = V_{\text{ext}} + 2\sum_j^n \hat{J}_j + V_{\text{xc}}^{\text{eff}} \tag{7.37}$$

と与えられる。OEP 法では，有効交換・相関ポテンシャル $V_{\text{xc}}^{\text{eff}}$ を次の積分方程式を解いて計算する。

$$\begin{aligned}t(\mathbf{r}) &= \int d^3\mathbf{r}' \chi_{\text{OEP}}(\mathbf{r},\mathbf{r}') V_{\text{xc}}^{\text{eff}}(\mathbf{r}') \\ &= \int d^3\mathbf{r}' \sum_i^{n_{\text{occ}}} \frac{\delta E_{\text{xc}}}{\delta \phi_i(\mathbf{r}')} \frac{\delta \phi_i(\mathbf{r}')}{\delta V_{\text{OEP}}(\mathbf{r})}\end{aligned} \tag{7.38}$$

$$\chi_{\text{OEP}}(\mathbf{r},\mathbf{r}') = \frac{\delta \rho(\mathbf{r})}{\delta V_{\text{OEP}}(\mathbf{r}')} = 4\sum_i^{n_{\text{occ}}}\sum_a^{n_{\text{vir}}} \frac{\phi_i(\mathbf{r})\phi_a(\mathbf{r})\phi_a(\mathbf{r}')\phi_i(\mathbf{r}')}{\epsilon_i - \epsilon_a} \tag{7.39}$$

この方法は，1953 年にシャープとホーントンが開発した次の局所有効ハートリー・フォック交換ポテンシャルを求める方法 [Sharp and Hornton, 1953] を拡張したものである。

$$t(\mathbf{r}) = 4\sum_i^{n_{\text{occ}}}\sum_a^{n_{\text{vir}}} \frac{\phi_i(\mathbf{r})\phi_a(\mathbf{r})\int d^3\mathbf{r}'\phi_a(\mathbf{r}')V_{\text{x}}^{\text{HF}}\phi_i(\mathbf{r}')}{\epsilon_i - \epsilon_a} \tag{7.40}$$

$$V_x^{HF} = -\sum_j^{n_{occ}} \frac{\phi_j(\mathbf{r})\phi_j(\mathbf{r}')}{|\mathbf{r}'-\mathbf{r}|} \tag{7.41}$$

OEP 法についてはさまざまな実用上の問題が指摘されてきた。これまで利用されてきた OEP 法の解法には，数値グリッドを使った求積法と基底関数を使った解析的解法の 2 通りがある。求積法は原子などの球形の系の計算に使えるが，分子や固体の計算には利用するのが難しい。基底関数を使った方法は分子や固体にも適用できるが，正しく収束する解を与えられないことが報告されている。これらの実用上の問題を解決するために提案されたのが，クリーガー・リー・アイアフレート (**KLI**) 近似 [Krieger et al., 1992] である。KLI 近似では次の積分方程式を解いて交換ポテンシャルを求める。

$$V_x^{KLI} = V_x^{Slater} + 2\sum_i^{n-1} \frac{\phi_i(\mathbf{r})\phi_i(\mathbf{r})}{\rho(\mathbf{r})} \int d^3\mathbf{r}' \phi_i(\mathbf{r}') \left(V_x^{KLI} - V_x^{HF}\right) \phi_i(\mathbf{r}') \tag{7.42}$$

$$V_x^{Slater} = 2\sum_i^n \frac{\phi_i(\mathbf{r})\phi_i(\mathbf{r})}{\rho(\mathbf{r})} \int d^3\mathbf{r}' \frac{\phi_i(\mathbf{r}')\phi_i(\mathbf{r}')}{|\mathbf{r}-\mathbf{r}'|} \tag{7.43}$$

ただし，式 (7.42) の右辺の積分部分は線形方程式

$$\sum_i^{n-1}(\delta_{ji}-M_{ji})\int d^3\mathbf{r}\phi_i(\mathbf{r})\left(V_x^{KLI}-V_x^{HF}\right)\phi_i(\mathbf{r})$$
$$=\int d^3\mathbf{r}\phi_j(\mathbf{r})\left(V_x^{Slater}-V_x^{HF}\right)\phi_j(\mathbf{r}) \ (j=1,\cdots,n-1) \tag{7.44}$$

$$M_{ij}=\int d^3\mathbf{r}\frac{\rho_j(\mathbf{r})\rho_i(\mathbf{r})}{\rho(\mathbf{r})} \tag{7.45}$$

を解いて求める。この積分方程式は，単純に非局所的なハートリー・フォック交換ポテンシャルを局所化することに等しい。

軌道エネルギーを正しく再現するには電子相関が必要である。**OEP-KLI 法**に電子相関を取りこむ方法としては，摂動ポテンシャルを使う方法と相関ポテンシャル汎関数を使う方法 [Grabo and Gross, 1996; Tong and Chu, 1997] の **2 種類**がある。これらの方法については詳しく述べないが，式 (7.40) あるいは式 (7.42) の V_x^{HF} に対して，摂動ポテンシャルで補正するか，相関

ポテンシャル汎関数で補正するかの違いである．さらに摂動ポテンシャルを使う方法には，交換・相関ポテンシャルに対する摂動を不変と仮定する方法 [Holleboom et al., 1988] と交換・相関ポテンシャルに対応する電子密度を不変と仮定する方法 [Sham and Schlüter, 1983] の 2 種類がある．OEP-KLI 法を使った軌道エネルギー計算はさほど多くなく，特に摂動ポテンシャルを使った計算例は見当たらない．表 7.1 に軌道エネルギーの逆符号とイオン化ポテンシャルとを比べた例をまとめた [Hamel et al., 2002; Kim et al., 1999]．「$+\Delta$」はポテンシャルにエネルギーシフトを加えていることを意味する．表より，**交換汎関数を使った場合はエネルギーシフトを使っても軌道エネルギーの再現性に差があること，厳密交換ポテンシャル** (EXX，次節参照) **を使っても分子が大きくなると合わなくなることがわかる**．実際，なんらかの補正項なしに OEP 法で軌道エネルギーを高精度に再現した例はないようである．さらに，OEP 法には **SCF 計算の収束性が悪く，著しく計算時間がかかる**という重大な問題点があり，軌道エネルギー計算についてもほとんどの場合は原子や小分子に限られている．

7.6　高精度な相関ポテンシャルの開発

軌道エネルギーを再現するには，高次の電子相関を取りこんだ交換・相関ポテンシャルが必要である．**高次の電子相関を取りこむには，*ab initio* 波動関数法の知識を生かすのが最適である**．その考えのもと開発された手法が ***ab initio* 密度汎関数法** [Bartlett et al., 2005a] である．バートレットらは，すべて基底関数を使った解析積分で行なうこと，*ab initio* 波動関数法にもとづく軌道依存ポテンシャルを使うこと，基底関数と電子相関の極限のある厳密解が存在すること，スレーター行列式は対応する交換・相関ポテンシャルと一貫性があること，そして交換・相関ポテンシャルは DFT のものと同じように乗法的であるが汎関数は非局所的であること，の 5 つの条件のもと，この方法を開発した．

まず，交換ポテンシャルについては，**厳密交換ポテンシャル**およびそれのハートリー・フォック交換ポテンシャルとの混成が使われる．EXX ポテン

表 7.1 OEP-KLI 法による HOMO エネルギーとイオン化ポテンシャルの逆符号との比較 (eV)。文献 [Hamel et al., 2002] および [Kim et al., 1999] より抜粋

分子	LDAXC	LDAXC +Δ	−IP	EXX LDAC	EXX PBEC	−IP 実験値
H_2	−11.2	−16.1	−16.2	−16.3	−15.8	−15.4
LiH	−2.3	−8.2	−7.7			−7.7
Li_2	−6.3	−5.0	−5.1			−5.0
Na_2	−0.3	−4.6				−4.9
K_2	−1.4	−3.6				−4.0
HF	−51.6	−17.7				−16.0
F_2	−10.1	−18.2	−17.4			−15.7
CO	−96.3	−15.1	−14.5	−16.6	−16.1	−14.0
N_2	−17.9	−17.2	−14.1	−18.8	−18.2	−15.6
P_2	−4.2	−10.1	−15.5			−10.5
H_2O	−23.8	−13.9		−15.2	−17.7	−12.6
CH_3	−9.2	−10.8	−13.7			
NH_3	−48.6	−13.2				−10.7
CH_4	−44.0	−14.8	−11.6	−16.3	−15.8	−14.3
CH_2O	16.1	−12.0	−14.1			−10.9
C_2H_4	7.8	−10.2				−10.7
C_6H_6	2.2	−11.3				
C_5H_5N	−0.5	−9.5				−9.6

シャルは，ゲールリンクとレヴィによって提案されたもので，コーン・シャム軌道依存のポテンシャルである [Görling and Levy, 1994; Ivanov et al., 1999]。

$$V_\mathrm{x}(\mathbf{r}) = \frac{\delta E_\mathrm{x}[\rho(\mathbf{r})]}{\delta \rho(\mathbf{r})} = 4 \sum_i^{n_\mathrm{occ}} \sum_j^{n_\mathrm{occ}} \sum_a^{n_\mathrm{vir}} \int d^3 \mathbf{r}' \left[K_{ij} \frac{\phi_a(\mathbf{r}')\phi_i(\mathbf{r}')}{\epsilon_i - \epsilon_a} \right] \frac{\delta V_\mathrm{KS}(\mathbf{r}')}{\delta \rho(\mathbf{r})} \tag{7.46}$$

ただし，K_{ij} は式 (7.31) で与えられる交換エネルギー (ただし，軌道はコーン・シャム軌道) である．また，$\delta V_\mathrm{KS}/\delta \rho(\mathbf{r})$ は線形応答関数 χ_KS の逆数である．

$$\chi_\mathrm{KS}(\mathbf{r},\mathbf{r}') = \frac{\delta \rho(\mathbf{r})}{\delta V_\mathrm{KS}(\mathbf{r}')} = 4 \sum_i^{n_\mathrm{occ}} \sum_a^{n_\mathrm{vir}} \frac{\phi_i(\mathbf{r})\phi_a(\mathbf{r})\phi_a(\mathbf{r}')\phi_i(\mathbf{r}')}{\epsilon_i - \epsilon_a} \tag{7.47}$$

この式は，式 (7.39) と似ていることからわかるように，OEP 法をもとに開発されたものである．価電子軌道のエネルギーはハートリー・フォック交換ポテンシャルとほとんど同じだが，内殻の軌道エネルギーは大きく異なる．後で述べる相関ポテンシャルと組み合わせた場合，この内殻軌道エネルギーの誤差が厳密値をはさんで逆であることから，*ab initio* 密度汎関数法では，混成汎関数 (5.5 節参照) のように，この EXX ポテンシャルをハートリー・フォック交換ポテンシャルと混成する方法も利用される．

$$V_\mathrm{x} = \kappa V_\mathrm{x}^\mathrm{HF} + (1-\kappa) V_\mathrm{x}^\mathrm{EXX} \tag{7.48}$$

この混成により，内殻の軌道エネルギーが劇的に改善する．

相関ポテンシャルについては，**クラスター展開法の CCSDT 法** (3.5 節参照) **レベルの高次の電子相関の効果を取りこんだ修正 2 次摂動法**である PT2H 法および PT2SC 法が利用されている [Schweigert and Bartlett, 2008]．上記の混成交換ポテンシャルについて，PT2H 相関ポテンシャルは次の軌道依存エネルギー表現から導かれる [Schweigert et al., 2006]．

$$E_\mathrm{c} = \sum_i^{n_\mathrm{occ}} \sum_a^{n_\mathrm{vir}} t_i^a f_{ia} + \frac{1}{4} \sum_{i,j}^{n_\mathrm{occ}} \sum_{a,b}^{n_\mathrm{vir}} \left(t_{ij}^{ab} - t_i^a t_j^b - t_i^b t_j^a \right) \left(\langle ij|ab \rangle - \langle ij|ba \rangle \right) \tag{7.49}$$

$$t_i^a = \frac{K_{ia} - \int d^3 \mathbf{r} \phi_i(\mathbf{r}) V_\mathrm{x}^\mathrm{EXX} \phi_a(\mathbf{r})}{\epsilon_i - \epsilon_a}(1 - \kappa) \tag{7.50}$$

$$t_{ij}^{ab} = \frac{\langle ij|ab \rangle - \langle ij|ba \rangle}{\epsilon_i + \epsilon_j - \epsilon_a - \epsilon_b} \tag{7.51}$$

ここで，$f_{ia} = \langle \Phi_{i \to a} | \hat{H} | \Phi_{KS} \rangle$ であり，フォック行列の対角化を含む標準的な 1 電子 SCF 法ではブリュアン定理 (3.4 節参照) により常にゼロであるが，ab initio 密度汎関数法では基底状態のスレーター行列式と最大の重なりをもつブリュックナー行列式 [Brueckner, 1954; Nesbet, 1958] が通常利用されるのでゼロにならない。また，$\langle ij | ab \rangle$ は式 (4.42) で与えられる積分である。PT2SC 相関ポテンシャルの「SC」は半標準的 (semicanonical) の意味である。PT2H の場合はブリュアン定理を満たさないフォック行列の対角化により得た軌道による 1 次摂動項を含む摂動エネルギーを利用するのに対し，PT2SC は占有軌道と仮想軌道を別個に対角化することにより摂動項に占有・仮想軌道の組しか現れないようにした方法である [Bartlett et al., 2005b]。それによる違いは小さいことが確かめられている。

以上の交換・相関ポテンシャル (HF + EXX + PT2SC) を使うと，占有軌道の軌道エネルギーをかなり正確に再現できる。表 7.2 に結果を示した [Schweigert and Bartlett, 2008]。この方法は，イオン化ポテンシャル実験値の逆符号に対して，占有軌道エネルギーを価電子軌道について 0.2eV 以下，内殻軌道について 1eV 以下の平均誤差の化学的精度で算出している。ただし，交換ポテンシャルを EXX ポテンシャルのみにすると，内殻軌道エネルギーの再現性が著しく低下する。このことから，**価電子軌道エネルギーを化学的精度で再現するためにはクラスター展開法レベルの高次の電子相関を取りこんだポテンシャルが必要であり，さらに内殻軌道エネルギーを再現するにはそのレベルでも十分ではないことが明らかになった。**

7.7 厳密運動・交換・相関ポテンシャルの直接決定

厳密なポテンシャルを決定するもう 1 つの興味深い方法として，4.5 節で紹介した高精度電子密度から高精度ポテンシャルを直接決定する方法がある。ウーとヤンは，交換・相関エネルギーから局所ポテンシャルを決定する OEP 法 (7.5 節参照) と高精度電子密度から高精度交換・相関ポテンシャルを決定する ZMP 法 (4.5 節参照) を組み合わせ，**高精度な電子密度から運動・交換・相関ポテンシャルを直接決定する方法**を開発した [Wu and Yang, 2003]。こ

表 7.2 H$_2$O 分子と CO 分子の占有価電子・内殻軌道エネルギーとイオン化ポテンシャルの逆符号との比較 (eV)。括弧内は誤差。文献 [Schweigert and Bartlett, 2008] より抜粋

軌道	HF+PT2H	EXX+PT2SC	HF+EXX +PT2SC	−IP 実験値
H$_2$O				
1b$_1$	−13.06 (−0.44)	−12.75 (−0.13)	−12.80 (−0.18)	−12.62
1a$_1$	−15.14 (−0.40)	−14.94 (−0.20)	−14.94 (−0.20)	−14.74
1b$_2$	−18.69 (−0.18)	−18.62 (−0.11)	−18.56 (−0.05)	−18.51
2a$_1$	−30.07 (2.54)	−34.54 (−1.93)	−32.21 (0.40)	−32.61
1a$_1$	−518.8 (20.9)	−562.3 (−22.6)	−540.6 (−0.9)	−539.7
CO				
5σ	−13.60 (0.41)	−13.63 (0.38)	−13.59 (0.42)	−14.01
1π	−17.48 (−0.57)	−16.75 (0.16)	−17.04 (−0.13)	−16.91
4σ	−18.83 (0.89)	−20.04 (−0.32)	−19.36 (0.36)	−19.72
3σ	−36.96 (1.34)	−41.98 (−3.68)	−39.37 (−1.07)	−38.30
2σ	−282.40 (13.80)	−313.10 (−16.90)	−297.80 (−1.60)	−296.20
1σ	−521.1 (21.5)	−565.0 (−22.4)	−543.1 (−0.5)	−542.6

の方法では，運動エネルギーを次の T_{WY} を最大化した値として与える。

$$T_{\mathrm{WY}} = \sum_i^n \int d^3\mathbf{r} \phi_i(\mathbf{r}) \left(-\frac{1}{2}\boldsymbol{\nabla}^2\right) \phi_a(\mathbf{r})$$

$$+ \int d^3\mathbf{r} \left[\rho(\mathbf{r}) - \rho_{\mathrm{int}}(\mathbf{r})\right] V_{\mathrm{WY}}(\mathbf{r}) \tag{7.52}$$

$$V_{\mathrm{WY}}(\mathbf{r}) = V_{\mathrm{ext}}(\mathbf{r}) + \left(1 - \frac{1}{n}\right) \int d^3\mathbf{r}' \frac{\rho_0(\mathbf{r})}{|\mathbf{r}-\mathbf{r}'|} + \sum_p C_p \chi_p(\mathbf{r}) \tag{7.53}$$

ρ_0 には高精度 *ab initio* 波動関数法で求めた電子密度を利用する。ρ_{int} は初期電子密度である。重要なのは，χ_p が通常のガウス型基底関数 (2.6 節参照) で

あり，交換・相関ポテンシャルを基底関数の線形結合で表わしているところである。結果的に，交換・相関ポテンシャルを，

$$V_{\text{xc}}^{\text{WY}}(\mathbf{r}) = \sum_p C_p \chi_p(\mathbf{r}) + \left(1 - \frac{1}{n}\right) \int d^3\mathbf{r}' \frac{\rho_0(\mathbf{r})}{|\mathbf{r} - \mathbf{r}'|} - \int d^3\mathbf{r}' \frac{\rho(\mathbf{r})}{|\mathbf{r} - \mathbf{r}'|} \quad (7.54)$$

として与えることができる。この方法によって運動・交換・相関ポテンシャルが決まるので，軌道エネルギーを計算することができる。HOMO エネルギーが実際に計算され，原子や小分子について実験のイオン化ポテンシャルの逆符号とよく一致する高精度な値を与えることが確認された。トーザーらは，この方法をエネルギー誤差に関する条件式 (7.27) と組み合わせ，LUMO エネルギーも計算した [Teale et al., 2008]。表 7.3 に運動・交換・相関ポテンシャル直接決定法による小分子の HOMO と LUMO の計算結果 (「WY」で示した結果) を抜粋した。電子密度にはクラスター展開法の CCSD(T) 法 (3.5 節参照) によって決定した高精度な電子密度を利用している。表より，この高精度電子密度から直接決定した高精度ポテンシャルを利用すると，きわめて高精度な HOMO エネルギーが得られることがわかる。この結果は，前節で述べた「価電子軌道エネルギーを求めるにはクラスター展開法レベルの高次の電子相関を取りこんだポテンシャルが必要である」という結論を裏づけている。しかし，LUMO エネルギーについては負の値を与えており，電子親和力の実験結果とあきらかに矛盾している。しかも，その誤差は補正のない通常の汎関数を使ったコーン・シャム法による結果と比較してもきわめて大きい。このことから，**LUMO エネルギーは高精度な電子密度から直接決められた高精度ポテンシャルでも再現できない**ことがわかる。

7.8 固体バンド計算における補正

これまでの軌道エネルギー計算は主に固体バンド計算において行なわれてきており，軌道エネルギーをバンドエネルギーに近づけるさまざまな試みがなされてきた。

表 7.3 小分子の HOMO, LUMO エネルギーとイオン化ポテンシャルおよび電子親和力の逆符号との比較 (eV)。文献 [Teale et al., 2008] より抜粋

分子	HOMO			$-$IP	LUMO			$-$EA
	WY	PBEXC	B3LYP		WY	PBEXC	B3LYP	
SO_2	-12.19	-8.00	-9.25	-12.49	-8.44	-4.41	-3.67	—
Cl_2	-11.48	-7.29	-8.38	-11.48	-8.25	-4.22	-3.32	—
F_2	-15.24	-9.44	-11.43	-15.70	-11.37	-5.80	-4.41	—
H_2CO	-10.86	-6.26	-7.56	-10.91	-6.94	-2.67	-1.66	1.50
C_2H_4	-10.67	-6.78	-7.56	-10.67	-4.87	-1.09	-0.24	1.80
CO	-13.96	-9.03	-10.42	-14.01	-6.72	-1.99	-1.03	1.80
PH_3	-10.23	-6.72	-7.59	-10.59	-3.65	-0.63	-0.38	1.90
H_2S	-10.42	-6.31	-7.24	-10.50	-4.52	-0.84	-0.52	2.10
HCN	-13.58	-9.03	-10.07	-13.61	-5.50	-1.09	-0.27	2.31
HCl	-12.74	-8.05	-9.14	-12.76	-5.28	-1.09	-0.68	3.29
CO_2	-13.63	-9.09	-10.37	-13.77	-4.90	-0.87	-0.52	3.81
NH_3	-10.83	-6.18	-7.40	-10.83	-4.52	-0.71	-0.46	5.61
HF	-15.95	-9.66	-11.46	-16.11	-5.80	-0.98	-0.65	5.99
H_2O	-12.60	-7.24	-8.73	-12.63	-5.20	-0.93	-0.63	6.39
CH_4	-14.29	-9.44	-10.69	-14.31	-4.30	-0.35	-0.19	7.81
MAE	0.11	4.79	3.54		8.87	4.79	4.29	

7.3 節で述べたように，交換汎関数のエネルギー誤差は軌道エネルギー差とバンドギャップの食い違いの原因であると考えられてきた．自然な帰結として，交換・相関ポテンシャル汎関数の自己相互作用補正によって，食い違いを小さくしようとする試みがなされてきた．しかし，分子の軌道エネルギーには焦点が置かれてこなかった．2007 年，ヴィドロフ，スクーゼリア，および

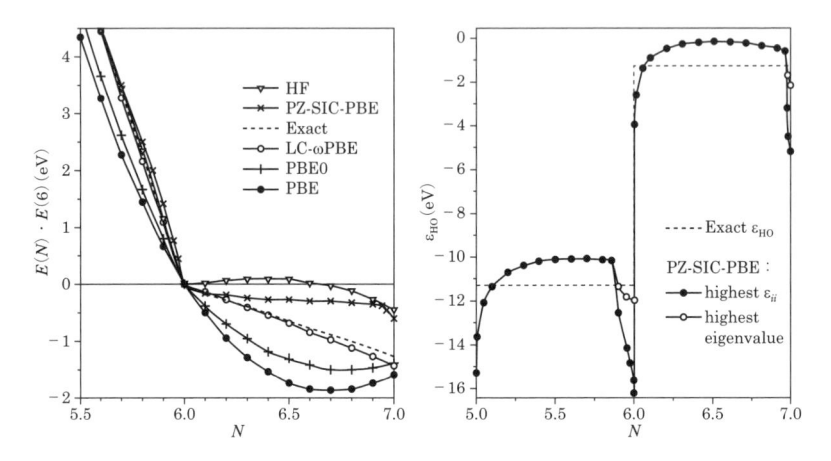

図 7.2 炭素原子の分数占有数に対する全電子エネルギー (左) と軌道エネルギー (右) の計算値の変化。文献 [Vydrov et al., 2007] より転載

パーデューは，パーデュー・ズンガーの自己相互作用補正 (6.2 節参照)

$$E = E_{\mathrm{KS}} - \sum_{i}^{n} \left(J_{ii} + E_{\mathrm{xc}}[\rho_i] \right) \tag{7.55}$$

により補正した汎関数を利用したコーン・シャム法による軌道エネルギーの再現性に関する検証を行なった [Vydrov et al., 2007]。図 7.2 にパーデュー・ズンガー自己相互作用補正後の PBE 汎関数が分数占有数に対してどのような全電子エネルギーと軌道エネルギーを与えるかをプロットした結果を転載した。図より，この自己相互作用補正を使った場合，軌道エネルギーを再現するための条件である式 (7.25) の全電子エネルギーの直線性定理も式 (7.28) の最外殻軌道エネルギー不変則も満たさないことがわかる。したがって，当然ながら，**自己相互作用補正したコーン・シャム法は，軌道エネルギーを再現しない**。ただし，これらを著しく満たさない GGA 交換・相関汎関数のふるまいを改善する方向には効果を与えている。その効果が大きすぎるのである。このことから，**自己相互作用誤差は軌道エネルギーの再現性の悪さの原因の 1 つではあるが**，原因ではない余計な部分もかなり含んでおり，**交換部分に限っても明快な原因ではないことは明らかである**。

実際に固体バンド計算で利用されている軌道エネルギー再現法の1つとして，**GW 近似**にもとづく自己エネルギー補正を紹介しよう。自己エネルギー Σ は

$$\left(-\frac{1}{2}\nabla^2 + V_{\text{ext}} + 2\sum_j^n \hat{J}_j\right)\phi_i + \int d^3\mathbf{r}' \Sigma(\mathbf{r},\mathbf{r}';\epsilon_i)\phi_i(\mathbf{r}') = \epsilon_i\phi_i \quad (7.56)$$

で定義され，GW 近似 [Hedin, 1965; Szabo and Ostlund, 1994] を使うと

$$\Sigma(\mathbf{r},\mathbf{r}';\epsilon_i) = \frac{i}{2\pi}\int d\omega' G(\mathbf{r},\mathbf{r}';\boldsymbol{\omega}-\boldsymbol{\omega}')W(\mathbf{r},\mathbf{r}';\boldsymbol{\omega}')\exp(-i\eta\omega') \quad (7.57)$$

と書ける。G はグリーン関数とよばれ，

$$G(\mathbf{r},\mathbf{r}';\boldsymbol{\omega}) = \sum_k \frac{\phi_k(\mathbf{r})\phi_k^*(\mathbf{r}')}{\omega - \epsilon_k + i\eta} \quad (7.58)$$

と書ける。また，W はしゃへいされたクーロン相互作用であり，

$$W(\mathbf{r},\mathbf{r}';\boldsymbol{\omega}) = \int d^3\mathbf{r}'' \epsilon_{\text{de}}^{-1}(\mathbf{r},\mathbf{r}';\boldsymbol{\omega})v(\mathbf{r}''-\mathbf{r}') \quad (7.59)$$

と書ける。ϵ_{de} は振動数依存の誘電関数であり，v は結合数とよばれる計算系に固有の数である。ここでは詳細を述べないが，ジョンソンとアシュクロフトは，エネルギー誤差の原因がハートリー・フォック交換との自己エネルギーの差にあると考え，振動数ゼロの場合の誘電関数 $\epsilon_{\text{de},0}$ と電子密度によって表わされる局所密度近似の交換・相関ポテンシャルの不連続性の定式を提案した [Johnson and Ashcroft, 1998]。

$$\Delta V_{\text{xc}}^{\text{LDA}} = -\alpha\rho^{1/3}\left(\frac{1}{\epsilon_{\text{de},0}} - \frac{\beta\Delta\epsilon}{\epsilon_{\text{de},0}^2}\right) \quad (7.60)$$

$\Delta\epsilon$ は伝導帯と価電子帯の軌道エネルギー差であり，$\alpha = 1.14$ と $\beta = 6.12$ は半経験的パラメータである。この補正により，半導体の軌道エネルギー差がかなりバンドギャップに近づくことが確認されている。

また，固体バンド計算において軌道エネルギー差を補正するために最も利用される方法として，**LDA+U 法** [Liechtenstein et al., 1995] がある。LDA+U 法は，LDA 汎関数による全電子エネルギーにあらわなクーロン・交

換相互作用からその平均量を差し引いたエネルギーを加える方法である。スピンゆらぎの効果を取りこむことを目的としているため、d 軌道間と f 軌道間のみに補正を加える。この方法を利用すると、絶縁体の軌道エネルギー差を適切なエネルギーだけ広げられることがわかっている。これらの固体バンド計算における補正法に共通するのは、どの方法も軌道エネルギー差をバンドギャップに近づけることにのみ特化した補正法であることであり、同じ問題をかかえる分子の軌道エネルギー計算には利用できないことである。

7.9　長距離補正 DFT による軌道エネルギーの再現

分子の軌道エネルギーを包括的に高精度に再現できる理論は開発できないのか。実は、価電子軌道エネルギーを定量的に再現できる理論はすでに存在している。**長距離補正 (6.1 節参照) した汎関数を利用したコーン・シャム法は価電子軌道エネルギーを定量的に再現することができるのである** [Tsuneda et al., 2010]。表 7.4 に小分子の HOMO エネルギーをイオン化ポテンシャルの逆符号と比較した結果を示す。表より、長距離補正汎関数 (LC-BOP) を利用すると、HOMO エネルギーのイオン化ポテンシャルからの誤差が桁違いに低くなること、さらに値の若干悪い水素原子と希ガス原子を除くと平均絶対誤差が 0.27eV と定量的といえるレベルにまで達していることがわかる。長距離補正前の汎関数 (BOP) や混成汎関数の B3LYP 汎関数による誤差と比較すれば、際立った再現性の高さがわかる。さらに重要なのは、LUMO エネルギーの計算結果である。表 7.5 に、小分子の LUMO エネルギーと電子親和力の逆符号との比較をまとめた。表より、長距離補正汎関数は LUMO エネルギーをわずか 0.17eV の平均絶対誤差で再現していることがわかる。注意すべきことは、この結果は半経験的パラメータで合わせた結果ではないことである。長距離補正汎関数には 1 つのパラメータ μ しか含まれておらず、その値は汎関数ごとに一定の値 (たとえばベッケ交換を使う場合は、平衡電子状態計算では $\mu = 0.47$、応答物性計算では $\mu = 0.33$ の 2 種類) に固定されている。本章では、LUMO エネルギーはどれほど高精度なポテンシャルを使っても再現できないことを示してきた。さらにいえば、筆者の調べる限り、コーン・シャム

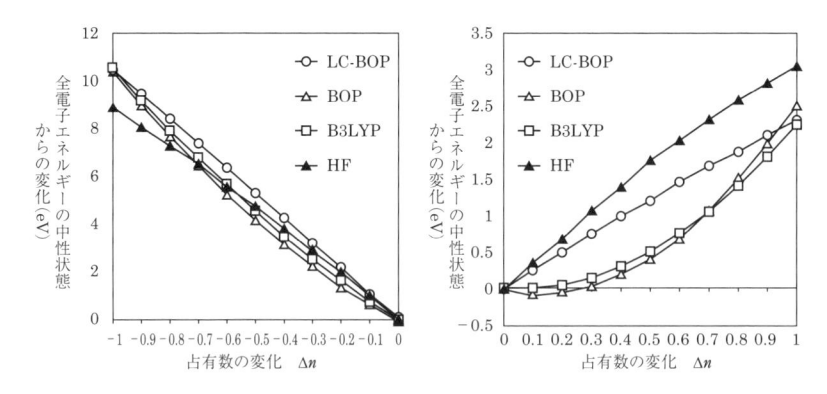

図 7.3 エチレン分子の分数占有数に対する全電子エネルギー計算値のプロット。電気中性状態の全電子エネルギーをゼロとしている。左図は中性状態から電子数を減らす方向，右図は増やす方向である。文献 [Tsuneda et al., 2010] 参照

法のみならず *ab initio* 波動関数法を含む高度な電子相関を取りこんだどんな理論でも，LUMO エネルギーを定量的に再現した計算例はこれまで存在しない。その LUMO エネルギーを，長距離補正した汎関数を使うだけでコーン・シャム法で高精度に再現できることは驚くべきことである。

長距離補正汎関数を使ったコーン・シャム法による高精度な軌道エネルギーが正当な結果であることを確かめるために，まず軌道エネルギー再現の条件である分数占有数に対するエネルギー直線性定理 [Yang et al., 2000] に対する汎関数の妥当性を検証してみよう。図 7.3 に分数占有数に対する全電子エネルギーの変化を示した。図より，長距離補正汎関数の場合のみ，コーン・シャム法は電子の増減によらず直線的に変化する全電子エネルギーを与えることがわかる。それに対し，長距離補正なしの汎関数や混成汎関数の場合は，電子の増減によらず凹状に変化する全電子エネルギーを与えている。本書では示さないが，ヤナクの定理 (7.2 節参照) がすべての 1 電子 SCF 法で成り立つことは容易に確かめられる [Tsuneda et al., 2010]。したがって，占有数の変化が 0 での全電子エネルギーの不連続な 2 つの傾きは HOMO・LUMO エネルギーに等しいので，分数占有数に対する凹状の全電子エネルギー変化は軌道

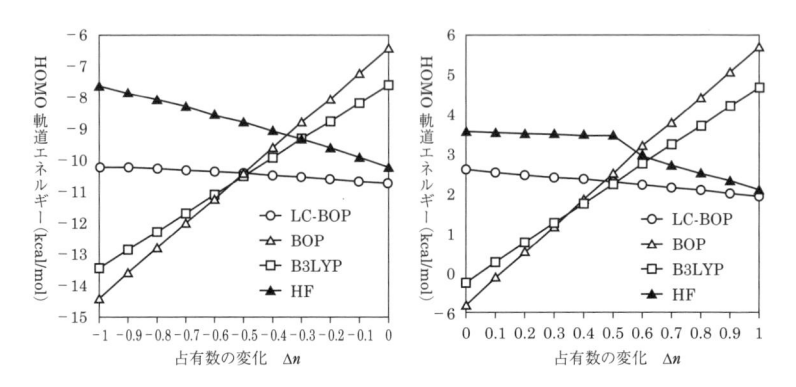

図 7.4 エチレン分子の分数占有数に対する最外殻軌道エネルギー計算値のプロット。文献 [Tsuneda et al., 2010] 参照

エネルギーの絶対値の過小評価を意味する。逆に，ハートリー・フォック法は凸状の全電子エネルギー変化を与えているので，軌道エネルギーの絶対値の過大評価を意味する。これらの類推は，表 7.4 と表 7.5 の結果の傾向と一致する。同様な全電子エネルギー変化の傾向はエチレン以外の分子でも容易に確かめられる。すなわち，予想通り，**長距離補正汎関数のみが分数占有数に対する全電子エネルギーの直線性定理を満たす。**

次に，分数占有数に対する最外殻軌道エネルギーの変化を考えてみよう。7.3 節で述べたように，軌道エネルギーを正しく再現するには分数占有数に対する最外殻軌道エネルギー不変則を満足しなければならない [Sham and Schlüter, 1985]。分数占有数に対する最外殻軌道エネルギーの変化を図 7.4 に示した。図より，長距離補正した汎関数を使ったコーン・シャム法は，わずかに右肩下がりだがほぼ一定な最外殻軌道エネルギーを与えていることがわかる。すなわち，最外殻軌道エネルギー不変則をほぼ満たしている。それに対し，それ以外の汎関数を使うと，電子が増えるにつれて軌道エネルギーが大きく上がる。逆にハートリー・フォック法は，電子数の増加で軌道エネルギーが下がる。ただし，電子数を増やす方向で占有数の変化が小さいときは，軌道エネルギーはほとんど変化しない。同じ傾向はエチレン分子以外のどんな分子でも再現される。このことは，**長距離補正汎関数の軌道エネルギー高精度再**

現は，分数占有数に対する最外殻軌道エネルギー不変則からも正当な結果であることを裏づけている．

では，なぜ長距離補正汎関数を使った場合のみ，コーン・シャム法は軌道エネルギーを高精度に再現できるのか．それを考えるには，軌道エネルギーの占有数への依存性の原因が何かを明らかにすればよい．コーン・シャム方程式を解いて得られる軌道エネルギーは，占有数に対して次の依存性をもつ [Tsuneda et al., 2010]．

$$\frac{\delta \epsilon_i}{\delta n_i} = \iint d^3\mathbf{r} d^3\mathbf{r}' \phi_i^*(\mathbf{r})\phi_i^*(\mathbf{r}') \left[\frac{1}{|\mathbf{r}-\mathbf{r}'|} + \frac{\delta V_{\mathrm{xc}}}{\delta \rho} \right] \phi_i(\mathbf{r})\phi_i(\mathbf{r}') \qquad (7.62)$$

すなわち，軌道エネルギーの占有数による変化は，クーロン相互作用と交換・相関積分核 $f_{\mathrm{xc}} = \delta V_{\mathrm{xc}}/\delta \rho$ を通しての交換・相関相互作用の自己相互作用の和，つまり自己相互作用誤差によるものである．したがって，**交換・相関エネルギーや交換・相関ポテンシャルではなく交換・相関積分核に自己相互作用誤差があれば，軌道エネルギーを再現することはできない**．ただし逆に，交換・相関エネルギーや交換・相関ポテンシャルに自己相互作用誤差が含まれると，交換・相関積分核にも必然的に含まれるはずなので，軌道エネルギーの再現は難しいとはいえるであろう．図 7.5 に交換・相関積分核を通しての自己相互作用とクーロン自己相互作用のエネルギー分布の比較を示した．まず，水素原子の HOMO の場合 (図 7.5(a))，長距離補正しない汎関数では交換・相関積分核を通した自己相互作用が全くクーロン自己相互作用に足りないのに対し，長距離補正した汎関数では明らかに近づいている．また，短距離・長距離成分で分割して比較すると (図 7.5(b))，**交換・相関積分核を通した自己相互作用は長距離成分 (LR) のほうがむしろ短距離成分 (SR) よりずっと大きい**．さらに，長距離補正汎関数による軌道エネルギーの再現性が悪いヘリウムの HOMO と再現性のよいヘリウムの LUMO とを比較すると (図 7.5(c), (d))，HOMO では長距離補正汎関数の場合でも交換・相関積分核を通した自己相互作用エネルギーが足りないのに対し，LUMO では十分な自己相互作用エネルギーを与えている．したがって，ヘリウム原子の HOMO エネルギーを再現できないのは，この軌道では短距離交換が大きいために長距離補正汎関数の

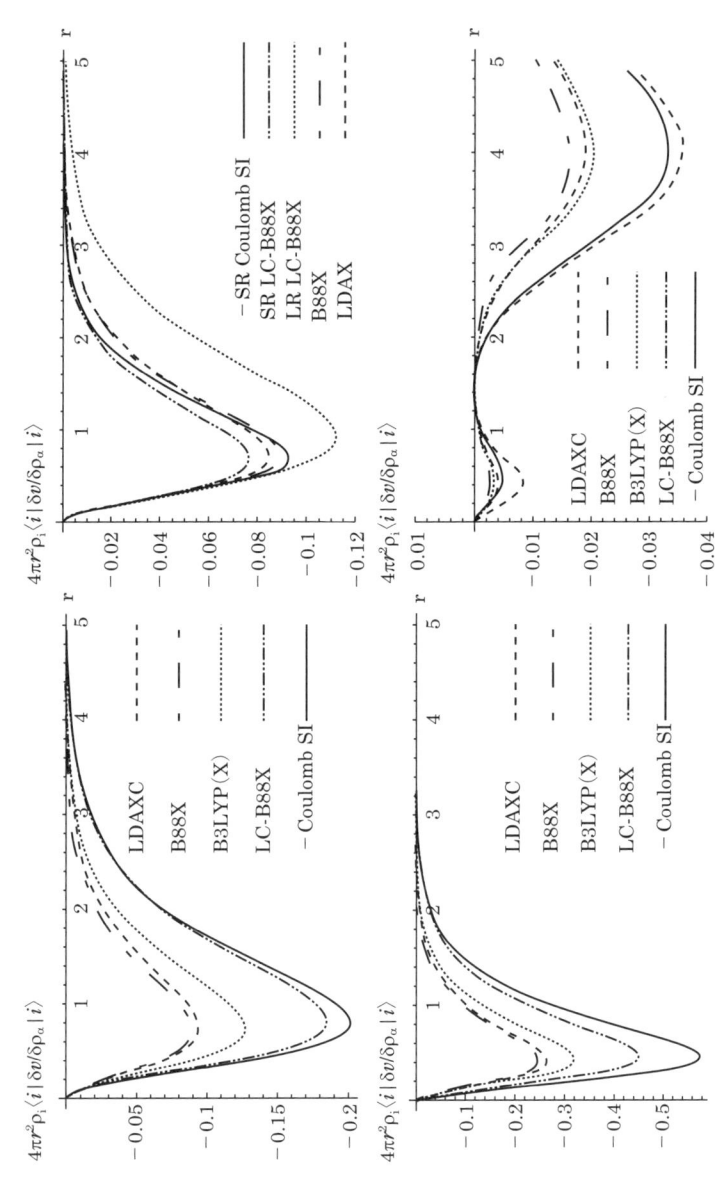

図 7.5 交換・相関積分核を通しての自己相互作用とクーロン自己相互作用の原子核からの距離に対するエネルギー分布の比較。(a) 水素原子の HOMO，(b) 水素原子の HOMO の各成分，(c) ヘリウム原子の HOMO，(d) ヘリウム原子の LUMO。文献 [Tsuneda et al., 2010] 参照

短距離汎関数部分の自己相互作用誤差が大きく寄与するためであることが示唆される。

　軌道エネルギー再現性の問題は内殻軌道についても認められる。内殻軌道エネルギーの再現性の悪さは，*ab initio* 密度汎関数法による高精度な相関ポテンシャルを使った軌道エネルギー計算の傾向と共通することは興味深い (7.6 節参照)。これらの長距離補正汎関数における軌道エネルギーの問題は自己相互作用補正で大きく改善することが確かめられている。長距離補正と自己相互作用補正を組み合わせた汎関数である LC-PR 汎関数 [Nakata et al., 2010; Nakata and Tsuneda, 2013] を利用すると，長距離補正汎関数の一般的な分子の高精度な HOMO・LUMO エネルギーを維持しながら，内殻軌道エネルギーや水素・希ガス原子の HOMO エネルギーを大きく改善することが明らかになっている [Nakata and Tsuneda, 2013]。以上のことから，コーン・シャム法で価電子軌道エネルギーを再現するには汎関数に長距離補正が必要であり，さらに内殻軌道や水素・希ガスの **HOMO** についても高精度再現するには自己相互作用補正も必要であると結論づけられる。

表 7.4 原子・小分子の HOMO エネルギーとイオン化ポテンシャルの逆符号との比較 (eV)。a は原子を除いた。文献 [Tsuneda et al., 2010] 参照

計算系	LC-BOP ϵ_{HOMO}	LC-BOP $-IP$	BOP ϵ_{HOMO}	BOP $-IP$	B3LYP ϵ_{HOMO}	B3LYP $-IP$	HF ϵ_{HOMO}	HF $-IP$
H	12.24	13.46	7.44	13.54	8.77	13.67	13.60	13.60
He	21.79	24.77	15.83	25.01	18.00	24.93	24.97	23.44
Ne	19.52	21.96	13.23	21.60	15.65	21.70	23.14	19.65
N_2	15.80	16.27	10.14	15.28	12.96	15.84	17.09	15.73
F_2	15.11	16.00	9.43	15.31	11.45	15.85	17.64	15.58
P_2	10.71	10.90	6.81	10.23	7.86	10.45	10.26	9.32
Cl_2	11.72	11.72	7.22	11.12	8.53	11.48	12.04	11.03
HF	15.36	16.47	9.48	16.19	11.54	16.30	17.75	14.40
HCl	12.65	12.79	7.82	12.57	9.23	12.77	12.98	11.53
CO	14.17	14.34	8.93	13.88	13.23	14.18	15.01	13.01
CS	12.06	11.51	7.28	11.24	8.67	11.48	12.75	10.78
ClF	12.66	12.85	7.81	12.39	9.27	12.75	13.26	11.89
CO_2	13.91	14.12	8.87	13.45	10.46	13.82	14.86	12.52
C_2H_2	11.55	11.40	6.94	11.20	8.21	11.38	11.33	9.90
C_2H_4	10.90	10.59	6.50	10.44	7.68	10.60	10.38	9.01
CH_2O	10.96	10.99	6.14	10.65	7.66	10.89	11.98	9.49
H_2O	12.52	12.88	7.07	12.67	10.85	12.78	13.91	11.04
H_2S	10.52	10.43	6.08	10.25	7.32	10.44	10.48	9.22
HCOOH	11.81	11.63	6.82	11.18	8.39	11.46	12.89	10.02
NH_3	10.87	10.89	6.02	10.88	7.46	10.94	11.59	9.30
PH_3	10.60	10.45	6.55	10.41	7.65	10.57	10.39	9.25
CH_4	14.25	14.24	9.29	13.82	10.77	14.17	14.87	13.51
SiH_4	12.93	12.83	8.36	12.01	9.67	12.47	13.25	14.78
Si_2H_2	8.41	8.10	4.87	7.80	5.79	7.99	7.65	6.84
Si_2H_4	8.20	7.83	5.18	8.03	5.79	7.98	7.53	6.76
MAE	0.51		5.17		4.84		3.13	
MAE^a	0.27		4.80		4.43		2.75	

表 7.5　原子・小分子の LUMO エネルギーと電子親和力の逆符号との比較 (eV)。文献 [Tsuneda et al., 2010] 参照

計算系	LC-BOP ϵ_{LUMO}	$-EA$	BOP ϵ_{LUMO}	$-EA$	B3LYP ϵ_{LUMO}	$-EA$	HF ϵ_{LUMO}	$-EA$
H	−0.34	−0.74	−0.36	−0.86	0.04	−0.91	−0.67	0.33
He	2.65	2.65	1.32	2.52	1.36	2.37	2.69	2.68
Ne	5.27	5.28	2.59	5.12	2.65	4.89	5.62	5.69
N_2	2.82	2.17	−1.84	1.35	1.07	1.45	2.93	2.96
F_2	−0.28	0.07	−5.96	−0.79	−4.23	−0.55	2.40	1.71
P_2	−0.22	−0.48	−3.24	−0.39	−2.78	−0.61	0.53	−0.08
Cl_2	−0.38	−0.60	−4.47	−1.05	−3.65	−1.11	0.70	0.10
HF	0.66	0.64	−0.91	0.59	−0.73	0.44	0.78	0.77
HCl	0.62	0.59	−1.04	0.48	−0.76	0.35	0.70	0.68
CO	1.49	1.46	−1.90	1.04	−1.09	1.00	1.62	1.70
CS	0.27	−0.02	−3.24	0.06	−2.61	−0.15	1.33	0.43
ClF	−0.24	−0.33	−4.70	−0.78	−3.64	−0.78	1.24	0.65
CO_2	1.00	0.98	−0.75	0.82	−0.59	0.66	1.14	1.13
C_2H_2	2.01	2.07	0.09	0.48	0.17	0.44	0.79	0.79
C_2H_4	1.98	1.90	−0.87	0.62	0.28	0.63	2.26	2.23
CH_2O	1.09	0.99	−2.50	2.63	−1.73	0.36	0.65	0.63
H_2O	0.64	0.63	−0.84	0.53	−0.68	0.40	0.74	0.73
H_2S	1.16	1.15	−0.76	0.47	−0.61	0.35	0.68	0.67
HCOOH	0.67	0.65	−1.47	0.50	−0.68	0.39	0.71	0.70
NH_3	0.66	0.65	−0.63	0.54	−0.51	0.41	0.73	0.72
PH_3	1.28	0.63	−0.54	0.51	−0.45	0.39	1.30	1.29
CH_4	0.71	0.70	−0.31	0.60	0.75	0.74	0.75	0.00
SiH_4	0.69	1.12	0.62	0.97	1.15	1.14	1.15	0.00
Si_2H_2	0.40	0.19	−2.51	−0.12	−3.61	−0.24	−0.58	1.30
Si_2H_4	0.32	0.08	−2.84	−0.43	−1.93	1.67	0.91	−0.56
MAE	0.17		2.52		2.23		1.65	

Fundamentals of
Density Functional Theory

付録 A

基礎物理条件

基礎物理条件とは運動，交換，相関の各エネルギー成分が満たすべき条件のことを指す。5.1 節で述べたように，基礎物理条件は汎関数開発における重要な基準として利用されてきた。特に，極限的な電子密度を取り扱うことの多い固体物性分野においては，基礎物理条件を満たす汎関数を選んで利用する傾向にあるようである。この付録では，主要な基礎物理条件について概説する。

1. 運動，交換，相関エネルギーは，ゼロでない電子密度 ($\rho \neq 0$) に対して，次のように符号が一定であるべきである。

$$T[\rho] > 0 \tag{A.1}$$
$$E_\text{x}[\rho] < 0 \tag{A.2}$$
$$E_\text{c}[\rho] \leq 0 \tag{A.3}$$

すなわち，電子の**運動エネルギーは常に正**であり，**交換・相関エネルギーは常に負**である。また，電子が存在する限り，運動エネルギーと交換エネルギーはゼロにならない。すなわち，運動エネルギーはゼロ点振動エネルギーのためゼロにならない。また，交換エネルギーも自己相互作用が常に存在するためゼロにならない。しかし，電子相関は 1 電子系ではゼロであるべきである。

2. 密度勾配 $\nabla \rho$ が電子密度に比べて十分に小さい極限では，運動，交換，相関エネルギーは無次元パラメータ $x_\sigma = |\nabla \rho_\sigma|/\rho_\sigma^{4/3}$ (式 (5.2)) と $x = |\nabla \rho|/\rho^{4/3}$ について次のように展開されるべきである [Weizsäcker, 1935; Kleinman and Lee, 1988]。

$$\lim_{x_\sigma \to 0} T = \sum_\sigma \int d^3\mathbf{r} \rho_\sigma^{5/3} \left[\frac{3}{5}(6\pi^2)^{2/3} + \frac{x_\sigma^2}{36} + O(x_\sigma^4) \right] \tag{A.4}$$

$$\lim_{x_\sigma \to 0} E_\text{x} = -\frac{3}{2}\left(\frac{3}{4\pi}\right)^{1/3} \sum_\sigma \int d^3\mathbf{r} \rho_\sigma^{4/3} \left[1 + \frac{5x_\sigma^2}{81(6\pi^2)^{2/3}} + O(x_\sigma^4) \right] \tag{A.5}$$

$$\lim_{x \to 0} E_\text{c} = \int d^3\mathbf{r} \left\{ c_1[\rho] + c_2[\rho]x^2 + O(x^4) \right\} \tag{A.6}$$

これらの式を**一般化勾配近似 (GGA) 極限条件**という。また，$x_\sigma = 0$ のときの値を特に，**局所密度近似 (LDA) 極限条件**という。ここで，交

換エネルギーの展開について，x_σ^2 の係数が通常の値 [Kleinman and Lee, 1988] の 2 倍になっているが，この理由については後で述べる。

3. 逆に，密度勾配が電子密度に比べて十分に大きい極限 (**高密度勾配・低密度極限**) では，運動エネルギーと相関エネルギーは次のようにふるまう [Ma and Brueckner, 1968; Dreizler and Gross, 1990]．

$$\lim_{x_\sigma \to \infty} T = \frac{1}{4} \sum_\sigma \int d^3\mathbf{r} \rho_\sigma^{5/3} x_\sigma^2 \tag{A.7}$$

$$\lim_{x \to \infty} \rho^{-1} \bar{E}_c = 0 \tag{A.8}$$

$\bar{E}_c$ は電子相関エネルギーの積分核である．式 (A.7) の右辺は式 (4.4) のワイツゼッカー運動エネルギーと同等であることは興味深い。このことは，高密度勾配・低密度極限での運動エネルギーがワイツゼッカー運動エネルギーであることを意味する。また，交換エネルギーについて極限条件がないこと，つまり x_σ が大きい**領域での交換汎関数の形を制限する条件がない**ことは，この領域の交換汎関数が異なる GGA 交換汎関数の提案につながった (5.2 節参照)。この極限が顕著なのは，電子密度が十分に小さい領域である。このような領域では分散力が結合を支配することが多い。実際，分散力が重要な場合，相関汎関数が式 (A.8) を満たすかどうかは重要な意味をもつ。たとえば，この極限条件を満たさない LYP 相関汎関数は，希ガス 2 量体の分散力結合計算において相関エネルギーを過大評価する (6.3 節参照) [Kamiya et al., 2002]．

4. よく利用される基礎物理条件に**座標スケーリング条件**がある。座標スケーリング条件とは，座標の単位を極限まで大きくあるいは小さくした場合に対応する電子密度の拡大・縮小に対して，各エネルギー成分がどのようにふるまうかを規定する条件である (文献 [Tsuneda et al., 2001] にある引用参照)。座標スケーリング条件には，立体 (x, y, z) 座標すべてを拡大・縮小する均一座標スケーリング条件，平面 (x, y) 座標のみを拡大・縮小する 2 次不均一座標スケーリング条件，直線 x 座標のみを拡大・縮小する 1 次不均一座標スケーリング条件がある。まず，均一座標スケーリング ($\rho(x, y, z) \to \rho_\lambda = \lambda^3 \rho(\lambda x, \lambda y, \lambda z)$) のもと，次の条件が存在する。

$$T[\rho_\lambda] = \lambda^2 T[\rho] \tag{A.9}$$
$$E_{\rm x}[\rho_\lambda] = \lambda E_{\rm x}[\rho] \tag{A.10}$$
$$E_{\rm c}[\rho_\lambda] < \lambda E_{\rm c}[\rho] \quad (\lambda < 1) \tag{A.11}$$
$$E_{\rm c}[\rho_\lambda] > \lambda E_{\rm c}[\rho] \quad (\lambda > 1) \tag{A.12}$$
$$\lim_{\lambda \to \infty} E_{\rm c}[\rho_\lambda] = {\rm const.} \neq 0 \tag{A.13}$$
$$\lim_{\lambda \to 0} \frac{1}{\lambda} E_{\rm c}[\rho_\lambda] = {\rm const.} \neq 0 \tag{A.14}$$

また，2次不均一座標スケーリング $(\rho(x,y,z) \to \rho_{\lambda\lambda}^{xy} = \lambda^2 \rho(\lambda x, \lambda y, z))$ では，

$$\lim_{\lambda \to \infty} \frac{1}{\lambda} E_{\rm x}[\rho_{\lambda\lambda}^{xy}] = {\rm const.} \neq 0 \tag{A.15}$$
$$\lim_{\lambda \to 0} \frac{1}{\lambda} E_{\rm x}[\rho_{\lambda\lambda}^{xy}] = {\rm const.} \neq 0 \tag{A.16}$$
$$\lim_{\lambda \to \infty} E_{\rm c}[\rho_{\lambda\lambda}^{xy}] = 0 \tag{A.17}$$
$$\lim_{\lambda \to 0} \frac{1}{\lambda^2} E_{\rm c}[\rho_{\lambda\lambda}^{xy}] = {\rm const.} \neq 0 \tag{A.18}$$

1次不均一座標スケーリング $(\rho(x,y,z) \to \rho_\lambda^x = \lambda \rho(\lambda x, y, z))$ では，

$$\lim_{\lambda \to \infty} E_{\rm x}[\rho_\lambda^x] = {\rm const.} \neq 0 \tag{A.19}$$
$$\lim_{\lambda \to 0} E_{\rm x}[\rho_\lambda^x] = {\rm const.} \neq 0 \tag{A.20}$$
$$\lim_{\lambda \to \infty} \lambda E_{\rm c}[\rho_\lambda^x] = {\rm const.} \neq 0 \tag{A.21}$$
$$\lim_{\lambda \to 0} \frac{1}{\lambda} E_{\rm c}[\rho_\lambda^x] = 0 \tag{A.22}$$

という極限条件が与えられる。運動エネルギーの不均一座標スケーリング条件は存在しない。重要なのは，これらの座標スケーリング条件から，取り扱う系が大きい場合，小さい場合の交換・相関エネルギーの電子密度への依存性がそれぞれ予測できることである。まず，交換エネルギーは，

- 直線的 (1次元) に拡大・縮小 → $O(\rho)$
- 平面的 (2次元) に拡大・縮小 → $O(\rho^{3/2})$
- 立体的 (3次元) に拡大・縮小 → $O(\rho^{4/3})$

という電子密度に対する依存性をもつと予想される。ちなみに，この依存性をこれまでのハートリー・フォック交換積分計算の線形スケーリン

グ化法による実際の計算の電子数依存性と比較すると，きわめて興味深い事実が明らかになる．線形アルカン計算で直線的に系を伸ばすと，交換積分の計算時間はほぼ電子数に対して線形に増加する [Lambrecht and Ochsenfeld, 2005]．それに対し，グラファイトを平面的 (2次元的) に拡大すると，交換積分の計算時間は線形からかなりずれる [Schwegler and Challacombe, 1999]．興味深いのは，さらに水クラスタ計算で立体的 (3次元的) に系を拡大すると，少し線形に近づくことである [Schwegler and Challacombe, 1999]．上記の交換エネルギーの電子密度に対する依存性と比較すると，**交換積分に必要な計算時間は座標スケーリングと連動し**ていることがわかる．同様に，相関エネルギーを考えると，

- 直線的に拡大 → $O(1)$，縮小 → $O(\rho^n)$ $(n<1)$
- 平面的に拡大 → $O(\rho^m)$ $(m<1)$，縮小 → $O(\rho)$
- 立体的に拡大 → $O(\rho)$，縮小 → $O(\rho^{4/3})$

という電子密度への依存性をもつ．この依存性を交換エネルギーの依存性と比較すると，計算系が大きくなった場合の交換エネルギーと相関エネルギーの比が予想できる．計算系を直線的に伸ばすと，相関エネルギーは交換エネルギーに対して $O(\rho^{-1/3})$ でふるまう．一方，平面的に広げたり立体的に大きくすると，$O(\rho^{-1})$ でふるまう．このことは，計算系が大きい場合，相関エネルギーの交換エネルギーに対する重要性は高電子密度の領域では減少，低電子密度の領域では増加すること，その重要性は直線状分子とそれ以外とでは違うことを示唆している．

5. また，重要な基礎物理条件として自己相互作用誤差に関する条件がある．自己相互作用誤差とは本来相殺すべきクーロン相互作用と交換相互作用の自己相互作用が，交換汎関数の使用により残ってしまった誤差のことである (6.2節参照)．1電子しか含まない系においては，交換相互作用はすべて自己相互作用である．したがって，**1電子系の自己相互作用無誤差条件**が提案された [Zhang and Yang, 1998]．

$$T[q\rho_1] = O(q) \tag{A.23}$$
$$E_\mathrm{x}[q\rho_1] = q^2 E_\mathrm{x}[\rho_1] \tag{A.24}$$

$$E_c^{\alpha\beta}[q\rho_1] = 0 \tag{A.25}$$

ρ_1 は 1 電子系の電子密度である。興味深いことに, 式 (A.25) は, 交換エネルギーの**長距離 (遠核) 漸近相互作用条件** [Levy et al., 1984]

$$\lim_{r\to\infty} \rho^{-1}\bar{E}_x = -\frac{1}{2r} \tag{A.26}$$

と同じように, 自己相互作用電子の密度行列から導ける (6.2 節参照)。同じ理由でワイツゼッカー運動エネルギー (式 (A.7)) も得られる。この長距離 (遠核) 漸近相互作用条件は, GGA 交換汎関数の大半が満たさないことで知られているが, それは自己相互作用誤差が原因である。ちなみに, **N 電子系の自己相互作用無誤差条件** [Mori-Sanchez et al., 2006] も存在する。これは, 分数占有数に対するエネルギーの直線性条件 (7.2 節参照) を判定条件とする。長距離補正した交換汎関数はこの条件を満たす。それどころか, この直線性条件は長距離補正なしには満たされた例がない (7.9 節参照)。したがって, **複数電子系の自己相互作用誤差を取り除くには長距離補正が必要**であると予想される。

6. それ以外の基礎物理条件としてよく利用される条件に, **リーブ・オクスフォード束縛条件** [Lieb and Oxford, 1981] がある。

$$E_x[\rho] \geq -1.679 \int d^3\mathbf{r} \rho^{4/3} \tag{A.27}$$

この条件は, 交換エネルギーの上限を決めるものであるが, 適用できる系は GGA 交換汎関数だけに限られる。実際, ハートリー・フォック交換積分はこの条件を満足しない。関連して, GGA 相関汎関数を LDA 交換汎関数と厳密交換エネルギーとの差に密度汎関数の前因子 $\beta[\rho]$ をかけた値であるとの条件が存在する [Odashima and Capelle, 2009]。

$$E_c[\rho] = \beta[\rho]\left(\lambda E_x^{\text{LDA}} - E_x^{\text{exact}}\right), \tag{A.28}$$

ここで, $\lambda = 1.679/\left((3/4)(3/\pi)^{1/3}\right) = 2.273$ である。この方程式は任意の $\beta[\rho]$ については自明であるので, LDA 極限と GGA 極限を使い,

表 A.1 交換エネルギーに対する基礎物理条件と主な GGA 交換汎関数の可否

条件	LDA	PW91	PBE	B88	PF$_{\text{TFW}}$
負値条件	○	○	○	○	○
局所密度近似極限条件	○	○	○	○	○
一般化勾配近似極限条件	-	○?	○?	×	○?
3 次均一座標スケーリング条件	○	○	○	○	○
2 次不均一座標スケーリング条件	×	×	×	×	×
1 次不均一座標スケーリング条件	×	×	×	×	×
リーブ・オクスフォード束縛条件	○	○	○	×	○
1 電子自己相互作用無誤差条件	×	×	×	×	×
長距離 (遠核) 漸近相互作用条件	×	×	×	△	×

$$E_{\text{c}}[\rho] = \frac{E_{\text{c}}^{\text{GGA}}[\rho]}{\lambda E_{\text{x}}^{\text{LDA}}[\rho] - E_{\text{x}}^{\text{GGA}}[\rho]} \left(\lambda E_{\text{x}}^{\text{LDA}}[\rho] - E_{\text{x}}^{\text{exact}} \right), \tag{A.29}$$

と書くことが多い。$E_{\text{x}}^{\text{GGA}}[\rho]$ は式 (A.5) を満たす GGA 交換汎関数であり，$E_{\text{c}}^{\text{GGA}}[\rho]$ は式 (A.6) を満たす GGA 相関汎関数である。すべての従来の相関汎関数はこの条件を満たさない [Haunschild et al., 2012]。しかし，厳密交換エネルギーは式 (A.27) を満たさないにもかかわらず相関汎関数に対する条件に利用されているので，議論の余地が残っている。

以上，さまざまな基礎物理条件を説明してきたが，これらの条件をこれまでの GGA 汎関数がどの程度満たすのかを明らかにするため，表 A.1 に GGA 交換汎関数，表 A.2 に GGA 相関汎関数がそれぞれ，交換エネルギーと相関エネルギーに関する基礎物理条件を満たすのかをまとめた。

まず，交換エネルギーに対する基礎物理条件について見てみよう。PF$_{\text{TFW}}$ は TFW-GGA 運動エネルギー汎関数を運動エネルギー密度部分に使った式 (5.10) の PF 汎関数に対応する。負値条件はすべての交換汎関数が満たす。局所密度近似極限条件もすべて満たすが，一般化勾配近似極限条件は B88 汎

関数が満たさない。3 次均一座標スケーリング条件はすべての交換汎関数が満たすが，1, 2 次の不均一座標スケーリング条件はどれも満たさない。リーブ・オクスフォード束縛条件も B88 交換汎関数が満たさない。1 電子自己相互作用無誤差条件はどの汎関数も満たさない。長距離 (遠核) 漸近相互作用条件は B88 汎関数だけ限定つき (スレーター型波動関数の場合のみ) で満たす。ここで注目すべきは，一般化勾配近似極限条件において「？」を付していることである。本来の一般化勾配近似極限条件では，式 (A.5) で与えられている x_σ^2 の係数 (密度勾配係数) のちょうど半分の $5/[162(6\pi^2)^{2/3}]$ である [Kleinman and Lee, 1988]。しかし，この条件における密度勾配係数は実際の計算では小さすぎ，多くの GGA 交換汎関数ではより大きな係数値に補正されてきた (たとえば，PBE 汎関数の係数は $0.003612 \gg 5/[162(6\pi^2)^{2/3}] = 0.002032$)。筆者らは，$PF_{TFW}$ が本来の密度勾配係数のちょうど 2 倍の $5/[81(6\pi^2)^{2/3}]$ を与えることを見出した [Tsuneda and Hirao, 2000]。このことから，実際の密度勾配係数は $5/[81(6\pi^2)^{2/3}]$ であると考えている。しかし，まだ証明されているわけではないので「？」を付した。

最後に，相関エネルギーに対する基礎物理条件について考えてみよう。OP_{B88} は B88 交換汎関数を交換汎関数項に使った式 (5.30) の OP 汎関数である。相関エネルギーについては，PW91 汎関数と LYP 汎関数は負値条件すら満たさない。局所密度勾配極限は，驚くべきことに LDA 汎関数 が満たさないためにそれを極限にもつ PW91 汎関数や PBE 汎関数も満たさないのに対し，OP 汎関数は満たす。一般化勾配極限については，LYP 汎関数だけが満たさない。高密度勾配極限については，LDA 汎関数と LYP 汎関数が満たさない。座標スケーリングは 3 次均一スケーリングについては PBE 汎関数と OP 汎関数だけ，不均一スケーリングについては PW91 汎関数と OP 汎関数だけが満たす。最後に 1 電子自己相互作用無誤差条件は，CS 型汎関数の LYP 汎関数と OP 汎関数だけが満たす。重要なのは，OP 汎関数の物理的正当性の高さである。OP 汎関数は不均一座標スケーリング以外すべて満たす。OP 汎関数は開発において基礎物理条件を全く考慮していないことを考えると，このことはきわめて重大な意味をもつと考えられる。

表 A.2　相関エネルギーに対する基礎物理条件と主な GGA 相関汎関数の可否

条件	LDA	PW91	PBE	LYP	OP$_{B88}$
負値条件	○	×	○	×	○
局所密度近似極限	×	×	×	×	○
一般化勾配近似極限	-	○	○	×	○
高密度勾配極限	×	○	○	×	○
3次均一座標スケーリング条件	×	×	○	×	○
2次不均一座標スケーリング条件	×	○	×	×	×
1次不均一座標スケーリング条件	×	○	×	×	×
1電子自己相互作用無誤差条件	×	×	×	○	○

参考文献

C. Adamo and V. Barone. *J. Chem. Phys.*, 108:664–675, 1998.

C. Adamo and V. Barone. *J. Chem. Phys.*, 110:6158–6170, 1999.

B. J. Alder and T. E. Wainwright. *J. Chem. Phys.*, 31:459–466, 1959.

K. Andersson, P. A. Malmqvist, B. O. Roos, A. J. Sadlej, and K. Wolinski. *J. Phys. Chem.*, 94:5483–5488, 1990.

Y. Andersson, D. C. Langreth, and B. I. Lundqvist. *Phys. Rev. Lett.*, 76:102–105, 1996.

J. Antony and S. Grimme. *Phys. Chem. Chem. Phys.*, 8:5287–5293, 2006.

M. Arai and T. Fujiwara. *Phys. Rev. B*, 51:1477–1489, 1995.

I. Asimov. *A Short History of Chemistry*. Greenwood Press Reprint, Westport, 1979.

A. Aspect, P. Grangier, and G. Roger. *Phys. Rev. Lett.*, 49:91–94, 1982.

R. J. Bartlett, I. Grabowski, S. Hirata, and S. Ivanov. *J. Chem. Phys.*, 122:034104(1–12), 2005a.

R. J. Bartlett, I. V. Schweigert, and V. F. Lotrich. *J. Chem. Phys.*, 123:062205(1–21), 2005b.

J. E. Bates and F. Furche. *J. Chem. Phys.*, 137:164105(1–10), 2012.

A. D. Becke. *Phys. Rev. A*, 38:3098–3100, 1988.

A. D. Becke. *J. Chem. Phys.*, 98:5648–5652, 1993.

A. D. Becke. *J. Chem. Phys.*, 107:8554–8560, 1997.

A. D Becke. *J. Chem. Phys.*, 117:6935–6938, 2002.

A. D. Becke and R. M. Dickson. *J. Chem. Phys.*, 89:2993–2997, 1988.

A. D. Becke and E. R. Johnson. *J. Chem. Phys.*, 123:154101(1–9), 2005a.

A. D. Becke and E. R. Johnson. *J. Chem. Phys.*, 125:154105(1–5), 2005b.

A. D. Becke and M. R. Roussel. *Phys. Rev. A*, 39:3761–3767, 1989.

J. Bell. *Physics*, 1:195–200, 1964.

R. P. Bell. *Proc. R. Soc. London A*, 154:414–429, 1936.

P. Bleiziffer, A. Heßelmann, and A. Görling. *J. Chem. Phys.*, 136: 134102(1–15), 2012.

A. D. Boese and J. M. L. Martin. *J. Chem. Phys.*, 121:3405–3416, 2004.

D. Bohm. *Phys. Rev.*, 85:166–179, 1952.

N. Bohr. *Philosophical Magazine*, 21:1–25, 1913.

M. Born, W. Heisenberg, and P. Jordan. *Z. Phys.*, 35:557–615, 1926.

M. Born and R. Oppenheimer. *Ann. Phys.*, 389:457–484, 1927.

S. F. Boys. *Proc. R. Soc. London A.*, 200:542–554, 1950.

U. Bozkaya. *J. Chem. Phys.*, 139:154105(1–12), 2013.

G. Breit. *Phys. Rev.*, 34:553–573, 1929.

L. Brillouin. *Actual. Sci. Ind.*, 71:159–160, 1934.

R. E. Brooks, B. R. Bruccoleri, B. D. Olafson, D. J. States, S. Swaminathan, and M. Karplus. *J. Comput. Chem.*, 4:187–217, 1983.

K. A. Brueckner. *Phys. Rev.*, 96:508–516, 1954.

J. C. Burant, G. E. Scuseria, and M. J. Frisch. *J. Chem. Phys.*, 105: 8969–8972, 1996.

R. Car and M. Parrinello. *Phys. Rev. Lett.*, 55:2471–2474, 1985.

W. J. Carr. *Phys. Rev.*, 122:1437–1446, 1961.

M. E. Casida. In J. J. Seminario, editor, *Recent Developments and Applications of Modern Density Functional Theory*. Elsevier, Amsterdam, 1996.

D. M. Ceperley and B. J. Alder. *Phys. Rev. Lett.*, 45:566–569, 1980.

J.-D. Chai and M. Head-Gordon. *J. Chem. Phys.*, 128:084106(1–15), 2008a.

J.-D. Chai and M. Head-Gordon. *Phys. Chem. Chem. Phys.*, 10:6615–6620,

2008b.

J.-D. Chai and M. Head-Gordon. *J. Chem. Phys.*, 131:174105(1–13), 2009.

B. Champagne, E. A. Perpéte, and D. Jacquemin. *J. Phys. Chem. A*, 104: 4755–4763, 2000.

J. Čížek. *J. Chem. Phys.*, 45:4256–4266, 1966.

A. J. Cohen, P. Mori-Sanchez, and W. Yang. *J. Chem. Phys.*, 126: 191109(1–5), 2007.

R. Colle and O. Salvetti. *Theor. Chim. Acta*, 37:329–334, 1975.

A. Compton. *Phys. Rev.*, 21:483–502, 1923.

E. U. Condon. *Phys. Rev.*, 36:1121–1133, 1930.

C. A. Coulson. *Proc. Camb. Phil. Soc.*, 34:204–212, 1938.

L. A. Curtiss, K. Raghavachari, G. W. Trucks, and J. A. Pople. *J. Chem. Phys.*, 94:7221–7230, 1991.

E. R. Davidson. *J. Comput. Phys.*, 17:87–94, 1975.

C. Davisson and L. H. Germer. *Phys. Rev.*, 30:705–740, 1927.

O. W. Day, D. W. Smith, and C. Garrod. *Int. J. Quantum Chem. Symp.*, 8:501–509, 1974.

B. Delley. *J. Chem. Phys.*, 92:508–517, 1990.

B. Delley. *J. Phys. Chem.*, 100:6107–6110, 1996.

M. Dion, H. Rydberg, E. Schröder, D. C. Langreth, and B. I. Lundqvist. *Phys. Rev. Lett.*, 92:246401(1–4), 2004.

P. A. M. Dirac. *Proc. R. Soc. London A*, 112:661–677, 1926.

P. A. M. Dirac. *Proc. Roy. Soc. A*, 117:610–624, 1928.

P. A. M. Dirac. *Camb. Phil. Soc.*, 26:376–385, 1930.

J. F. Dobson and B. P. Dinte. *Phys. Rev. Lett.*, 76:1780–1783, 1996.

M. Douglas and N. M. Kroll. *Ann. Phys.*, 82:89–155, 1974.

R. M. Dreizler and E. K. U. Gross. *Density-Functional Theory An Approach to the Quantum Many-Body Problem*. Springer, Berlin, 1990.

A. Dreuw and M. Head-Gordon. *J. Am. Chem. Soc.*, 126:4007–4016, 2004.

A. Dreuw, J. L. Weisman, and M. Head-Gordon. *J. Chem. Phys.*, 119:

2943–2946, 2003.

M. Dupuis, J. Rys, and H. F. King. *J. Chem. Phys.*, 65:111–116, 1976.

A. Einstein. *Ann. Phys.*, 17:132–148, 1905a.

A. Einstein. *Ann. Phys.*, 17:891–921, 1905b.

A. Einstein. *Ann. Phys.*, 49:769–822, 1916.

A. Einstein, B. Podolsky, and N. Rosen. *Phys. Rev.*, 47:777–780, 1935.

I. Ekeland. 数学は最善世界の夢を見るか？みすず書房, 2009.

E. Eliav, U. Kaldor, and Y. Ishikawa. *Phys. Rev. Lett.*, 74:1079–1082, 1995.

P. D. Elkind and V. N. Staroverov. *J. Chem. Phys.*, 136:124115(1–6), 2012.

M. Ernzerhof and J. P. Perdew. *J. Chem. Phys.*, 109:3313–3320, 1998.

H. Eschrig. *The Fundamentals of Density Functional Theory 2nd Ed.* EAGLE, Leipzig, 2003.

M. G. Evans and M. Polanyi. *Trans. Faraday Soc.*, 34:11–29, 1938.

H. Everett. *Rev. Mod. Phys.*, 29:454–462, 1957.

H. Eyring. *J. Chem. Phys.*, 3:107–115, 1935.

E. Fermi. *Z. Phys.*, 48:73–79, 1928.

E. Fermi. *Rev. Mod. Phys.*, 4:87–132, 1932.

E. Fermi and E. Amaldi. *Accad. Ital. Rome*, 6:117–149, 1934.

R. P. Feynman. *Phys. Rev.*, 56:340–343, 1939.

R. P. Feynman. *Rev. Mod. Phys.*, 20:367–387, 1948.

R. P. Feynman. *Phys. Rev.*, 94:262–277, 1954.

M. Filatov and W. Thiel. *Phys. Rev. A*, 57:189–199, 1998.

V. Fock. *Z. Phys.*, 61:126–148, 1930.

L. L. Foldy and S. A. Wouthuysen. *Phys. Rev.*, 78:29–36, 1950.

J. M. Foster and S. F. Boys. *Rev. Mod. Phys.*, 32:300–302, 1960.

J. Frenkel. *Wave mechanics: Advanced General Theory.* Clarendon Press, Oxford, 1934.

D. Frye, A. Preiskorn, G. C. Lie, and E. Clementi. In E. Clementi, editor,

MOTECC Modern Techniques in Computational Chemistry. ESCOM, Leiden, NL, 1990.

K. Fukui, T. Yonezawa, and H. Shingu. *J. Chem. Phys.*, 20:722–725, 1952.

S. Gasiorowicz. *Quantum Physics 2nd Ed.* Wiley, New York, 1996.

I. P. Gaunt. *Proc. R. Soc. Lond. A*, 124:163–176, 1929.

M. Gell-Mann and K. A. Bruecker. *Phys. Rev.*, 106:364–368, 1957.

I. G. Gerber, J. G. Angyan, M. Marsman, and G. Kresse. *J. Chem. Phys.*, 125:054101(1–6), 2007.

T. J. Giese, V. M. Audette, and D. M. York. *J. Chem. Phys.*, 119: 2618–2622, 2003.

T. L. Gilbert. *Phys. Rev. B*, 12:2111–2120, 1975.

P. M. W. Gill and J. A. Pople. *Int. J. Quant. Chem.*, 40:753–772, 1991.

A. Görling and M. Levy. *Phys. Rev. A*, 50:196–204, 1994.

A. Görling and M. Levy. *Phys. Rev. A*, 52:4493–4499, 1995.

T. Grabo and E. K. U. Gross. *Chem. Phys. Lett.*, 240:141–150, 1996.

J. Gräfenstein, E. Kraka, and D. Cremer. *Phys. Chem. Chem. Phys.*, 6: 1096–1112, 2004.

L. Greengard and V. Rokhlin. *J. Comput. Phys.*, 73:325–348, 1987.

M. Grimme, S. Steinmetz and M. Korth. *J. Org. Chem.*, 72:2118–2126, 2007.

S. Grimme, J. Antony, S. Ehrlich, and H. Krieg. *J. Chem. Phys.*, 132: 154104, 2010.

E. K. U. Gross and K. Burke. *Lect. Notes Phys.*, 706:1–17, 2006.

E. K. U. Gross, C. A. Ullrich, and U. A. Gossmann. In R. Dreizler and E. K. U. Gross, editors, *Density Functional Theory, NATO ASI Series B*. Plenum, New York, 1995.

G. G. Hall. *Proc. R. Soc. London A*, 205:541–552, 1951.

S. Hamel, M. E. Casida, and D. R. Salahub. *J. Chem. Phys.*, 116: 8276–8291, 2002.

F. A. Hamprecht, A. J. Cohen, D. J. Tozer, and N. C. Handy. *J. Chem.*

Phys., 109:6264–6271, 1998.

D. R. Hartree. *Math. Proc. Camb. Phil. Soc.*, 24:89–132;426–437, 1928.

R. Haunschild, M. M. Odashima, G. E. Scuseria, J. P. Perdew, and K. Capelle. *J. Chem. Phys.*, 136:184102(1–7), 2012.

L. Hedin. *Phys. Rev.*, 139:A796–A823, 1965.

L. Hedin and B. I. Lundqvist. *J. Phys. C: Solid State Phys.*, 4:2064–2083, 1971.

V. Heine. *Solid State Phys.*, 24:1–36, 1970.

W. Heisenberg. *Z. Phys.*, 33:879–893, 1925.

W. Heisenberg. *Z. Phys.*, 38:411–426, 1926.

W. Heisenberg. *Z. Phys.*, 43:172–198, 1927.

J. Heyd, G. E. Scuseria, and M. Ernzerhof. *J. Chem. Phys.*, 118:8207–8215, 2003.

K. Hirao. *Chem. Phys. Lett.*, 190:374–380, 1992.

S. Hirata and M. Head-Gordon. *Chem. Phys. Lett.*, 314:291–299, 1999.

R. Hoffmann. *J. Chem. Phys.*, 39:1397–1412, 1963.

P. Hohenberg and W. Kohn. *Phys. Rev. B*, 136:864–871, 1964.

L. J. Holleboom, J. G. Snijders, E. J. Baerends, and M. A. Buijse. *J. Chem. Phys.*, 89:3638–3653, 1988.

E. Hückel. *Z. Phys.*, 60:423–456, 1930.

F. Hund. *Z. Phys.*, 33:345, 1925a.

F. Hund. *Z. Phys.*, 34:296–308, 1925b.

F. Hund. *Z. Phys.*, 36:657–674, 1926.

E. A. Hylleraas. *Z. Phys.*, 54:347–366, 1929.

H. Iikura, T. Tsuneda, T. Yanai, and K. Hirao. *J. Chem. Phys.*, 115(8):3540–3544, 2001.

J. N. Israelachvili. *Intermolecular and Surface Forces*. Academic Press, London, 1992.

S. Ivanov, S. Hirata, and R. J. Bartlett. *Phys. Rev. Lett.*, 83:5455–5458, 1999.

M. Jammer. *The Philosophy of Quantum Mechanics: The Interpretations of Quantum Mechanics in Historical Perspective.* Wiley, Chichester, 1974.

J. F. Janak. *Phys. Rev. B*, 103:7165–7168, 1978.

G. Jansen and B. A. Hess. *Phys. Rev. A*, 39:6016–6017, 1989.

F. Jensen. *Introduction to Computational Chemistry.* Wiley, Chichester, 2006.

B. G. Johnson, C. A. Gonzales, P. M. W. Gill, and J. A. Pople. *Chem. Phys. Lett.*, 221:100–108, 1994.

K. A. Johnson and N. W. Ashcroft. *Phys. Rev. B*, 58:15548–15556, 1998.

C. Jönsson. *Z. Phys.*, 161:454–474, 1961.

P. Jurecka, J. Sponer, J. Cerny, and P. Hobza. *Phys. Chem. Chem. Phys.*, 8:1985–1993, 2006.

L. R. Kahn and W. A. Goddard. *J. Chem. Phys.*, 56:2685–2701, 1972.

M. Kamiya, H. Sekino, T. Tsuneda, and K. Hirao. *J. Chem. Phys.*, 122: 234111(1–10), 2005.

M. Kamiya, T. Tsuneda, and K. Hirao. *J. Chem. Phys.*, 117:6010–6015, 2002.

T. Kato. *Commun. Pure Appl. Math.*, 10:151–177, 1957.

Y.-H. Kim, M. Stadele, and R. M. Martin. *Phys. Rev. A*, 60:3633–3640, 1999.

L. Kleinman and S. Lee. *Phys. Rev. B*, 37:4634–4636, 1988.

W. Klopper, F. R. Manby, S. Ten-no, and E. F. Valeev. *Int. Rev. Phys. Chem.*, 25:427–468, 2006.

S. Kochen and E. P. Specker. *J. Math. Mech.*, 17:59–87, 1967.

W. Kohn and L. J. Sham. *Phys. Rev. A*, 140:1133–1138, 1965.

T. Koopmans. *Physica*, 1:104–113, 1934.

J. B. Krieger, J. Chen, G. J. Iafrate, and A. Savin. In A. G. a. N. Kioussis, editor, *Electron Correlations and Materials Properties.* Plenum, New York, 1999.

J. B. Krieger, Y. Li, and G. J. Iafrate. *Phys. Rev. A*, 45:101–126, 1992.

W. Küchle, M. Dolg, H. Stoll, and H. Preuss. *J. Chem. Phys.*, 100: 7535–7542, 1994.

Y. Kurashige and T. Yanai. *J. Chem. Phys.*, 130:234114(1–21), 2009.

W. Kutzelnigg. *Theor. Chem. Acc.*, 68:445–469, 1985.

W. Kutzelnigg. *J. Chem. Phys.*, 94:1985–2001, 1991.

W. Kutzelnigg. *J. Mol. Struct. THEOCHEM*, 768:163–173, 2006.

D. S. Lambrecht and C. Ochsenfeld. *J. Chem. Phys.*, 123:184101(1–14), 2005.

L. D. Landau. *Z. Phys.*, 45:430–441, 1927.

D. C. Langreth and J. P. Perdew. *Solid State Commun.*, 17:1425–1429, 1975.

A. M. Lee and S. M. Colwell. *J. Chem. Phys.*, 101:9704–9709, 1994.

C. Lee, W. Yang, and R. G. Parr. *Phys. Rev. B*, 37:785–789, 1988.

J. E. Lennard-Jones. *Trans. Faraday Soc.*, 25:668–676, 1929.

M. Levy. *Proc. Natl. Acad. Sci. USA*, 76:6062–6065, 1979.

M. Levy, J. P. Perdew, and V. Sahni. *Phys. Rev. A*, 30:2745–2748, 1984.

E. H. Lieb. *Int. J. Quantum Chem.*, 24:243–277, 1983.

E. H. Lieb and S. Oxford. *Int. J. Quantum Chem.*, 19:427–439, 1981.

A. I. Liechtenstein, V. I. Anisimov, and J. Zaanen. *Phys. Rev. B*, 52: 5467–5470, 1995.

E. Livshits and R. Baer. *Phys. Chem. Chem. Phys.*, 9:2932–2941, 2007.

F. W. London. *Z. Phys.*, 63:245–279, 1930.

P.-O. Löwdin. *Phys. Rev.*, 97:1509–1520, 1955.

S. K. Ma and K. A. Brueckner. *Phys. Rev.*, 165:18–31, 1968.

A. H. MacDonald and S. H. Vosko. *J. Phys. C: Solid State Phys.*, 12: 2977–2990, 1979.

F. R. Manby, P. J. Knowles, and A. W. Lloyd. *J. Chem. Phys.*, 115: 9144–9148, 2001.

R. A. Marcus. *J. Chem. Phys.*, 24:979–989, 1956.

M. A. L. Marques, A. Castro, and A. Rubio. *J. Chem. Phys.*, 115: 3006–3014, 2001.

S. N. Maximoff, M. Ernzerhof, and G. E. Scuseria. *J. Chem. Phys.*, 120: 2105–2109, 2004.

A. D. McLean and Y. S. Lee. In R. Carbó, editor, *Current Aspects of Quantum Chemistry 1981*. Elsevier, Amsterdam, 1982.

R. McWeeny. *Methods of Molecular Quantum Mechanics 2nd Ed.* Academic Press, San Diego, 1992.

C. Møller and M. S. Plesset. *Phys. Rev.*, 46:618–622, 1934.

P. Mori-Sanchez, A. Cohen, and W. Yang. *J. Chem. Phys.*, 125: 201102(1–4), 2006.

M. M. Morrell, R. G. Parr, and M. Levy. *J. Chem. Phys.*, 62:549–554, 1975.

R. S. Mulliken. *Phys. Rev.*, 29:637–649, 1927.

R. S. Mulliken. *J. Chem. Phys.*, 23:1833–1840, 1955.

T. Nakajima. （中嶋　隆人）化学の指針シリーズ　量子化学—分子軌道法の理解のために—. 裳華房, 2009.

H. Nakano. *J. Chem. Phys.*, 99:7983–7992, 1993.

A. Nakata and T. Tsuneda. *J. Chem. Phys.*, 139:064102, 2013.

A. Nakata, T. Tsuneda, and K. Hirao. *J. Phys. Chem. A*, 114:8521–8528, 2010.

H. Nakatsuji and K. Hirao. *J. Chem. Phys.*, 68:2053–2065, 1978.

T. Nakatsuka, Y. andd Tsuneda, T. Sato, and K. Hirao. *J. Chem. Theor. Comput.*, 7:2233–2239, 2011.

J. W. Negele and D. Vautherin. *Phys. Rev. C*, 5:1472–1493, 1972.

R. K. Nesbet. *Phys. Rev.*, 109:1632–1638, 1958.

E. Noether. *Mathematisch-Physikalische Klasse*, 1918:235–257, 1918.

S. Obara and A. Saika. *J. Chem. Phys.*, 84:3963–3974, 1986.

M. M. Odashima and K. Capelle. *Phys. Rev. A*, 79:062515(1–6), 2009.

R. Pariser and R. Parr. *J. Chem. Phys.*, 21:767–776, 1953.

R. G. Parr and W. Yang. *Density-Functional Theory of Atoms and Molecules*. Oxford Univ. Press, USA, New York, 1994.

W. Pauli. *Z. Phys.*, 31:765–783, 1925.

L. Pauling. *Proc. Natl. Acad. Sci. USA*, 14:359–362, 1928.

D. A. Pearlman, D. A. Case, J. W. Caldwell, W. S. Ross, T. E. III Cheatham, S. DeBolt, D. Ferguson, G. Seibel, and P. Kollman. *Computer Phys. Commun.*, 91:1–41, 1995.

J. P. Perdew. In R. M. Dreizler and J. da Providencia, editors, *Density Functional Methods in Physics, Vol. 123 of NATO Advanced Science Institutes Series*. Plenum Press, New York, 1985.

J. P. Perdew. In P. Ziesche and H. Eschrigh, editors, *Electronic structure of solids '91*. Akademie Verlag, Berlin, 1991.

J. P. Perdew, K. Burke, and M. Ernzerhof. *Phys. Rev. Lett.*, 77:3865–3868, 1996.

J. P. Perdew, S. Kurth, A. Zupan, and P. Blaha. *Phys. Rev. Lett.*, 82:2544–2547, 1999.

J. P. Perdew, R. G. Parr, M. Levy, and J. L. Jr. Balduz. *Phys. Rev. Lett.*, 49:1691–1694, 1982.

J. P. Perdew, A. Ruzsinszky, J. Tao, V. N. Staroverov, G. E. Scuseria, and G. I. Csonka. *J. Chem. Phys.*, 123:062201(1–9), 2006.

J. P. Perdew and Y. Wang. *Phys. Rev. B*, 45:13244–13249, 1992.

J. P. Perdew and A. Zunger. *Phys. Rev. B*, 23:5048–5079, 1981.

K. Pernal, R Podeszwa, K. Patkowski, and K. Szalewicz. *Phys. Rev. Lett.*, 103:263201(1–4), 2009.

B. T. Pickup and O. Goscinski. *Mol. Phys.*, 26:1013–1035, 1973.

S. N. Pieniazek, F. R. Clemente, and K. N. Houk. *Angew. Chem. Int. Ed.*, 47:7746–7749, 2008.

M. Piris, J. M. Matxain, X. Lopez, and J. M. Ugalde. *J. Chem. Phys.*, 136:174116(1–6), 2012.

J. A. Pople. *Trans. Faraday Soc.*, 49:1375–1385, 1953.

J. A. Pople and W. J. Hehre. *J. Comput. Chem.*, 27:161–168, 1978.

J. A. Pople and R. K. Nesbet. *J. Chem. Phys.*, 22:571–572, 1954.

J. A. Pople, R. Seeger, and R. Krishnan. *Int. J. Quant. Chem.*, 12:149–163, 1977.

E. I. Proynov, S. Sirois, and D. R. Salahub. *Int. J. Quantum. Chem. Symp.*, 427-446:64, 1997.

E. I. Proynov, A. Vela, E. Ruiz, and D. R. Salahub. *Int. J. Quantum. Chem. Symp.*, 29:61–78, 1995.

P. Pulay. *Mol. Phys.*, 17:197–204, 1969.

Z. Qian and V. Sahni. *Phys. Rev. B*, 62:16364–16369, 2000.

A. K. Rajagopal. *J. Phys. C: Solid State Phys.*, 11:L943–L948, 1978.

A. K. Rajagopal and J. Callaway. *Phys. Rev. B*, 7:1912–1919, 1972.

K. E. Riley, M. Pitonak, P. Jurecka, and P. Hobza. *Chem. Rev.*, 110: 5023–5063, 2010.

B. O. Roos, P. R. Taylor, and P. E. M. Siegbahn. *Chem. Phys.*, 48:157–173, 1980.

C. C. J. Roothaan. *Rev. Mod. Phys.*, 23:69–89, 1951.

D. J. Rowe. *Rev. Mod. Phys.*, 40:153–166, 1968.

E. Runge and E. K. U. Gross. *Phys. Rev. Lett.*, 52:997–1000, 1984.

T. Sato and H. Nakai. *J. Chem. Phys.*, 131:224104(1–12), 2009.

T. Sato, T. Tsuneda, and K. Hirao. *J. Chem. Phys.*, 126:234114(1–12), 2007.

A. Savin. In J. J. Seminario, editor, *Recent Developments and Applications of Modern Density Functional Theory*. Elsevier, Amsterdam, 1996.

P. R. T. Schipper, O. V. Gritsenko, and E. J. Baerends. *Phys. Rev. A*, 57: 1729–1742, 1998.

E. Schrödinger. *Phys. Rev.*, 28:1049–1070, 1926a.

E. Schrödinger. *Ann. Phys.*, 80:437–490, 1926b.

E. Schrödinger. *Naturwissenschaften*, 23:807–849, 1935.

T. Schwabe and S. Grimme. *Phys. Chem. Chem. Phys.*, 9:3397–3406, 2007.

E. Schwegler and M. Challacombe. *J. Chem. Phys.*, 106:6223–6229, 1999.

E. Schwegler, M. Challacombe, and M. Head-Gordon. *J. Chem. Phys.*, 106:9703–9707, 1997a.

E. Schwegler, M. Challacombe, and M. Head-Gordon. *J. Chem. Phys.*, 106:9708–9717, 1997b.

I. V. Schweigert and R. J. Bartlett. *J. Chem. Phys.*, 129:124109(1–8), 2008.

I. V. Schweigert, V. F. Lotrich, and R. J. Bartlett. *J. Chem. Phys.*, 125:104108(1–14), 2006.

A. Seidl, A. Görling, P. Vogl, J. A. Majewski, and M. Levy. *Phys. Rev. B*, 53:3764–3774, 1986.

L. J. Sham and M. Schlüter. *Phys. Rev. Lett.*, 51:1888–1891, 1983.

L. J. Sham and M. Schlüter. *Phys. Rev. B*, 32:3883–3889, 1985.

R. T. Sharp and G. K. Hornton. *Phys. Rev.*, 90:317–317, 1953.

O. Sinanoğlu. *Adv. Chem. Phys.*, 6:315–412, 1964.

J. C. Slater. *Phys. Rev.*, 32:339–348, 1928.

J. C. Slater. *Phys. Rev.*, 34:1293–1322, 1929.

J. C. Slater. *Phys. Rev.*, 35:210–211, 1930.

J. C. Slater. *Phys. Rev.*, 81:385–390, 1951.

J. C. Slater. *The Self-Consistent Field for Molecules and Solids: Quantum Theory of Molecules and Solids*. McGraw-Hill, New York, 1978.

J.-W. Song, S. Tokura, T. Sato, M. A. Watson, and K. Hirao. *J. Chem. Phys.*, 127:154109(1–6), 2007.

J.-W. Song, T. Tsuneda, T. Sato, and K. Hirao. *Org. Lett.*, 12:1440–1443, 2010.

A. Svane and O. Gunnarsson. *Phys. Rev. Lett.*, 65:1148–1151, 1990.

A. Szabo and N. S. Ostlund. *Modern Quantum Chemistry Introduction to Advanced Electronic Structure Theory*. Dover, New York, 1994.

Y. Takada. （高田　康民）朝倉物理学大系 *15* 多体問題特論—第一原理からの多電子問題. 朝倉書店, 2009.

J. D. Talman and W. F. Shadwick. *Phys. Rev. A*, 14:36–40, 1976.

J. Tao, J. P. Perdew, V. N. Staroverov, and G. E. Scuseria. *Phys. Rev. Lett.*, 91:146401(1–4), 2008.

Y. Tawada, T. Tsuneda, S. Yanagisawa, T. Yanai, and K. Hirao. *J. Chem. Phys.*, 120:8425–8433, 2004.

A. M. Teale, F. De Proft, and D. J. Tozer. *J. Chem. Phys.*, 129:044110(1–12), 2008.

S. Ten-no. *Chem. Phys. Lett.*, 398:56–61, 2004.

L. H. Thomas. *Proc. Cam. Phyl. Soc.*, 23:542–548, 1927.

X.-M. Tong and S.-I. Chu. *Phys. Rev. A*, 55:3406–3416, 1997.

J. Toulouse, F. Colonna, and A. Savin. *Phys. Rev. A*, 70:062505(1–7), 2004.

J. Toulouse, W. Zhu, A. Savin, G. Jansen, and J. G. Angyan. *J. Chem. Phys.*, 135:084119(1–8), 2011.

D. J. Tozer and N. C. Handy. *J. Chem. Phys.*, 109:10180–10189, 1998.

T. Tsuneda and K. Hirao. *Phys. Rev. B*, 62:15527–15531, 2000.

T. Tsuneda, M. Kamiya, and K. Hirao. *J. Comput. Chem.*, 24:1592–1598, 2003.

T. Tsuneda, M. Kamiya, N. Morinaga, and K. Hirao. *J. Chem. Phys.*, 114:6505–6513, 2001.

T. Tsuneda and T. Sato. *BUTSURI*, 64:291–296, 2009.

T. Tsuneda, J.-W. Song, S. Suzuki, and K. Hirao. *J. Chem. Phys.*, 133:174101(1–9), 2010.

T. Tsuneda, T. Suzumura, and K. Hirao. *J. Chem. Phys.*, 110:10664–10678, 1999.

C. A. Ullrich. *Time-Dependent Density-Functional Theory*. Oxford Univ. Press, New York, 2012.

F. B. van Duijneveldt, J. G. C. M. van Duijneveldt-van de Rijdt, and J. H. van Lenthe. *Chem. Rev.*, 94:1873–1885, 1994.

M. van Faassen and P. L. de Boeij. *J. Chem. Phys.*, 120:8353–8363, 2004.

M. van Faassen, P. L. de Boeij, R. van Leeuwen, J. A. Berger, and J. G. Snijders. *J. Chem. Phys.*, 118:1044–1053, 2003.

S. J. A. van Gisbergen, F. Kootstra, P. R. T. Schipper, O. V. Gritsenko, J. G. Snijders, and E. J. Baerends. *Phys. Rev. A*, 57:2556–2571, 1998.

R. van Leeuwen. *Lect. Notes Phys.*, 706:17–31, 2006.

T. van Voorhis and G. E. Scuseria. *J. Chem. Phys.*, 109:400–410, 1998.

G. Vignale and W. Kohn. *Phys. Rev. Lett.*, 77:2037–2040, 1996.

G. Vignale and M. Rasolt. *Phys. Rev. Lett.*, 59:2360–2363, 1987.

G. Vignale and M. Rasolt. *Phys. Rev. B*, 37:10685–10696, 1988.

J. von Neumann. *Göttinger Nachrichten*, 1:245–272, 1927.

J. L. von Neumann. 量子力学の数学的基礎. みすず書房, 1957.

S. H. Vosko, L. Wilk, and M. Nusair. *Can. J. Phys.*, 58:1200–1211, 1980.

O. A. Vydrov, J. Heyd, A. Krukau, and G. E. Scuseria. *J. Chem. Phys.*, 125:074106(1–9), 2006.

O. A. Vydrov, G. E. Scuseria, and J. P. Perdew. *J. Chem. Phys.*, 126:154109(1–9), 2007.

O. A. Vydrov and T. van Voorhis. *J. Chem. Phys.*, 130:104105(1–7), 2009.

O. A. Vydrov and T. Van Voorhis. *J. Chem. Phys.*, 132:164113(1–10), 2010.

O. A. Vydrov, Q. Wu, and T. van Voorhis. *J. Chem. Phys.*, 129:014106(1–8), 2008.

A. Warshell and M. Levitt. *J. Mol. Biol.*, 103:227–249, 1976.

M. A. Watson, Y. Kurashige, T. Nakajima, and K. Hirao. *J. Chem. Phys.*, 128:054105, 2008.

C. F. Weizsäcker. *Z. Phys.*, 96:431–458, 1935.

S. E. Wheeler, A. Moran, S. N. Pieniazek, and K. N. Houk. *J. Phys. Chem. A*, 38:10376–10384, 2009.

C. A. White, B. G. Johnson, P. M. W. Gill, and M. Head-Gordon. *Chem. Phys. Lett.*, 230:8–16, 1994.

S. R. White. *Phys. Rev. Lett.*, 69:2863–2866, 1992.

S. R. White and R. L. Martin. *J. Chem. Phys.*, 110:4127–4130, 1999.

J. L. Whitten and M. Hackmeyer. *J. Chem. Phys.*, 51:5584–5596, 1969.

E. P. Wigner. *Phys. Rev.*, 46:1002–1011, 1934.

E. P. Wigner and F. Seitz. *Phys. Rev.*, 43:804–810, 1933.

H. L. Williams and C. F. Chabalowski. *J. Phys. Chem. A*, 105:646–659, 2001.

R. B. Woodward and R. Hoffmann. *J. Am. Chem. Soc.*, 87:395–397, 1965.

Q. Wu and W. Yang. *J. Chem. Phys.*, 116:515–524, 2001.

Q. Wu and W. Yang. *J. Chem. Phys.*, 118:2498–2509, 2003.

K. Yabana and G. F. Bertsch. *Phys. Rev. B*, 54:4484–4487, 1996.

T. Yanai and G. K. Chan. *J. Chem. Phys.*, 124:194106(1–16), 2006.

T. Yanai, D. P. Tew, and N. C. Handy. *Chem. Phys. Lett.*, 91:51–57, 2004.

W. Yang. *Phys. Rev. Lett.*, 66:1438–1441, 1991.

W. Yang, Y. Zhang, and P. W. Ayers. *Phys. Rev. Lett.*, 84:5172, 2000.

Z Yang and K. Burke. *Phys. Rev. A*, 88:042514(1–14), 2013.

Y. Zhang and W. Yang. *Phys. Rev. Lett.*, 80:890–890, 1998.

Q. Zhao, R. C. Morrison, and R. G. Parr. *Phys. Rev. A*, 50:2138–2142, 1994.

Y. Zhao and D. G. Truhlar. *J. Chem. Phys.*, 125:194101(1–18), 2006.

Y. Zhao and D. G. Truhlar. *Theor. Chem. Acc.*, 120:215–241, 2008.

W. Zhu, J. Toulouse, A. Savin, and J. G. Angyan. *J. Chem. Phys.*, 132:244108(1–9), 2010.

索引

2 成分相対論近似, 171
3 体問題, 41

ab initio (波動関数) 法, 43, 137, 160, 162, 197, 201
ab initio 密度汎関数法, 197, 199, 200, 211
ALL 分散力汎関数, 158

B3LYP 混成汎関数, 136, 137, 149
B88 交換汎関数, 121–123, 131, 136, 146, 223
B97 系半経験的汎関数, 139, 140
B97 相関汎関数, 140
B97 半経験的汎関数, 139, 150

CAM-B3LYP 長距離補正混成汎関数, 149
counter-poise (平衡力) 法 (基底関数重ね合わせ誤差の補正), 61
Coupled cluster 法, 86, 88
Coupled perturbed コーン・シャム法, 111, 113, 147, 179
CS 相関汎関数, 129, 130, 132

DFT-SAPT 分散力補正法, 160, 164, 165
DFT-D 分散力補正汎関数, 156
DRSLL 分散力汎関数, 159

GGA 交換汎関数, 120, 121, 123, 218, 221, 222
GGA 相関汎関数, 126, 221, 222

HCTH 半経験的汎関数, 139
HSE 混成汎関数, 136, 137

Lap 系メタ相関汎関数, 131, 132
LC+vdW 分散力補正法, 160, 162, 164
LCAO-MO 近似, 5, 45, 47, 54
LC-ωPBE 長距離補正汎関数, 149
LDA+U 法, 205
LDA 交換汎関数, 120, 127, 131, 136, 137, 152, 221, 222

LDA 相関汎関数, 136, 152, 223
LRD 分散力汎関数, 160
LYP 相関汎関数, 129–131, 136, 150, 152, 161, 162, 218, 223

Mx 系半経験的汎関数, 139, 140

N 表現可能性 (N-representability) 問題, 94

ωB97X 長距離補正半経験的汎関数, 150
OP 相関汎関数, 129, 131, 152, 161, 223

PBE0 混成汎関数, 136, 137
PBE 交換汎関数, 121, 123, 131, 135, 137, 140, 146, 149, 223
PBE 相関汎関数, 128, 134, 135, 137, 223
PF(Parameter-free) 交換汎関数, 123, 133, 222, 223
PKZB メタ交換・相関汎関数, 132, 134, 135
PW-LDA 相関汎関数, 125–128
PW91 交換汎関数, 121–123
PW91 相関汎関数, 127, 128, 223

revPBE 交換汎関数, 123, 159, 162
RPAx 分散力補正, 158

TF-LDA 運動エネルギー汎関数, 92, 132
TFW 運動エネルギー汎関数, 124, 222
TPSS メタ交換・相関汎関数, 132, 135

vdW-DF 分散力補正法, 159, 162, 164
VS98 メタ交換・相関汎関数, 132, 133, 140
VWN-LDA 相関汎関数, 125, 126
V 表現可能性 (V-representability) 問題, 93–95

Xα 法, 120
XDM 分散力補正, 157

一般化運動量演算子, 174, 175

索引

一般化勾配近似 (GGA), 4, 8, 92, 117, 120–124, 126, 127, 131, 137, 138, 204
一般化勾配近似極限, 217, 222, 223
一般化コーン・シャム法, 99

運動 (エネルギー) バランス条件, 171
運動・交換・相関エネルギーの横断的な関係性, 154
運動・交換・相関ポテンシャルの直接決定法, 200, 202

エネルギー直線性定理, 190, 191, 204, 207, 208

オイラー・ラグランジュ方程式, 15
大きさに対する無矛盾性 (size-consistency), 82, 190

ガウント相互作用, 168
拡散関数 (基底関数), 59
拡張クープマン定理, 186, 187

基礎物理定数, 122–124, 127, 128, 130, 131, 135, 137
基底関数, 6, 54
基底関数重ね合わせ誤差 (BSSE), 60
軌道エネルギー, 43, 46, 53, 56, 97, 98, 101, 102, 112, 147, 150, 179, 180, 185
軌道スピノル, 169
局所密度近似 (LDA), 4, 8, 92, 117, 120, 124–127, 131, 133, 136–138, 141, 142, 223
局所密度近似極限条件, 217

クープマンの定理, 185, 186, 190
クーロン演算子, 52, 65, 96, 101
クーロン孔 (相関孔), 76, 77
クーロン積分, 61–64
クーロン相互作用, 35, 61, 62, 64, 65, 68, 112, 151, 170, 188, 205, 209
クラスター展開法, 7, 86, 199, 200, 202

ゲージ変換, 177
原子軌道, 5, 37, 45, 46, 54, 57, 58, 67, 76, 79, 180
原子単位, 41, 166
厳密交換 (EXX) ポテンシャル, 197–200

交換エネルギー, 92, 98, 99, 105
交換演算子, 52, 65, 96

交換孔 (フェルミ孔), 76
交換積分, 48, 61, 99, 219–221
交換・相関積分核, 106, 147, 148, 158, 178, 209
交換相互作用, 48, 61, 63–65, 68, 97, 145, 206
交換汎関数, 4, 8, 9, 92, 96–99, 102, 117–124, 127, 128, 130–134, 136–138, 140, 141, 145–147, 149, 150, 152, 156, 157, 161, 177, 191, 195, 197, 203, 218, 220–223
交換ポテンシャル, 100, 102, 106
コール・サルベッティ型相関汎関数, 126, 128, 131–133
コーン・シャム法, 7, 96–100, 102, 104, 109, 111, 112, 117, 120, 130, 152, 155–157, 160, 195, 204, 206–209, 211
コーン・シャム方程式, 96, 98, 101, 106, 111, 151, 152, 155, 156, 162, 169, 185, 187, 191, 195, 209
混成汎関数, 8, 99, 117, 136, 138–142, 150, 160, 199, 207

最外殻軌道エネルギー不変則, 191, 204, 208, 209
最適化有効ポテンシャル (OEP) 法, 152, 195, 196, 200
座標スケーリング条件, 192, 193, 218

時間依存コーン・シャム法, 9, 108, 109, 147, 158, 177
時間依存コーン・シャム方程式, 105, 106, 108, 113, 177, 178
時間依存電流密度汎関数法, 9, 179, 180
自己相互作用誤差, 135, 150–152, 193, 204, 209, 220, 221
自己相互作用補正, 8, 101, 150–153, 155, 203, 204, 211
自己相互作用無誤差条件, 220, 221, 223
自己相互作用領域, 153, 154
自己無撞着 (SCF) 法, 82, 83, 97, 101
自己無撞着場 (SCF) 法, 44
自然軌道 (natural orbital), 83
自由電子領域, 154
シュレーディンガー方程式, 3–5, 9, 15, 19–22, 24, 25, 28, 32, 33, 35–37, 41, 43, 48, 76, 91, 104, 105, 166–168, 172

スカラー相対論補正, 172
スピン・軌道相互作用, 68, 172–174

スレーター行列式, 4, 50, 76, 79–83, 85, 86, 94, 96, 99, 100, 111, 112, 169, 175, 192, 197, 200
スレーター・ヤナク定理, 189

制限付き探索法, 8, 94
静的電子相関, 9, 79, 80, 83, 102, 128, 158
ゼーマン相互作用項, 175, 176
ゼロ次正規近似 (ZORA) (相対論的補正), 172
ゼロ点振動エネルギー, 29
線形スケーリング (オーダー N) 化法, 8, 63, 220

相関エネルギー, 98, 105
相関カスプ条件, 77, 128
相関汎関数, 8, 96–99, 102, 117–119, 124–138, 140–142, 145, 149, 152, 155–157, 160–162, 164, 177, 191–193, 195, 203, 218, 224
相関ポテンシャル, 100, 102, 106

ダグラス・クロール変換 (相対論的補正), 173
多参照 CI(MRCI) 法, 7, 87, 102
多参照理論, 8, 83, 87
多配置 SCF (MCSCF) 法, 4, 7, 82
タム・ダンコフ近似, 113
断熱接続・揺動散逸定理 (AC/FDT) 法, 157, 158, 164, 165

長距離 (遠核) 漸近相互作用条件, 122, 153, 221, 223
長距離相互作用誤差, 145, 153
長距離相互作用領域, 154
長距離補正 (LC), 9, 99, 145–150, 155, 161, 206–209, 211, 221
調和振動子, 22

ツァオ・モーリソン・パール (ZMP) 法, 101, 200

ディラック・コーン・シャム方程式, 169, 171, 176
ディラック方程式, 4, 166–169, 171, 174, 176
電子相関, 6, 75–78, 81, 84–88, 91, 97, 125, 131, 152, 156–158, 160, 162, 164, 191, 193, 194, 196, 197, 199, 200, 202, 217, 218
電子の自己相互作用, 64, 154, 217, 221
電流密度, 104, 176

電流密度汎関数法, 177

動的電子相関, 9, 77–79, 81, 84, 86, 87, 102, 156, 193
トーマス・フェルミ理論, 4, 6, 92, 93, 96, 120

独立電子近似, 42, 92, 96, 158, 187

二重混成 (double-hybrid) 汎関数, 160

ハートリー・フォック法, 4, 50, 53, 57, 61, 97, 120, 186, 193, 194
ハートリー・フォック方程式, 52–54, 61, 64, 82, 96, 98, 151, 185, 187
ハートリー法, 4, 41, 43, 44, 50, 68
配置間相互作用 (CI) 法, 4, 78, 81, 86
パウリのスピン行列, 166, 175
パウリの排他原理, 47
波動関数の確率解釈, 22–24
ハミルトニアン (演算子), 17, 18, 21, 22, 28, 32, 35, 41–45, 48–50, 52, 66, 91–94, 109, 172, 173, 177
ハミルトン・ヤコビ方程式, 18, 19, 21
半経験的汎関数, 9, 117, 134, 138, 139, 141, 142, 156, 162, 164
反磁性電流密度, 176

非制限ハートリー・フォック (UHF) 法, 6, 64

ファンデルワールス (分散力) 結合, 146, 150, 161, 162, 164
ファンデルワールス (分散力) 汎関数, 156, 158, 159, 162, 164, 165
ファンデルワールス力 (分散力), 155, 156, 158–162, 164, 165
プーライ力 (基底関数重ね合わせ誤差による力), 61
フォック演算子, 52, 53, 65, 96, 97, 113, 193
フォルディ・ヴォートホイゼン変換 (相対論的補正), 172
ブライト相互作用, 168, 169
ブライト・パウリ方程式, 171
ブリュアン定理, 84, 200
プログレッシブ汎関数, 117, 124
フロンティア軌道理論, 6, 48, 185
分極関数 (基底関数), 59
分子軌道 (MO) 係数, 54
分子軌道法, 4, 45
フントの規則, 67

ベクトルポテンシャル, 22, 174–179
変分法, 4, 15

ホーエンベルグ・コーン定理, 6, 93, 95, 100, 169
ポテンシャルエネルギー, 16, 26

密度行列, 55, 56, 65, 75, 87, 112, 123, 130, 132, 133
密度勾配展開型相関汎関数, 126, 127, 129, 131, 152

メタ GGA 汎関数, 117, 131, 132, 134, 135, 140–142
メラー・プレセット摂動法, 4, 77

ヤコビのはしご (Jacob's ladder), 118, 119, 132, 142
ヤナクの定理, 7, 187, 189–191, 207

有限場 (finite-field) 法, 113, 147
有効内殻ポテンシャル, 7, 60

ラジャコパル・キャラウェイ定理, 169

リーブ・オクスフォード束縛条件, 221, 223

ルンゲ・グロス定理, 8, 104

ローターン法, 6, 54, 57, 65, 169

ワイツゼッカー運動エネルギー, 92, 135, 153, 218, 221
ワイツゼッカー運動エネルギー補正, 92, 132

MEMO

著者紹介

常田 貴夫（つねだ たかお）

1992年，北海道大学理学部卒業。
1997年，東京大学大学院工学系研究科博士課程修了。博士（工学）。
東京大学大学院工学系研究科准教授，
理化学研究所基幹研究所副ユニットリーダーなどを経て，
現在，神戸大学科学技術イノベーション研究科特命教授。
次世代化学理論の開発を最終目標とし，主に大規模分子計算に向けた
密度汎関数法の開発に取り組んでいる。

NDC431　254p　21cm

密度汎関数法の基礎（みつどはんかんすうほうのきそ）

2012年4月20日　第1刷発行
2024年5月24日　第10刷発行

著　者	常田　貴夫（つねだ　たかお）
発行者	森田浩章
発行所	株式会社　講談社　KODANSHA
	〒112-8001　東京都文京区音羽2-12-21
	販売　(03)5395-4415
	業務　(03)5395-3615
編　集	株式会社　講談社サイエンティフィク
	代表　堀越俊一
	〒162-0825　東京都新宿区神楽坂2-14　ノービィビル
	編集　(03)3235-3701
印刷所	株式会社平河工業社
製本所	株式会社国宝社

落丁本・乱丁本は購入書店名を明記の上，講談社業務宛にお送りください。送料小社負担でお取替えいたします。なお，この本の内容についてのお問い合わせは講談社サイエンティフィク宛にお願いいたします。定価はカバーに表示してあります。

© Tsuneda Takao, 2012

本書のコピー，スキャン，デジタル化等の無断複製は著作権法上での例外を除き禁じられています。本書を代行業者等の第三者に依頼してスキャンやデジタル化することはたとえ個人や家庭内の利用でも著作権法違反です。

JCOPY ＜(社)出版者著作権管理機構　委託出版物＞

複写される場合は，その都度事前に(社)出版者著作権管理機構（電話03-5244-5088, FAX 03-5244-5089, e-mail : info@jcopy.or.jp）の許諾を得てください。

Printed in Japan

ISBN978-4-06-153280-9

講談社の自然科学書

新版 すぐできる 量子化学計算ビギナーズマニュアル	平尾公彦／監修 武次徹也／編	定価 3,520 円
すぐできる 分子シミュレーションビギナーズマニュアル DVD-ROM付	長岡正隆／編著	定価 4,950 円
量子コンピュータによる量子化学計算入門	杉﨑研司／著	定価 4,180 円
語りかける量子化学	北條博彦／著	定価 3,410 円
量子力学 I	猪木慶治・川合 光／著	定価 5,126 円
量子力学 II	猪木慶治・川合 光／著	定価 5,126 円
基礎量子力学	猪木慶治・川合 光／著	定価 3,850 円
入門 現代の量子力学 量子情報・量子測定を中心として	堀田昌寛／著	定価 3,300 円
スピンと軌道の電子論	楠瀬博明／著	定価 4,180 円
ディープラーニングと物理学	田中章詞・富谷昭夫・橋本幸士／著	定価 3,520 円
古典場から量子場への道 増補第2版	高橋康・表實／著	定価 3,520 円
量子力学を学ぶための解析力学入門 増補第2版	高橋康／著	定価 2,420 円
量子場を学ぶための場の解析力学入門 増補第2版	高橋康・柏太郎／著	定価 2,970 円
プラズモニクス	岡本隆之・梶川浩太郎／著	定価 5,390 円
トポロジカル絶縁体入門	安藤陽一／著	定価 3,960 円
初歩から学ぶ固体物理学	矢口裕之／著	定価 3,960 円
XAFSの基礎と応用	日本XAFS研究会／編	定価 5,060 円
X線物理学の基礎	雨宮慶幸／ほか監訳	定価 7,700 円
ラマン分光法	濵口宏夫・岩田耕一／編著	定価 4,620 円
近赤外分光法	尾崎幸洋／編著	定価 4,950 円
NMR分光法	阿久津秀雄・嶋田一夫・鈴木榮一郎・西村善文／編著	定価 5,280 円
錯体化学	長谷川靖哉・伊藤肇／著	定価 3,080 円
有機機能材料	松浦和則／ほか著	定価 3,080 円
光化学	長村利彦・川井秀記／著	定価 3,520 円
量子化学	金折賢二／著	定価 3,520 円
分析化学	湯地昭夫・日置昭治／著	定価 2,860 円
機器分析	大谷肇／編・著	定価 3,300 円
高分子科学	東信行・松本章一・西野孝／著	定価 3,080 円
触媒化学 基礎から応用まで	田中庸裕・山下弘巳／編	定価 3,300 円

※表示価格には消費税(10%)が加算されています。　2024年1月現在

講談社サイエンティフィク　https://www.kspub.co.jp/